U0239164

城市与区域规划研究

顾朝林　主编

商务印书馆
The Commercial Press

2017 年·北京

图书在版编目（CIP）数据

城市与区域规划研究. 第 9 卷. 第 4 期：总第 25 期 / 顾朝林
主编. —北京：商务印书馆，2017
ISBN 978 - 7 - 100 - 15515 - 1

Ⅰ. ①城…　Ⅱ. ①顾…　Ⅲ. ①城市规划—研究—丛刊②区域
规划—研究—丛刊　Ⅳ. ①TU984-55②TU982-55

中国版本图书馆 CIP 数据核字（2017）第 292855 号

城市与区域规划研究

顾朝林　主编

商 务 印 书 馆 出 版
（北京王府井大街36号　邮政编码100710）
商 务 印 书 馆 发 行
北 京 冠 中 印 刷 厂 印 刷
ISBN　978 - 7 - 100 - 15515 - 1

2017年12月第1版　　　　开本　787×1092　1/16
2017年12月北京第1次印刷　　印张　17 3/4

定价：42.00 元

Editor's Introduction

为新时代规划
Planning for the New Era

China has entered a new era. At this era, we will gradually free ourselves from the pursuit of money and materials and replace it with delights from work, life, challenging ourselves, sharing time and space with our family and friends, fostering stimulating interests, and remodeling affluent urban life style. Then we will rebuild our housing environment, living environment, work environment, as well as the life circle and the urban circle, and also the regional ecological environment. All the ecological systems that we are so closely connected with will become the new focuses of concerns, the new planning content, and the new construction sites for everyone especially the planners.

At China's new era, simplicity should be the new fashion, and people should have more time to pursue freedom, emphasize self-value, advocate sharing, and focus on equity; we should constantly make new records in high development speed, enjoy our lives with delights, and happily work with flexibility; we should create green and ecological living environment, build up high-

中国已进入新时代。在这个新时代，人们将逐步告别对金钱和物质的追求，转而开始享受工作，品味生活，挑战自我，与家人和朋友分享时间与空间，探寻富于独立与个性的乐趣，进而重塑富足的城市化生活方式，以及居住环境、生活环境、工作环境，乃至可以涉及的生活圈、城市圈以及区域生态环境。这些与我们息息相关的生态系统都将成为每个人，尤其是规划师所关注的新领域、规划的新内容和建设的新场所。

中国的新时代，应该崇尚简朴，拥有时间，追求更为广泛的自由，体现自我价值，倡导分享，关注公平；应该在速度中不断超越，在愉悦中享受生

grade cities with cultural depth, and motivate people's capacity in independent thinking and continuous innovation. All these visions so on and so forth will become the best interpretations of the planners' "Chinese Dream."

The general task for China at the new era is to accomplish the socialist modernization and the great rejuvenation of Chinese nation; and the main contradiction at this era is between people's gradually increasing demands for a happy life and the unbalanced and insufficient development. At such a new era, the planners should make new achievements by sticking to the principle of being people-centered and focusing on the promotion of people's comprehensive development, the common prosperity of all people, and the extraction of more happiness from the new era to the broad masses, so as to truly fulfill their promise in planning, i. e., "For the People, For the City."

New era, new achievements. Planning for the new era has become the responsibility and obligation for the planners. Centering at "planning for the new era," this issue of Journal of Urban and Regional Planning elaborates the transitions from "material and cultural demand" to "demand for a happy life" and from addressing the problem of "backward social productivity" to the problem of "unbalanced and insufficient development" with a collection of the latest planning research achievements in the field of urban-rural planning that are based on the fundamental concepts of being development-oriented, green, and fair.

In the Feature of the issue titled "Study on Urban System Planning in China in the New Era", the author,

活，在快乐中弹性工作；应该营造绿色和生态生境，创造有品位、有文化的城市，激发独立思考和不断创新的能力。林林总总，不一而足，这些都将成为规划师解读中国梦的最好诠释。

中国新时代的总任务是实现社会主义现代化和中华民族伟大复兴；新时代的主要矛盾是人民日益增长的美好生活需要和不平衡不充分的发展之间的矛盾。在新时代，规划师必须坚持以人民为中心，坚持促进人的全面发展，坚持实现全体人民共同富裕，从新时代中萃取更多的幸福感赋予广大的人民大众，真正实现"For the People, For the City"的规划承诺。

新时代，新作为。为新时代规划，当为规划人的职责和义务。本辑围绕"为新时代规划"展开，体现从"物质文化需要"到"美好生活需要"，从解决"落后的社会生产"到"不平衡不充分的发展"问题，在城乡规划多个领域彰显基于发展、绿色、公平的基本理念的最新规划研究成果。

本辑专稿"新时代全国城

focusing on the three primary national spatial development strategies and the "Two Centenary Goals," demonstrates in advance the blueprint of the 2035 national urban system development and the concept of constructing world city, global city, and national central city, with special emphasis on the standards for urban and regional development and construction in China at the new era. This issue showcases the new development directions of planning through a series of new achievements on national spatial planning system construction, "multi-plan integration," etc.; it introduces the new progress in rural development of Beautiful China with highlights on systematic and standardized operation by formulating the technical guidelines (draft) for plan compilation of town, and village; it shows the new explorations of the basic value orientations of the new era, which are green development and equal development, from the perspectives of planning of ecological industrial zones, regional ecological environment assessment, green industrial system, and sustainable development of poverty-stricken area; and it also provides new achievements on innovation of urban-rural planning methods through a research on the big data-based innovative compilation of urban master plan and case studies of Shanghai and Wuhan.

Planning for the new era, we are on the way. We expect more sharing of research achievements and more readers' attention.

镇体系规划研究"，围绕国家三大空间发展战略和"两个百年"奋斗目标，预先展现了 2035 年国家城镇体系发展蓝图，建设世界城市、全球城市和国家中心城市的设想，特别提出了新时期中国城市与区域发展的建设标准。本辑也从国家空间规划体系构建、"多规合一"等一系列新成果展现规划发展新动向；从乡域、村域规划编制技术导则（草案）突出系统化、规范化推动美丽中国乡村发展的新进展；从生态产业园区、区域生态环境评价、绿色产业体系、贫困地区可持续发展传达新时代绿色发展、公平发展的基本价值取向新探索；同时，本辑还基于大数据的城市总体规划编制创新研究以及上海、武汉等案例研究，为城乡规划方法创新提供新成果。

为新时代规划，我们在路上。期待更多的研究成果分享，期待更多的读者朋友关注。

城市与区域规划研究

目 次 [第9卷 第4期（总第25期）2017]

Journal of Urban and Regional Planning

CONTENTS [Vol. 9, No. 4, Series No. 25, 2017]

Editor's Introduction

新时代全国城镇体系规划研究[①]

顾朝林　俞滨洋　张　悦　邵　磊　唐　燕　林文棋　严瑞河
翟　炜　王　飞　辛修昌　陈　恺　陈明玉　袁　周　吴京燕

Study on Urban System Planning in China in the New Era

GU Chaolin[1], YU Binyang[2], ZHANG Yue[1], SHAO Lei[1], TANG Yan[1], LIN Wenqi[1], YAN Ruihe[1], ZHAI Wei[1], WANG Fei[1], XIN Xiuchang[1], CHEN Kai[1], CHEN Mingyu[1], YUAN Zhou[1], WU Jingyan[1]
(1. School of Architecture, Tsinghua University, Beijing 100084, China; 2. Technology and Industrialization Center, Ministry of Housing and Urban Development, Beijing 100044, China)

Abstract　The national urban system not only functions as an important platform for national social and economic development, but also provides great development space for building a stronger, more excellent, and more beautiful China. Guided by the five major development concepts proposed in the "13th Five-Year Plan", and with building China into a modernized and powerful country as the goal, this paper puts forward an overall urban development framework for China, which has great practice significance and value. In line with the urbanization trend in the world, and targeted at China's urban development problems and causes, the paper proposes building a national urban system from the five aspects of quality, quantity, form, boundary, and strategy, and establishes corresponding strategies and paths to realize this plan. In the end, from

作者简介

顾朝林、张悦、邵磊、唐燕、林文棋、严瑞河、翟炜、王飞、辛修昌、陈恺、陈明玉、袁周、吴京燕，清华大学建筑学院；俞滨洋，住房和城乡建设部科技与产业化中心。

摘　要　国家城镇体系既作为国家经济和社会发展的重要载体，也承担着进一步做大、做优、做美国家物质空间的责任。2016 年是国家"十三五"规划的开局年，依据国家"十三五规划纲要"，全面落实"五大"发展理念，以建成现代化强国为目标，全面布局国家城市发展框架和格局，具有重要的现实意义和实用价值。本报告顺应国际城镇化整体趋势，从中国城市发展问题和原因入手，围绕国家"两个百年"目标，从定性、定量、定形、定界、定策五个方面全面规划国家城镇体系，从开放发展、绿色和创新发展、协调和分享发展制定实施这一宏伟规划的战略路径。报告最后从部门管理的角度，围绕 2016～2030 年国家城市发展和建设的需要，编制了一套"新时期中国城市与区域发展建设标准"，用作国家城镇体系规划实施的过程评估和考核的依据。

关键词　国家城镇体系；城市群；全球城市；建设标准

1　国际城镇化整体趋势

（1）发达国家的城市化。1980 年代以来，伴随信息技术发展和经济全球化，制造业和装配线向发展中国家转移，导致发达国家郊区化速度减缓，甚至在某些地区出现了相反的趋势（Champion，1989）。一些国家最近出现了逆城市化后的再中心化倾向，城市中心区及较近的郊区人口增加，其中中心区增加较快（McKinsey，2013）。尤其近年来，发达国家大都市中心城区的无边界高科技园区，相对于郊区或远郊的科技园区，能提供完善的基础设施、生活环境、聚

the perspective of departmental management, this paper compiles a set of "urban development and construction standards in the new era" to meet the needs of urban development and construction in the period from 2016 to 2030, which can be used as a foundation for the assessment and examination of the implementation of national urban system planning.

Keywords national urban system; urban agglomeration; global city; construction standard

会机会和丰富的集中于城市中心的青年创新人才以及风险资本。在美国纽约，从曼哈顿下城区的熨斗大楼到苏豪区和特里贝卡区等地的互联网与移动信息技术的企业群所组成的虚拟园区成为新"硅巷"（silicon alley），现在已经成为包括 Kickstarter 和 Tumbler、谷歌卫星中心等超过 500 家全新初创企业的聚集地，这里重新发展成为美国"东部硅谷"、世界"创业之都"；在英国伦敦，曾经遭遗弃的肖尔迪奇地区（Shoreditch），到 2012 年已经容纳了 3 200 家科技公司和 4.8 万个就业岗位，已经转型成为一个繁荣的小硅谷（silicon roundabout）高科技地区。

（2）发展中国家城市化进程加快（UNCHS，1996）。在发展中国家，1975 年 100 万以上人口的城市只有 110 个，到 1995 年增长到 250 个，2000 年增长到 292 个；1990～2015 年城镇人口规模增加两倍，城市扩张规模则平均增长了 3.5 倍。在发达国家，1975 年 100 万以上人口的城市有 85 个，1995 年增加到 114 个；城市人口仅增加 1.2 倍，土地扩张规模也只增加了 1.8 倍。比较发展中国家和发达国家城市化趋势，不难看出，发展中国家城市化过程在加快，发达国家的城市化已经趋缓（United Nations，1986a、1986b；刘培林，2012；刘士林，2016）。

（3）世界人口向巨型城市集中。从发达国家的历史经验来看，在工业化和城市化快速发展的阶段，人口不断向大城市集聚。近年来，全球化的发展促进了信息和资本的流动，城市规模不断扩大，甚至出现了超大规模的巨型城市（United Nations，1986a、1986b；Beaverstock et al.，1999）。1950～2015 年，生活在 1 000 万以上规模城市的人口占全球城市人口的比重从 3.2% 提高到 11.9%，生活在 100～500 万、50～100 万规模城市的人口所占比重分别只提高了 3.9% 和 0.6%，而生活在 50 万以下规模城市的人口所占比重则下降了 7.0%（United Nations，2002、2014）。从城市数量看，1950 年全球人口超过 500 万的特大城市仅有 7 个，1970 年人口规模超过 1 000 万的巨型城市只有 2 个：东京和纽约，到 2011 年已有将近 1/8 城市人口在 28 个 1 000 万甚至更大的巨型城市中生活，但到 2015 年 1 000 万以上的巨型城市已经增加到 73 个，其中亚洲有 13 个巨型城市，拉丁美洲有 4 个，非洲、欧洲和北美洲各有 2 个（Summers et al.，1999；Derudder and Taylor，2016；Gilbert，1996；Pick and Butler，1997；Chubarov and Brooker，2013）。

（4）巨型区（Mega-region）的出现。在美国，1950~1960 年代，全国 120 个大都市区集中了全国 50％的人口和 GDP；到 2008 年，美国的东北海岸、中西部地区、加州南部、墨西哥湾等 10 个巨型区，聚集了 80％百万以上人口的大城市和 68％的美国人口，集中了全国 85％以上的国民生产总值（GDP），可见，美国的人口和经济进一步向巨型区集聚（American 2050，2014）。在欧洲，东南英格兰地区、荷兰的兰斯塔德地区、比利时中部地区、莱茵—鲁尔地区、大巴黎地区和大都柏林地区等 8 个巨型区，也占了欧盟国家城镇人口和 GDP 的 70％以上。在中国，东部沿海的长江三角洲、珠江三角洲、京津冀、辽中南、山东半岛和福建沿海地区合计的国民生产总值、出口贸易额、外国直接投资额均超过了全国的 50％以上。

2　国家城镇体系规划目标

党的十八大报告提出了"两个百年"战略，即：中国共产党成立 100 年时（2020 年）全面建成小康社会，中华人民共和国成立 100 年时（2050 年）建成富强民主文明和谐的社会主义现代化国家。国家城镇体系作为经济和社会发展的承载体，其规划和建设也将与国家经济和社会发展大目标相一致。

2.1　"追梦"：2020 全面建成小康社会

到 2020 年我国人均 GDP 接近高收入国家，达到人均 15 000 美元，相当于美国的 30％和日本的 50％的水平，内地和贫困地区的减贫与脱贫成为实现这一目标的重要举措。城市化水平达到 60％左右，年均增长 0.65％~0.80％；加快推进中西部地区和贫困连片地区交通、市政与社会设施布局，建设一批新增长中心、新城市及城市群。适应经济全球化的国家城镇体系基本建成，世界城市和全球城市建设取得明显进展，城市建设质量达到中等发达国家平均水平，绿色发展和智慧城市成为城市发展主流。

2.2　"跨阱"：2030 基本完成城镇化过程

到 2030 年，城镇化水平达到 70％以上，年增长率 0.25％~0.3％。迈向和谐稳定的发达国家城市建设水平，按照绿色发展理念推进生态城市、低碳城市、智慧城市、未来环境都市的建设，按照公平发展的理念建设城市化的社会。

2.3 "复兴"：2050 建成全球化下现代化强国

到 2050 年，中国城镇化水平将达到 75％甚至以上，并进入结束增长的临界点。建成北京世界城市和上海等一批全球城市。经济、文化、科技、思想可以通过国家城镇体系网扩散到世界每一个角落。中华文化的全面复兴和再创造，在城市建设方面注入中华文化的基因和符号。中国的 GDP 将实现占世界的 30％以上，建设成为富强、民主、文化、美丽国家。

3 国家城镇体系规划核心内容

本次国家城镇体系规划将定性质、定数量、定形态、定界线和定策略五方面列为核心内容。

3.1 定性质

定性质就是按照确定的国家发展目标，对所有的城市进行分类，确定它们的各自功能和性质。进入 21 世纪，国家经济实力强盛，外贸、科技、文化、外交等方面均取得非常瞩目的成就，国家城镇体系的建设也进入面向国际和国内发展需要的新阶段。面向国际发展需要，也就意味着形成以世界城市为先导，以全球城市为策应，以城市群和巨型区（mega-region）为支撑，具有国际竞争力和国际影响力的城镇体系；面向国内发展需要，同时意味着国家城镇体系规划和建设要与国民经济和社会发展规划目标及路径相一致，与国土开发和利用的空间格局相协调，实现经济和社会发展、城镇空间布局、国土开发与利用三者之间的规划理念、规划目标、核心内容以及实施路径的"多规合一"效果。在国家长期经济和社会发展大目标下，确定主要城市的功能定位和城市性质。①支撑国家在全球的地位和作用的世界城市与全球城市。目前公认的世界城市只有三个：伦敦、纽约、东京。中国将规划和建设一个世界城市。全球城市属于世界城市网络的次级节点，它们虽然也具有全球影响力，但地位居于世界城市之下，中国的香港、上海、北京目前已经发展成为具有全球影响力的全球城市。②在地区发展中承担辐射和带动作用的国家中心城市及其具有引领作用的重要城市群。《全国城镇体系规划（2006～2020）》中明确北京、天津、上海、广州、重庆为五大国家中心城市。随着地方城市经济的发展，目前武汉、西安、郑州、沈阳、昆明、成都、南京等城市已经将"建设国家中心城市"作为城市发展目标。③为了国土安全、民族和谐与沿边开放开发的地方中心城市和先锋城市。地方中心城市，在国家城镇体系中不是一般的地方性经济中心，是指处在世界城市、全球城市、国家中心城市和国家级城市群影响力以外，在国家层面需要重点建设的区域性城市，其选择主要考虑在国家承担的主要功能、地位和作用，不考虑行政等级以及经济、人口或建成区规模等因素。本次国家城镇体系规划研究主要关注服务于民族和谐、民族地区发展大局的民族地区中心城市，关注沿边地区开放开发的先锋城市。

3.2　定数量

定数量就是按照国家总人口和城镇人口，按照城镇等级规模法则，确定不同等级城市的数量以及同一等级城市的大致人口规模。到 2030 年，我国城镇化水平达到 67％左右；到 2050 年，城镇化水平达到 75％左右；城市人口的增长不再是主要来自农村地区的人口迁移，而是城市自身的自然增长或者是城市间由于经济发展、工作岗位的变化导致的人口迁移（表 1）。

表 1　中国城镇化水平预测值（2015～2050）

年份	2015	2020	2025	2030	2035	2040	2045	2050
GDP 增长 6.5％和二孩计划生育政策下城市化率（％）	55.81	60.38	64.21	67.40	70.06	72.14	73.58	74.55

国家城镇等级规模序列由世界城市、全球城市、巨型区域、国家中心城市、区域中心城市、中等城市、小城市、县城、重点镇和特色镇 9 级构成，与之对应的人口规模如表 2 所示。

表 2　中国城市（镇）等级一规模序列规划

等级	城市（镇）类型	城市数量（个）	2030 年		2050 年	
			人口规模（万人）	城镇人口（万人）	人口规模（万人）	城镇人口（万人）
1	世界城市	1	3 500	3 500	4 000	4 000
2	全球城市	3	1 500	4 500	2 000	6 000
3	国家中心城市	10	1 000	10 000	1 200	12 000
4	区域中心城市	100	200	20 000	300	30 000
5	中等城市	300	80	24 000	100	30 000
6	小城市	700	20	14 000	30	21 000
	城市	1 114	—	76 000	—	103 000
7	县城	1 200	10	12 000	15	18 000
8	重点镇	6 000	5	30 000	8	48 000
9	特色镇	4 000	3	12 000	5	20 000
	小城镇	11 200	—	54 000	—	86 000
	总计	12 314	—	130 000	—	189 000

3.3 定形态

定形态就是强调基于美丽中国基础下的国家城市体系空间结构、现代化大都市和后现代城市与建筑植入、地域特色鲜明的城市建设风格传承以及地方风貌和历史文化特色彰显四个方面。"两河三阶"地质和地貌单元、"三横三纵"自然生态系统是美丽中国的基本框架,"三大战略区域"和"四大区域板块"是国家经济发展的大格局,"胡焕庸人口分布线"的人口、历史和文化基础是国家城镇体系塑造地域特色的关键要素,"两横三纵"城市化战略格局是国家城镇体系空间规划的现状基础。进入 21世纪以来,我国区域和城市发展格局出现了明显变化,巨型城市地区、环渤海地区、东北老工业基地、中部地区、西部成渝、关中平原等已经成为国家经济发展的新热点地区。据此,优化的国家城镇空间格局设想是:①"三层一边"的城镇网络空间格局(表 3);②"四纵五横"城镇体系发展轴(图 1);③"田字状"复合"⊿形"网状体系(图 2)。

表 3　"三层一边"的城镇网络空间格局

空间构架	内容	城市化地区或城市
全球层次	世界城市 全球城市区	北京世界城市 上海全球巨型城市区,省(广州)港澳全球区域
国家层次	五横四纵城市发展轴	以沿长江通道、陆桥通道、浙赣—贵昆铁路走廊、银青高速公路通道、京深—京包银兰高速通道为五条横轴;以沿海—京哈、京福台(北)、京广、乌兰成渝南(宁)海(口)西部大通道为四条纵轴
区域层次	九大城市经济区	沈阳、京津、西安、上海、武汉、重庆、广州、乌鲁木齐、拉萨
边境城市	九个	积极扶持辽宁丹东、黑龙江同江、吉林珲春、内蒙古满洲里、新疆霍尔果斯、新疆喀什、云南瑞丽、广西东兴、海南三沙等边境重要城市(镇)的发展

到 2030 年,我国将有一批特大城市进入巨型城市(mega-city)行列,例如北京、上海、广州、深圳、香港、澳门、天津、重庆、成都、武汉、杭州、沈阳等。它们将是未来中国经济、社会、科技、文化、建设的重要地区,需要展现现代化大都市的风貌,有的甚至也是后现代城市或建筑集聚的地区。在这些城市进行后现代城市建设与后现代建筑植入,建设引领潮流的时尚新区。根据气候、地形地貌、地理位置等自然因素与文化传统、风俗习惯、宗教信仰、民居特点等人文因素将全国划分为11 个城市建设风貌区,强化城市建设的地域特色(表 4)。

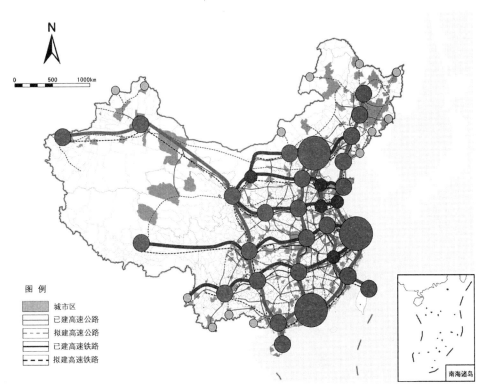

图 1 "四纵五横"城镇体系发展轴格局示意图

表 4 国家城镇体系中的地域城市建设风貌

区域	城市建设风格传承
华北地区	重点考虑水文地貌，以水定城，空间简洁，并结合历史文化积淀形成地域特色
江南地区	重点考虑民居中的优秀元素，城市紧凑，注重水乡景观特色
中南地区	重点考虑防洪排涝等气候条件，重点塑造滨水城市特色空间
岭南地区	城市注重岭南文化等历史文化传统
巴蜀地区	注重重庆、成都地区的巴蜀文化特色
黄土高原地区	重点考虑气候、地形与水文条件，城市敦厚，吸取历史文化元素与民居特色
东北地区	重点考虑地形与气候条件与民居特色，城市空间开敞，建筑日照时间充足
西南地区	注重地形地貌与少数民族地区的融合
西北地区	重点考虑气候地形条件

续表

区域	城市建设风格传承
少数民族地区	注重多元文化并存交融,以少数民族文化特色为基础塑造城市,借鉴少数民族建筑中的色彩、符号等元素,城市建设与民族传统生活习俗相适应,形成具有浓郁地域风格的城市
古都、历史文化名城与历史文化保护连片地区	注重历史文化街区、建筑的保护,保护城市文脉,城市整体风格与历史文化和谐统一

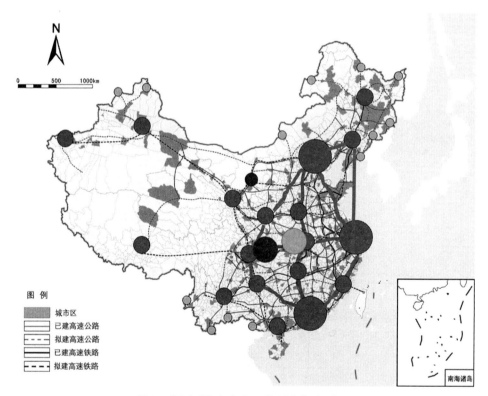

图 2 "田字状"复合"△形"网络体系示意图

3.4 定界线

定界线就是在应绿色和生态发展理念的指导下,依据国家主体功能区规划和生态红线、基本农田保护区划定成果,进行城市群边界、大城市增长边界、城市非建设用地和城市规划区范围划定。强化主体功能区规划与城市规划空间界限和发展方向的一致性(图3、图4;表5)。

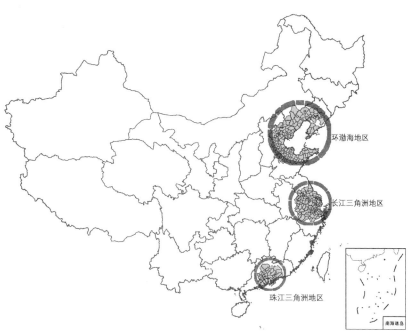

图3 优化开发区规划中城市布点分布示意图

图4 重点开发区规划中城市布点分布示意图

表5　主体功能区规划与城市规划发展方向一致性

内容	优化开发区	重点开发区	城市总体规划
空间结构	减少工矿建设空间和农村生活空间，适当扩大服务业、交通、城市居住、公共设施空间，扩大城市绿色生态空间	适度扩大先进制造业空间，扩大服务业、交通和城市居住等建设空间，减少农村生活空间，扩大绿色生态空间	安排建设用地、农业用地、生态用地和其他用地。提出重点城镇的发展定位、用地规模和建设用地控制范围
城镇布局	进一步健全城镇体系，促进城市集约紧凑发展，围绕区域中心城市明确各城市功能定位和产业分工	扩大城市规模，尽快形成辐射带动力强的中心城市，发展壮大其他城市	提出市域城乡统筹发展战略，推进城市间功能互补和经济联系，提高整体竞争力
人口分布	合理控制特大城市主城区的人口规模，增强周边地区和其他城市吸纳外来人口的能力	完善城市基础设施和公共服务，进一步提高城市的人口承载能力	预测市域总人口及城镇化水平，确定各城镇人口规模、职能分工、空间布局方案和建设标准
生态系统	恢复生态和保护环境是必须实现的约束性目标	实现做好生态环境、基本农田保护规划，减少工业化城镇化对生态环境的影响	确定生态环境、土地和水资源、能源、自然和历史文化遗产保护综合目标和保护要求，提出空间管制原则

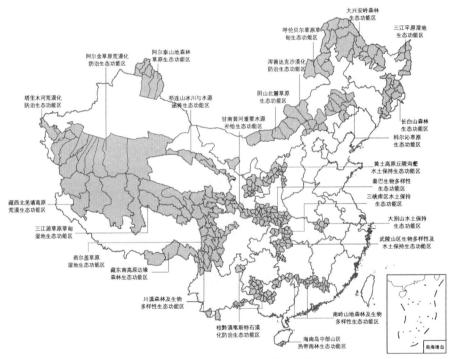

图5　生态功能区中城市布点限制区示意图

以国家重点生态功能区为重要支撑，以点状分布的国家禁止开发区域构建国家生态安全战略格局，采用基于景观生态学方法进行城市群和城市建设用地选择，集中规划布局城市建设用地（图5）。

以国家基本农田保护区为基础推进社会主义新农村建设，在"七区二十三带"为主体的农产品主产区，适当控制城镇用地规模，并采取分散发展的思路进行城市（镇）总体规划（图6）。必要时，可以县城为重点推进城镇建设，完善小城镇公共服务和居住功能，适度集中农村居民点，达到在保护中开发，通过开发达到保护的目的。

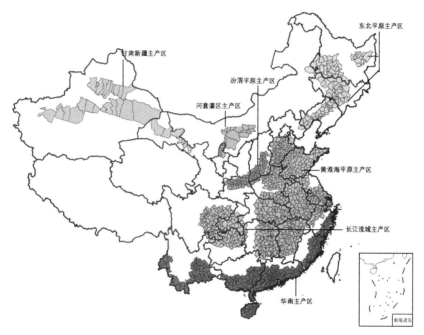

图6　农业生产区中城市布点限制区示意图

按照城市群发育基本规划，采用科学方法划定城市群边界。例如长江三角洲城市群的内部空间组织如表6。

表6　长江三角洲城市群内部组织

城市圈	范围	功能区
上海全球城市	包括上海、南通、苏州、嘉兴、宁波、舟山	建设金融、航运、交通、制造业管理中心的全球城市
南京都市圈	包括南京、镇江、扬州、马鞍山、芜湖五市	提升南京中心城市功能，加快建设南京江北新区，促进与合肥都市圈融合发展

续表

城市圈	范围	功能区
杭州都市圈	包括杭州、湖州、绍兴三市	加快建设杭州国家自主创新示范区和跨境电子商务综合试验区、湖州国家生态文明先行示范区
合肥都市圈	包括合肥、淮南、蚌埠三市	发挥在推进长江经济带建设中承东启西的区位优势和创新资源富集优势，提升合肥辐射带动功能
锡常泰都市圈	包括无锡、常州、泰州三市	全面强化与上海的功能对接与互动，加快推进锡常泰跨江融合发展
盐淮宿都市圈	包括盐城、淮安、宿迁三市	上海纺织等制造业扩散区和农副产品生产基地
台温衢丽都市圈	包括台州、温州、衢州、丽水四市	浙江小微企业金融服务改革创新试验区

以"生态优先"保护城市生态本底，以"精明增长"提升城市内部空间绩效，科学划定大城市增长刚性边界（图7）和弹性边界（图8），作为大城市空间增长单元管理的政策调控工具（图9）。

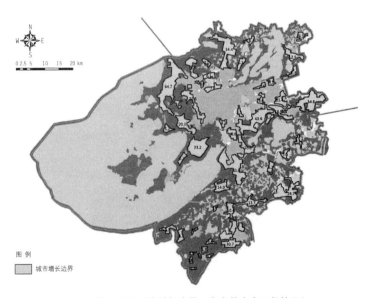

图例
城市增长边界

图7 某市城市刚性增长边界（考虑基本农田保护区）

基于生态网络方法进一步划定城市的非建设用地边界（图10），保护非建设用地的生态网络系统（图11）。

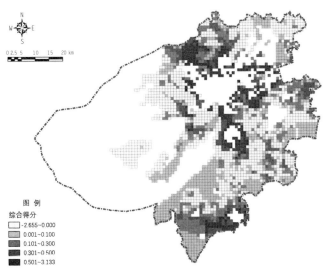

图 8　某市弹性增长单元综合得分

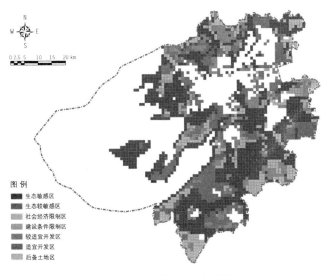

图 9　某市增长单元空间分析

　　在上述四层次空间划定的基础上，从城市规划用地管理实际出发，不再以行政区为界限，科学划定城市规划区范围，一般是规划建设用地面积的 1.5 倍左右（图 12）。

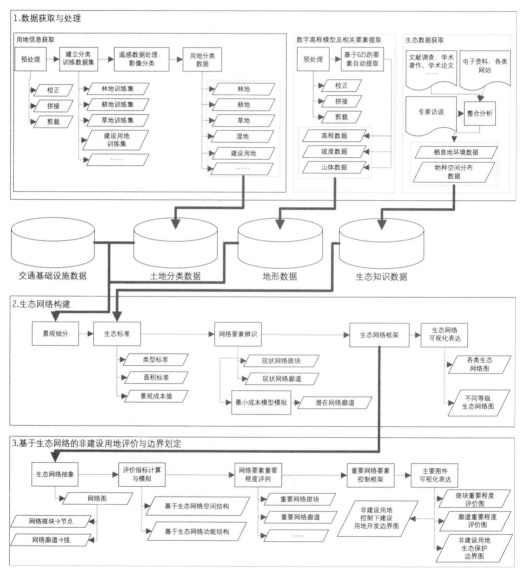

图 10　基于生态网络的非建设用地保护的技术实现方法

3.5　定策略

　　定策略就是应从国家城镇体系规划实施出发，依照从全球到地方、从大到小的尺度划分，借鉴国内外研究成果，提出现代化社会城市和区域建设标准（2016～2030）（表7～14），作为本规划实施的各级城市和区域政府考核和评估依据。

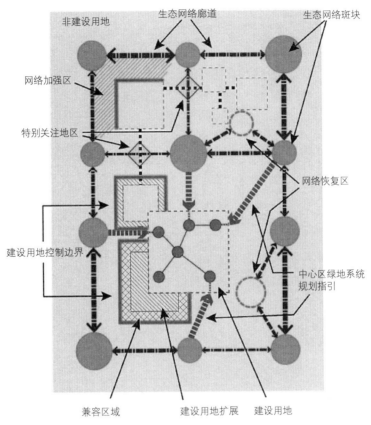

图 11　基于生态网络的非建设用地保护研究框架

表 7　中国的世界城市建设标准

功能特征	指标	参考值
全球金融商务集聚地	Top500 全球或区域总部数量	60～100
	全球金融中心排名	第 2～5 名
全球网络平台及流量配置枢纽	高度发达的生产性服务业比重	50%
	信息、通信、交通枢纽数量	5 个以上
全球科技创新中心	全球科技创新和文化创意基地排名	第 2～5 名
诱人的全球声誉	国际性的旅游和会展目的地排名	第 2～5 名
面向全球的政府	出生在国外的人才比重	3%

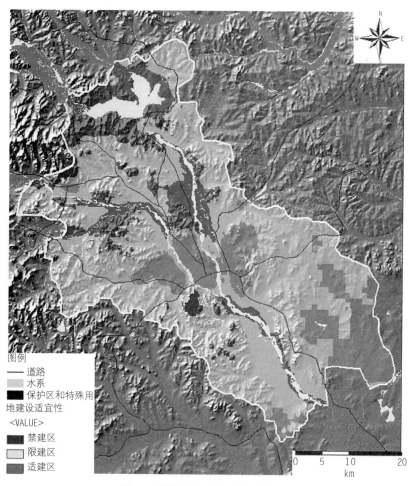

图 12 某市城市规划区范围划定分析

表 8 中国的全球城市评价指标体系

要素	权重	因子	参考值
商业活动	30%	全球 Top500 企业总部数量 全球高级商务服务公司数量 国际资本市场总量 国际会议数量 民用机场数和年旅客吞吐量	10～20 家 10 家及以上 5% 180 次及以上 2 个以上/7 000 万

要素	权重	因子	参考值
人力资本	30%	全球排名500的大学数量 国际学生数量比重 受高等教育人口比重	3个以上 5% 30%
信息交流	30%	外语电视新闻频道数量 国际新闻机构驻地数量	3个以上 20个以上
文化体验	15%	年体育活动及赛事数量 艺术表演场所数量 国际旅行者数量 姐妹友好城市数量	24次及以上 300次以上 3 000万以上 5个以上
国际化程度	10%	使领馆数量 国际组织和具有国际联系的	5个及以上 10个及以上

表9　国家中心城市选择和建设标准

功能	指标	单位	参考值
国家经济中心	常住非农业人口总量	万人	1 000
	国内500强企业落户数	家	20及以上
	金融业增加值占服务业比重	%	6.0
	人均可支配地方财政收入	万元	4.0
	人均GDP	万元	25.0
国家科技创新中心	R&D支出占GDP比重	%	5.0
	研究机构和科技企业数量	家	25
	国际国内大型会展数量	次	300及以上
	专利授权量	件	4 000及以上
	普通高等院校数量	所	5及以上
	普通高校在校大学生数	万人	50.0
	全国专业协会和国家智库数量	个	30及以上
	国际国内驰名商标数量	个	30及以上
	文化创意从业人员比重	%	15.0

续表

功能	指标	单位	参考值
大区域服务中心	直辖市或副省级城市	是/否	是
	第三产业增加值占 GDP 比重	%	65.0
	外国领事馆数量	个	3 及以上
	高速铁路站数量	个	2 以上
	4F 等级机场数量	座	1 及以上
	5 星级酒店数量	个	50 及以上
	综合医院数量	个	5 及以上
	千人医生数量	人	6~8
	入境国际旅游人数比重	%	20.0 以上
人居环境质量	人均住房面积	m²	36.0
	户均拥有家庭轿车数	辆	1.3
	每百人公共图书馆藏书量	册	60
	生活垃圾无害化处理率	%	95
	人均耗电量	千瓦小时	3 500 以下
	人均绿地面积	m²	10.0

表 10　区域中心城市建设标准

功能	指标	单位	参考值
区域中心性	副省级城市或地级城市	0/1	1
	城市首位度	0~100	50.0
	普通高等院校数量或普通高校在校大学生数	个/万人	3/10
	车站数	个	3 及以上
	飞机场或机场吞吐量	个/万人	1/600
	综合医院数量或千人医生数量	个/万人	5/5.0
	星级酒店数量或年旅游人数	个/万人	15/1 000
经济发展水平	人均地区生产总值	万元	20
	第三产业占 GDP 比重	%	55
	人均可支配地方财政收入	万元	3.0
	非农业人口占总人口比重	%	75.0

续表

功能	指标	单位	参考值
人力资源和社会服务水平	全市总人口	万	200 及以上
	第三产业从业人员比重	%	65.0
	每百人公共图书馆藏书量	册	35
	千人教师数量	人	10
	千人医生数量	人	5
基础设施水平	人均住房面积	m²	25.0
	人口密度	人/km²	10 000 以下
	城市建设用地面积	km²	150 以上
	户均拥有家庭轿车数	辆	1.0
	人均城市道路面积	m²	8.0 以上
生态环境质量	人均公园绿地面积	m²	8.0 以上
	建成区绿地率	%	18
	生活垃圾无害化处理率	%	90
	人均耗电量	千瓦小时	4 000

表 11　县级市建设标准

区域	指标	单位	标准值（或参考值）		
			东部	中部	西部
市域	国内生产总值	亿元	50	45	40
	人均国内生产总值	元/人	75 000	72 000	70 000
	居民人均可支配收入	元/人	50 000	48 000	45 000
	第三产业产值占 GDP 比重	%	40	35	30
	非农业人口	万人	15	12	10
	非农业人口占总人口比重	%	50	45	40
	乡镇以上工业产值	亿元	30	25	20
	乡镇以上工业产值占比重	%	80	70	60
	地方本级预算内财政收入总值	万元	6 000	5 000	4 000
	地方本级预算内财政收入人均	元	100	80	60
	社会保障率	%	95	90	85
	教育支出占财政支出的比重	%	33	30	28

续表

区域	指标	单位	标准值（或参考值）		
			东部	中部	西部
市域	万人公共图书馆图书藏量	册	6 000	5 500	5 000
	千人拥有医生数	人	300	260	220
	万人使用因特网量	开户	1 500	1 300	1 100
	智慧社区的建设	%	35	25	20
市区	非农业人口	万人	10	7	6
	人口密度	人/km²	10 000	9 000	7 000
	人均住宅使用面积	m²	30	28	25
	自来水普及率	%	95	90	85
	道路铺装率	%	90	85	80
	建成区绿化覆盖率	%	16	15	14
	人均公园绿地面积	m²	8	8	8
	单位GDP耗能	千瓦时/万元	650	700	750
	单位GDP用水量	吨/万元	5	5.3	5.5
	"三废"处理达标率	%	95	85	80
	生活垃圾分类收集处理率	%	95	92	90
	中水利用	%	60	55	50
	清洁能源占比重	%	30	25	20

表 12-a　县辖镇级建设标准：市行政机构人员配置

机构类型	机构名称	人员配置	
		分类	合计（人）
办公室	政府	主任1人，副主任1人，科员3人	5
	党建	副主任1人，科员2人	3
	人大	副主任1人，科员2人	3
	政协	副主任1人，科员2人	3
	综治信访	副主任1人，科员2人	3

续表

机构类型	机构名称	人员配置		
		分类		合计（人）
五局	市民生活局	居民科、社会福利科、老人及特殊群体福利保障科、医疗保健科、社会保险科、民事科、环境保护科、环境卫生科	27	127
	经济发展局	工业发展科、农业委员会（农林业发展科、耕地科)、商贸服务业科、旅游促进科	15	
	规划建设局	城市规划科、建筑指导科、公路和道路科、下水道与河道工程科、测绘和地籍管理科	20	
	公共安全局	老城派出所、产业园区派出所、空港产业园派出所、消防科、安全与防灾科	25	
	文化教育局	学校管理科、基础教育科、继续教育科、社会教育科、文化科、体育科、宗教科	23	
一大队	城市管理综合执法大队	大队长1人，副队长2人，队员3人	6	
社区居民委员会	城区	主任1人，副主任2人，委员5人	8	—
	中心社区	每个社区主任1人，副主任1人，委员3人	5	
	基层社区	每个社区主任1人，副主任1人，委员2人	4	

表 12-b 县辖（镇级）市建设标准：公共管理与公共服务设施配置

公共管理与公共服务设施分类			是否建有	数量
行政办公设施	市属办公设施	市委、市政府、市人民代表大会、市政治协商委员会	●	4
		公安局、法院、检察院	○	
		企事业管理机构设施	●	若干
		各党派团体和非政府组织机构设施	●	若干
	非市属办公设施	企事业管理机构等	●	若干
文化娱乐设施	文化活动设施	博物馆、地方文化展示馆、青少年活动中心、老年人活动中心、社区文化活动站等	●	5
	文化艺术团体设施	文化艺术团体、剧院、电影院	●	1
	图书展览设施	公共图书馆、档案馆、城市规划展览馆	●	1

续表

公共管理与公共服务设施分类			是否建有	数量
体育设施	体育场馆与训练设施	市体育场馆、游泳场馆、各类球场以及附属的业余体校	●	若干
		专设训练基地的室内外体育运动用地	○	
医疗卫生设施	医院	综合医院	○	
		妇幼保健院、中医院、儿童医院、口腔病院	○	
	疾病防控	疾病防控中心、社区卫生院	●	2
	休疗养	疗养院（含休养所）	○	
教育科研设施	幼儿	幼儿园、托儿所	●	
	中小学	小学	○	
		中学	○	
		重点高级中学	○	
	高等学校	普通大学	○	
		学院、专科学校	○	
		城市大学	●	
	中等专业学校	技工学校、职业学校	●	2
	成人和业余学校	职业培训中心	●	1
		业余学校	●	
	特殊学校	聋、哑、盲人学校	●	
		工读学校	○	
	科研设计	科学研究（含勘测设计、观察测试等）、科技信息和科技咨询机构	●	1
社会福利设施		儿童福利院、养老院、疗养院	●	2

注：(1) 表中●——应设的项目；○——可设的项目。(2) 市级行政管理中心建设采取小政府模式，行政中心大楼内布置党政办、党建办、人大办、政协办、综治信访办、财政局、经济发展管理局、城镇规划建设管理局、人口和计划生育管理局、社会事务管理局、农业经济局等行政部门。依据《党政机关办公用房建设标准(1999)》，县辖市办公用房应以第三等级的建设标准为上限，按人均建筑面积 16m² 计算。县辖镇级市的国民教育设施主要有县级（市）政府配置。因此，城市政府主要负责幼儿教育和职业教育设施配置。

表 13-a　重点镇建设标准

类型	指标	单位	指标值
城市规模	城市建成区面积	km²	≥5
	城市建成区居住人口	万人	＞5
	城镇化水平	%	70
经济发展水平	人均地区生产总值	元	150 000
	主导产业所占比重	%	＞50
	城镇居民人均可支配年收入	元	40 000
	农村居民人均年纯收入	元	35 000
基础设施建设	城市等级道路人均面积	m²	＞10
	居民公共交通出行率	%	50
	农村等级公路建设达标率和公交或客运站点设置率	%	100
	水厂供应能力	m³/日	＞12 500
	城市自来水普及率	%	98
	清洁能源使用率	%	98
	宽带接入覆盖率	%	100
公共服务配套和社会管理	城乡义务教育阶段教育设施按标准配置率	%	100
	城乡高中阶段教育设施满足率	%	100
	教育机构数量	个	幼儿园：＞8
			小学：＞3
			初中：＞2
			高中：1～2
	文明基础设施拥有量	个	电影院或综合剧场：1
			图书馆：1
			体育场：1
			文化中心（2 000～5 000m²）：1
	医疗保健机构数量	个	医院：1
			疾控中心：1
			卫生院：＞2

续表

类型	指标	单位	指标值
公共服务配套和社会管理	城市商业、金融、信息服务设施齐全，网络化服务覆盖率	%	90
	城市综合体或城市商业综合体	个	1～2
	城乡社会养老机构	所	＞2
	保障性住房建筑面积	m²	＞135 000
生态环境建设	城乡生活垃圾无害化处理率	%	100
	城乡饮用水水源水质达标率	%	100
	城市公共绿地率	%	＞15
	城市公园绿地面积	万 m²	＞3.0
	城市街头绿地面积	万 m²	＞5.0
	城市防护绿地面积	万 m²	＞5.0
	建有城市片区公园或城市生态走廊	万 m²	＞1
	生产性污染源处理排放	%	100
	城市生活污水集中处理率	%	95
	农村生活污水集中处理率	%	87

表 13-b 重点镇住房、市政和社会设施建设标准

类型		指标	单位	等级规模		
				1～3 万人	3～5 万人	＞5 万人
交通		道路	长度（km）	8～18	18～25	＞25
			面积（万 m²）	9～27	27～45	＞45
		广场	数量（个）	1～2	2	＞2
			占地面积（m²）	2 000～6 000	6 000～10 000	＞10 000
		停车场	数量（个）	2～5	5～9	＞9
			占地面积（m²）	7 000～24 000	24 000～45 000	＞45 000
		汽车客运站	数量（个）	1	1	1
			占地面积（m²）	3 000	5 000	＞5 000

续表

类型		指标	单位	等级规模		
				1～3 万人	3～5 万人	＞5 万人
供水		水厂（包括应急供水设施）	数量（座）	1	1～2	1～2
			供应能力（m³/日）	1 500～6 000	6 000～12 500	＞12 500
		配套管网	长度（km）	10～22	22～35	＞35
排水		污水处理厂	数量（座）	1	1	1
			处理能力（m³/日）	800～3 200	3 200～7 000	＞7 000
		配套污水管网	长度（km）	8～18	18～25	＞25
		雨水管网	长度（km）	7.5～17	17～24	＞24
供电		变电站	规格（kV）	35	110	110
			数量（座）	1	1～2	2
		电力电缆	长度（km）	12～25	25～35	＞35
电信邮政		电信端局	数量（个）	1～2	2	＞2
			容量（门）	3 000～10 000	10 000～15 000	＞15 000
		邮政支局	数量（个）	1～2	2	＞2
			占地面积（m²）	2 000～5 000	5 000	＞5 000
		电信管道	长度（km）	6～15	15～25	＞25
燃气		站场设施	数量（座）	1	1	1
			供应能力（万标方/年）	80～240	240～400	＞400
		配套管网	长度（km）	5～10	10～15	＞15
环卫		生活垃圾转运设施	数量（个）	1	1	2
			转运能力（吨/日）	7.2～21.6	21.6～36	＞36
		生活垃圾处理厂（场）	数量（个）	1	1	1
			处理能力（吨/日）	7.2～21.6	21.6～36	＞36
		公厕	数量（座）	3	12	＞20
防灾		消防站	数量（座）	1	1	≥1
			标准	二级	二级	一级
		防洪堤	长度（km）	2～6	6～10	＞10
绿化		公园绿地	占地面积（ha）	1.0～1.5	1.5～3.0	＞3.0
		街头绿地	占地面积（ha）	1.5～3.0	3.0～5.0	＞5.0
		防护绿地	占地面积（ha）	1.0～2.0	2.0～5.0	＞5.0

续表

类型		指标	单位	等级规模		
				1~3万人	3~5万人	>5万人
公共设施	行政管理	党政团体机构	占地面积（km）	0.5~1.0	1.0~1.5	>1.5
		派出所	占地面积（ha）	0.2~0.3	0.3~0.5	>0.5
		各专项机构	占地面积（ha）	0.1~0.2	0.2~0.3	>0.3
		居委会	数量（个）	2~6	6~10	>10
	教育机构	职业学校	数量（所）	—	—	1
		高中	数量（所）	—	—	1~2
			班级规模（班）	—	—	30
		初中	数量（所）	1~2	2	>2
			班级规模（班）	18	18	30
		小学	数量（所）	1~2	2~3	>3
			班级规模（班）	18	18	24
		幼儿园	数量（所）	2~4	4~8	>8
			班级规模（班）	6	8	8
	文体科技	文体中心	数量（处）	—	1	1
			用地规模（ha）	—	1	>1.0
		体育场	数量（处）	1	1	1~2
			用地规模（ha）	2~3.5	3.5	3.5~5.0
		文体广场	数量（处）	1	1	>2
			用地规模（ha）	0.2	0.2	>1.0
		科技站	数量（处）	1	1~2	>2
			用地规模（ha）	0.2	0.2~0.6	>0.6
		图书馆	数量（处）	—	1	1
			用地规模（ha）	—	0.2	0.3
		影剧院	数量（处）	—	—	1
			用地规模（ha）	—	—	0.5
	医疗保健	医院	数量（处）	—	—	1
			用地规模（ha）			2
		疾控中心	数量（处）	1	1	1
			用地规模（ha）	0.3	0.3~0.5	>0.5

续表

类型		指标	单位	等级规模		
				1~3 万人	3~5 万人	>5 万人
公共设施	医疗保健	卫生院	数量（处）	1	1~2	>2
			用地规模（ha）	0.1	0.1~0.2	>0.2
		计划生育站	数量（处）	1	1~2	>2
			用地规模（ha）	0.1	0.1~0.2	>0.2
	商业金融	综合商店	数量（处）	1~2	2~3	>3
			用地规模（ha）	0.2~0.5	0.5~1.0	>1.0
		宾馆旅店	数量（处）	1	1~2	>2
			用地规模（ha）	0.5	0.5~1.0	>1.0
		银行、信用社	数量（处）	1	1~2	>2
			用地规模（ha）	0.1	0.1~0.2	>0.2
		储蓄所	数量（处）	1	1~2	>2
			用地规模（ha）	0.1	0.1~0.2	>0.2
	社会保障	残障人康复中心	数量（处）	1	1	1
			用地规模（ha）	0.1	0.1~0.2	>0.2
		敬老院	数量（处）	1	1	1
			用地规模（ha）	0.3	0.3~0.4	>0.5
		养老服务站	数量（处）	1	1	1
			用地规模（ha）	0.1	0.1~0.2	>0.2
	集贸市场	百货市场	数量（处）	1	1~2	>2
			用地规模（ha）	0.2	0.2~0.5	>0.5
		农贸市场	数量（处）	1	1~2	>2
			用地规模（ha）	0.2	0.2~0.5	>0.5
		其他专业市场	数量（处）	—	1	>1
			用地规模（ha）	—	0.5	>0.5
住房		保障性住房	数量（套）	450~1 350	1 350~2 250	>2 250
			建筑面积（m²）	27 000~81 000	81 000~135 000	>135 000

表 14　特色镇建设标准

类型	特色	关键评价指标	级别/发布
历史文化名镇	具有重要历史文化遗存和保护意义的特色镇	文物保护单位数量（个）； 历史建筑数量（个）； 历史街区数量（个）； 综合历史价值评分； 历史文化特色典型性评分； 历史遗存保存完好度评分等	国家/住建部
特色景观旅游名镇	依托历史文化、历史文化、民族风情等旅游资源，通过旅游资源的开发及其配套设施的建设而形成的特色镇	资源与景观价值评分； 旅游经济收入/吸纳本地劳动力占本镇生产总值收入/总劳动力不低于20%； 旅游配套及基础设施评分； 旅游服务与安全措施评分	国家/住建部、旅游局
绿色低碳重点小城镇	具有生态环境良好、工程设施完善、人居环境优良、管理机制健全、经济社会发展协调的示范性特色镇	采取节能建筑技术（是/否）； 可再生能源使用户数合计占镇区总户数的15%以上（是/否）； 节水与水资源再生利用率（%）； 生活垃圾收集与处理率（%）	国家/财政部、住建部、发改委
美丽宜居小镇	风景美、街区美、功能美、生态美、生活美的特色镇	风景宜居（自然风光、乡村风貌价值）评分； 街区宜居（整体形态、街区建筑、环境景观、传统文化）评分； 功能宜居（功能设施、运营管理、环境卫生、安全防灾）评分； 生态宜居（生态环境、绿色低碳）评分； 生活宜居（收入水平、就业保障、社会管理）评分	国家/住建部
一村一品示范镇	具有优势主导产业，带农致富效果显著，产品品牌影响力大，组织化水平高的特色镇	主导产业收入占全镇农业经济总收入30%以上； 从事主导产业生产经营活动农户数占全镇农户总数30以上； 镇农民人均纯收入高于所在县市农民人均纯收入10%以上； 加入农民合作社的农户数占专业乡镇从业农户数的比重30%以上	国家/农业部
两型社会建设小镇	在生产生活中践行资源节约和环境友好的"两型"理念，以生态环保为主题，以可持续发展为特征的经济社会发展模式的特色镇	建筑用地产出率（%）； 清洁能源普及率（%）； 基本社会保障覆盖率（%）； 文明基础设施拥有量（个/万人）； 人均碳排放（吨/年）	省/发改委

续表

类型	特色	关键评价指标	级别/发布
休闲乡村旅游示范镇	以休闲农业与乡村旅游作为主打产业，带动农民就业增收的特色镇	乡村旅游收入占镇 GDP 比重（%）； 年乡村旅游收入占旅游总收入比重（%）； 旅游规划及实施评分； 旅游发展后劲评分	省/旅游局
特色产业小镇	以产业为核心，以项目为载体，生产生活生态相融合的特色镇	特色产业产值所占比重（%）； 特色产业从业人员所占比例（%）； 工业园区土地利用集约度（%）； 环境质量评价； 环境污染防治等评价	
少数民族聚居镇	集中大量少数民族且保留少数民族资源的特色镇	少数民族人口占全镇人口比重（%）； 少数民族特色风貌评分； 城镇建筑风格保存度评分	

4 国家城镇体系发展战略

4.1 基于开放发展的国家全球城市体系构建战略

随着我国综合国力的上升，尽快将北京、上海、深圳等城市纳入全球城市、世界城市的目标中建设。以"一带一路"建设、京津冀协同发展、长江经济带建设为引领，形成沿海、沿江沿线经济带为主的纵向横向经济轴带，依托西北、东北、东南、西南四个区域性城镇体系，形成外向型城市拓展轴带，推进"一带一路"沿线中国企业园、市场区、物流园、港口等基础设施建设，构筑中国经济的国际网络，特别注重推进非洲城市开发区和中国式城镇化道路的示范效应。注重港澳地区、台湾地区城市群、朝鲜—蒙古地带和中华文化圈城市群与国家城市群的对接，为中华民族伟大复兴的最终目标打下扎实基础。

4.2 基于绿色和创新发展的国家城镇体系战略

城市规划和建设需要从过去注重经济、社会和文化建设转向注重环境整治和保育，基于环境问题建设面向未来环境都市发展。第一，从城市生活垃圾处理入手，开发"城市矿山"，建设无垃圾城市；第二，积极应对雾霾和PM2.5超标，限制华北、华东城市群地区空气污染企业入驻，积极建设城市综合体和室内城市；第三，保障世界城市、全球城市和国家中心城市建设用水；以水区为基本单位，以水定人，以水定城，以水定发展，建立可持续的区域城镇体系；第四，关注土壤污染问题，推进锈带城市群生态网络建设，积极改造与利用城市棕地；第五，根据涵养水源、保持水土、防风固沙、调蓄洪水、保护生物多样性，以及保持自然本底、保障生态系统完整和稳定性等要求，兼顾经济社会发展需要，划定并严守生态保护红线；第六，优化城镇经济发展模式，构建绿色、循环和低碳的产业体系，加快生态工业园区的建设，驱动城市向经济与生态协调发展的宜居型城市转变。应对气候变暖挑战，降低上海、天津等大城市海平面上升等导致的灾害风险。

4.3　基于协调和分享发展的国家城镇体系发展战略

发挥主体功能区作为国土空间开发保护基础制度的作用，落实主体功能区规划，建立流域生态补偿机制。推进民族和谐与西部和沿边开放开发，扶持区域经济增长极、增长带和增长点，重点建设辽宁丹东、黑龙江同江、吉林珲春、内蒙古满洲里、新疆霍尔果斯、新疆喀什、云南瑞丽、广西东兴、海南三沙等边境城市（镇）。积极应对老龄社会需要，不断完善老年人家庭赡养和扶养、社会救助、社会福利、宜居环境、社会参与等方面对空间和城镇等级规模的要求，构建居家为基础、社区为依托、机构为补充、医养相结合的养老服务体系，更好满足老龄社会和老龄产业发展的新需求。以基础设施为先导，对接扶贫的专业资金，引导商业银行和社会资本支持农村公路、电网、通讯等基础设施建设，特别重视在贫困地区建成广覆盖、深通达、提品质的交通信息网络。

5　实施国家城镇体系规划的政策和措施

5.1　编制城市建设用地的负面清单

为了进一步提高城市建设用地的效率，需要打破按省区进行供地指标分配的计划经济模式，通过规定用地投资密度和产出密度以及土地市场调节的城市建设用地的负面清单实施国家东中西、沿海和内地、城市化地区和非城市化地区、同一城市不同地段的差异化供地模式，激发土地在市场经济中生产要素活力，促进城市、城镇体系发展，进而进一步拉动区域经济增长。

5.2　调整控制大城市人口政策

为了实现国家发展的整体目标，对世界城市、全球城市、国家中心城市和重要城市群实施集聚发展策略，按照国家城镇体系规模—等级人口规模参照值，调整严格控制大城市人口规模的政策，推动市场经济为主体、实事求是、按需有序发展。

5.3　建立国家特别市和县辖镇级市

强化"城市自治体"的本质内涵，满足建设世界城市、全球城市和国家中心城市的需求，建立10个左右的财政体制相对独立的"特别市"，在行政管理和财政制度方面加大放权力度。以发展地方经济为目的，进一步下放土地、规划、财政和税收的权限，设置县辖镇级市，积极推进国家新型城镇化进程。

5.4 创建双层级城市群和大都市区政府治理模式

推动重要城市群地区和大都市区建立区域性政府机构，统一协调产业、交通、环境、水土资源、教育、医疗、公共安全等政府事权；做实基层行政区幼教、绿地建设、垃圾处理、税费等行政管理权限；逐步实行双层次的城市群和大都市区政府治理模式。

5.5 择机加快建设世界城市、全球城市和国家中心城市

建设世界城市与全球城市，增设国家中心城市，将是"十三五"时期以及未来几十年国家发展的重要战略任务，应根据各自的发展态势、区位优势确定发展时序与建设重点。

参考文献

[1] Abrahamson, M. 2004. Global Cities. New York: Oxford University Press.

[2] Altshuler, A., Luberoff, D. (eds.) 2003. Mega-Projects: The Changing Politics of Urban Public Investment. Washington, DC: Brookings Institution.

[3] American 2050. 2014. http://america2050. org. cutestat. com/.

[4] Beaverstock, J. V., Taylor, P. J., Smith, R. G. 1999. "A roster of world cities," Cities, 6: 445-458.

[5] Champion, A. G. (eds.) 1989. Counterurbanization: The Changing Pace and the Nature of Population Deconcentration. London: Edward Arnold.

[6] Chubarov, I., Brooker, D. 2013. "Multiple pathways to global city formation: A functional approach and review of recent evidence in China," Cities, 35: 181-189.

[7] Cohen, R. B. 2006. "The new international division of labor, multinational corporations and urban hierarchy." in The Global Cities Reader, eds. Brenner, N., Keil, R. Taylor & Francis Group: Routledge.

[8] Derudder, B., Taylor, P. 2016. "Change in the World City Network, 2000-2012," Professional Geographer, 68 (4): 624-637.

[9] Friedmann, J. 1986. "The world city hypothesis.," Development and Change, 17 (1): 69-83.

[10] Friedmann, J. 2002. "Where we stand: A decade of world city research," in The Prospect of Cities, eds. Knox, P. L., Taylor, P. J., Friedmann, J. Minneapolis: University of Minnesota Press.

[11] GaWC, 2009. World Cities. List. http://www. diserio. com/gawc-world-cities. html.

[12] Gilbert, A. (eds.) 1996. The Mega-City in Latin America. Tokyo: United Nations University Press.

[13] Hall, P. 1966. The World Cities. New York, Toronto: World University Library.

[14] Kearney, A. T. 2014. Global Cities, Prensent and Future: 2014 global cities index and emerging cities outlook. https://max. book118. com/html/2015/1006/26746994. shtm.

[15] Kearney, A. T. 2015. Global Cites 2015. https://www. atkearney. cn/research-studies/global-cities-index/2015

[16] Knox, P. L., Taylor, P. J. (eds.) 1995. World Cities in a World System. Cambridge: Cambridge University Press.

[17] Ng, M. K., Hills, P. 2003. "World cities or great cities? A comparative study of five Asian metropolises," Cities, 20 (3): 151-165.

[18] Mastercard. 2015. 2015 Global Destination Cities Index. http: //newsroom. mastercard. com/wp-content/uploads/ 2015/06/MasterCard-GDCI-2015-Final-Report1. pdf.

[19] McKinsey. 2013. Urban world: The shifting global business landscape. http: //www. mckinsey. com/insights/ur-banization/urban _ world _ the _ shifting _ global _ business _ landscape.

[20] Pick, J. B., Butler, E. 1997. Mexico Megacity Boulder, CO: Westview Press.

[21] Rakodi, C. (ed.) 1997. The Urban Challenge in Africa: Growth and Management of its Large Cities. New York: The United Nations University Press.

[22] Robinson, J. 2002. "Global and world cities: A view from off the map," International Journal of Urban and Regional Research, 26 (3): 531-554.

[23] Sassen, S. 1991. The Global City: New York, London, Tokyo. Princeton: Princeton University Press.

[24] Summers, A. A., Cheshire, P. C., Senn, L. (eds.) 1999. Urban Change in the United States and Western Europe: Comparative Analysis and Policy. Washington, D. C. : Urban Institute Press.

[25] Taylor, P. J., Walker, D. R. F. 2001. "World cities: A first multivariate analysis of their service complexes, " Urban Studies, 38 (1): 23-47.

[26] United Nations. 1986a. Population Growth and Policies in Mega-Cities: Calcutta, Population Policy Paper No. 1. New York: United Nations.

[27] United Nations. 1986b. Population Growth and Policies in Mega-Cities: Bombay, Population Policy Paper No. 6. New York: United Nations.

[28] United Nations Center for Human Settlements (UNCHS). 1996. An Urbanizing World: Global Report on Human Settlements. Oxford, England: Oxford University Press for Habitat.

[29] United Nations. 2002. World Urbanization Prospects: The 2001 Revision. New York: United Nations.

[30] United Nations. 2014. "Population Division," in World urbanization prospects: The 2014 revision. New York, July.

[31] Yeung, Y. 1996. "An Asian perspective on the global city," International Social Science Journal, 48 (147): 25-31.

[32] 顾朝林，陈璐. 全球化与重建国家城市体系的设想 [J]. 地理科学，2005，25 (6): 641-654.

[33] 顾朝林，张勤，蔡建明. 经济全球化与中国城市发展——跨世纪城市发展战略研究 [M]. 北京：商务印书馆. 1999.

[34] 顾朝林，孙樱. 经济全球化与中国国际性城市建设 [J]. 城市规划汇刊，1999，(3): 1-6＋63-79.

[35] 黄叶芳，梁怡，沈建法. 全球化与城市国际化：国际城市的一项实证研究 [J]. 世界地理研究，2007，16 (2): 1-8.

[36] 李健. 世界城市研究的转型、反思与上海建设世界城市的探讨 [J]. 城市规划学刊，2011，(3): 20-26.

[37] 李立勋. 城市国际化与国际城市 [J]. 城市问题，1994，(4): 37-41.

[38] 李小建，张晓平，彭宝玉. 经济活动全球化对中国区域经济发展的影响 [J]. 地理研究，19 (3): 225-233.

［39］刘培林.世界城市化和城市发展的若干新趋势新理念［J］.理论学刊，2012，（12）：54-57.

［40］刘士林，刘新静.中国城市群发展报告 2016［M］.上海：东方出版中心，2016.

［41］吕拉昌.全球城市理论与中国的国际城市建设［J］.地理科学，2007，27（4）：449-456.

［42］倪鹏飞，彼得卡尔克拉索主编.全球城市竞争力报告（2011-2012）［R］.北京：中国社会科学院城市与竞争力研究中心，http：//www.docin.com/p-1458503419.html.

［43］庞效民.关于中国世界城市发展条件与前景的初步分析［J］.地理研究，1996，15（2）：67-73.

［44］唐子来，李粲.迈向全球城市的战略思考［J］.国际城市规划，2015，30（4）：9-15.

［45］文雯.后金融危机时代世界城市指标评价体系的设计与评估——以上海为例［J］.上海经济研究，2015，（8）：117-128.

［46］吴国平，武小琦.巴西城市化进程及其启示［J］.拉丁美洲研究，2014，（2）：9-16＋79.

［47］许学强，叶嘉安，张蓉.我国经济的全球化及其对城镇体系的影响［J］.地理研究，1995，14（3）：1-13.

［48］张增玲，甄峰，刘慧.20 世纪 90 年代以来非洲城市化的特点和动因［J］.热带地理，2007，27（5）：455-460.

［49］赵民，李峰清，徐素.新时期上海建设"全球城市"的态势辨析与战略选择［J］.城市规划学刊，2014，（4）：7-13.

［50］中国社会科学院.2015 年中国城市竞争力蓝皮书：中国城市竞争力报告［M］.北京：社会科学文献出版社，2015.

论可持续城市和工业发展[①]

龚维希　卡尼施卡·拉杰·拉托　吕　荟　维多利亚·J. 赫金　张　国

On Sustainable Urban and Industrial Development

GONG Weixi, Kanishka Raj RATHORE, LV Hui, Victoria J. HAYKIN, ZHANG Guo
(South South and Three Party Industrial Cooperation of the United Nations Industrial Development Organization)

Abstract Starting from the ongoing work of UNIDO (the United Nations Industrial Development Organization) in the area of inclusive and sustainable industrial development (ISID), this paper summarizes the urban and industrial development challenges faced by the cities in developing countries that seek to boost their economic growth. Based on their respective stages of development, cities are divided into four types: survival; basic; advanced; and smart. In regards to enhancing the city competitiveness, this paper introduces the European Green City Index and identifies three paths to realize the sustainable urban development. Accordingly, the paper examines the interlinkages between urban and industrial development within the framework of ISID. Finally, the paper proposes that establishing interconnection between cities, guided by the "Belt and Road Initiative", can be used to advance the inclusive and sustainable urban and industrial development on a global scale.
Keywords sustainability; industrial development; green city; Belt and Road Initiative

作者简介

龚维希，联合国工业发展组织（UNIDO）南南及三方工业合作高级协调员，及其团队，包括卡尼施卡·拉杰·拉托（Kanishka Raj Rathore）、吕荟、维多利亚·J. 赫金（Victoria J. Haykin）、张国。

摘　要　文章从联合国工业发展组织（UNIDO）推动和实践的包容与可持续工业发展项目出发，概括了经济快速增长过程中，发展中国家普遍出现的城市问题和挑战。基于这些问题将城市分为生存型、基础型、进阶型和智慧型四类，从提升城市竞争力视角，介绍了欧洲绿色城市指标体系，指出迈向可持续城市的三条路径。据此，文章详细讨论了可持续工业发展问题，倡导 UNIDO 提出的包容和可持续工业发展理论框架，从"为城市搭建可持续发展之桥"视角提出通过"一带一路"倡议推动全球范围的城市和工业可持续发展。

关键词　可持续性；工业发展；绿色城市；"一带一路"

今天的城市，毫不夸张地说，正处在抉择的十字路口。据联合国报告的预测，到 2050 年全球将新增 25 亿城市人口，占世界总人口的比重将达 66%（United Nations, 2014）。与此同时，全球经济总量也将翻三番，这意味着将出现更多的工业及其对环境和资源的更强的直接影响。然而，由于缺乏国家层面的城市政策和综合性的城市发展策略，在全球尺度上资源和环境都受到了威胁。依靠经济和政治的力量，城市具有引领国家走向可持续发展的能力和作用。据此，在 2016 年联合国第三届人居大会（HABITAT III）上通过的新城市议程（New Urban Agenda），为可持续城市发展设定了新的全球标准（United Nations, 2016）。在共同的可持续目标下，工业的发展方向又将如何？本文从联合国工业发展组织（UNIDO）推动和实践的包容与可持续工业发展项目出发，试图全面地阐述这些问题，并作为背景材料为联合国工发组织的年度活动

"'一带一路'城市绿色经济发展大会：为城市搭建可持续发展之桥"提供讨论议题。

1 城市化问题与城市分类

1.1 快速经济增长与城镇化问题

近年来，亚洲和非洲有着世界上经济增长最快的一些国家。随着经济的增长，从乡村地区向城市迁移的人群数量也有所增加。移民带动了城市人口处于较快的增长率，从而使城市规划师和政府往往无所适从（Roy，2009）。城镇化对于国家整体经济可能是有利的，但在快速城镇化的过程中发展中国家通常会面临众多问题和挑战。

（1）城市蔓延。蔓延被定义为在城镇紧凑中心之外沿公路在乡村地区的低密度发展，是城市向邻近地域的无序伸展。越来越多的市镇沿道路发展，最开始往往是商业和工业用地，并连接通向其他市镇。由于缺乏对这些郊区土地的使用控制，往往会导致这些区域缺乏规划和不合理发展。生态敏感地区还可能会受到侵扰和破坏。土地高度蔓延还会导致人均土地、能源和水资源的使用量上升（Saini，2014）。

（2）过度拥挤。当乡村人口向城市迁移的同时，城市也可能面临过度拥挤的问题。由于城市人口大多数都希望尽量靠近城市中心区，不可避免地会出现高层建筑。城市核心区域的高密度会给已有的基础设施带来巨大压力。在从未有过的城市人口增长速度面前，电力、住房、水、交通和就业等都面临很大压力，亟待缓解。尽管很多城市政府采用了很多方式试图疏解核心区的人口压力，但成功的案例少之又少。

（3）住房。快速城镇化带来的主要问题之一就是住房问题。相对来说，发展中国家的住房建设速度或是低收入住房项目发展有限且缓慢。随着人口的增长，大城市的住房可负担性和可得性开始成为严重的挑战。由于主要的商业和经济活动大多发生在城市中心及其邻近区域，城市中心区的公寓和住宅的价格相对于其他区域来说会非常高，这导致了经济的不平等性。大多数的城市中心区都被城市人口中的富裕阶层所占据，中产和贫困阶层的市民被挤压到远离城市中心的地段。城市基础设施的水平在远离城市中心的地区同样也会有所降低。

（4）失业。失业是城市另一个常见的严重问题。大量的人口向城市流动并试图寻找工作，这就使得就业机会的竞争十分激烈。尽管跟乡村地区比较的话，城市地区的收入确实更多，但由于城市地区居住成本更高，实际上有些人的生活更加贫困。当就业机会缺乏时，移民往往会为了在城市中生存下去而选择低收入工作。

（5）贫民窟和私搭乱建。贫民窟一直都是城市中的问题所在。贫穷的城市居民被健康问题所困扰，城市中的贫穷地段同样也不健康。贫民窟的大量增加是城市的重大威胁，亟待被消除。在印度的孟买市，城市人口高达54％都生活在贫民窟中，给城市带来了严重的问题（Ray，2011）。贫民窟和私搭乱建之间并没有明确的区别或是定义上的区分。贫民窟通常较为稳定地位于老城地区，而私搭乱建具有相对临时性，更多位于城市边缘，即城市地块与乡村腹地相交错的地区。

（6）交通和运输问题。城市管理的主要问题之一。一方面，人口增长带来了个人交通工具的大量使用，随之也产生了诸如交通堵塞和污染等问题。交通容量有一定的"瓶颈"，几乎所有的大都市都被交通问题所困扰，城市的复杂性也加剧了交通问题。由于缺乏交通运输网络和道路的规划，城市中的有些区域依然没有被公共交通服务所覆盖。另一方面，很多城市并没有注重公共交通系统的发展，市民也更愿意使用个人交通工具通勤。同时，在大多数快速增长的城市中，自行车和步行并不具有道路的优先权。

（7）水。在发展中国家，获得清洁的水资源并不容易。如上文所提到，由于城市基础设施和服务所承受的巨大压力，水资源的需求和供给之间总有一定的差距。在一些城市中，城市甚至都没有基础的自来水管系统。同样，由于水资源的供给限制，地方居民面临获取清洁用水的困难。特别是在夏季，因为供水不足加上高温往往使得情况更加糟糕。

（8）排水设施。总是被缺乏和低效所困扰。在发展中国家，城市中经常面临排水相关的问题。大多数地下排水设施或是不够通畅，或是没有覆盖全部城市区域。对污水的处理不足或不恰当也会导致污水对河流和海洋水体的污染。

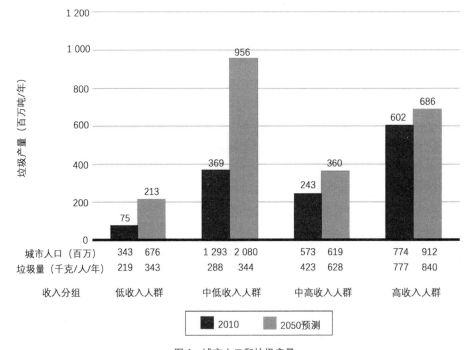

图 1　城市人口和垃圾产量

资料来源：http：//siteresources. worldbank. org/INTURBANDEVELOPMENT/Resources/336387-1334852610766/Chap3. pdf。

（9）垃圾处理。城市中人口高速增长带来的垃圾处理问题已经变得十分惊人。由于大量的垃圾，城市健康也受到威胁。较差的土地被城市选择作为垃圾场用来倾倒垃圾。不计其量的有毒物质从垃圾场地渗入周边环境地下，对这些地区造成破坏。如图 1 所示，中低收入国家预计在未来数年中面临最为严重的垃圾处理挑战。

（10）城市犯罪。另一个无法忽略的关键问题。日常城市生活的竞争性、消费品和材料的使用增长以及高失业率导致了一些市民走入歧途并为了求生而犯罪。贫民窟和违章聚居地也对犯罪行为有促进作用。贫民窟人口的无控制增长不仅影响了城市的安全，还对城市的国际形象造成了负面影响。在 2016 年里约奥运会举办期间，为数不少的抢劫案件从巴西里约热内卢被报道和确认。

（11）城市污染。城镇化带来了工业和交通的爆发式发展。虽然有一些减少制造业污染的计划，但还不够完备，也没有很好的实施。个人交通工具的增长带来的交通堵塞也造成了更高层级的空间污染和噪声污染。交通的增长和工业的无序发展是当前发展中国家环境问题的主要原因，尽管工业同时也是城市的经济支柱，但确保工业的环境友好和可持续性并在发展中实践这些概念是非常重要的议题。

（12）能源。城市消耗了全球超过 3/4 的能源，并贡献了超过 80％的温室气体排放。在这个资源稀缺的时代，迫切需要减少城市的能源消费和促进可再生能源的使用。当城市转向可再生能源和更加高效的能源使用方式上时，城市空气质量会得到非常显著的改善。能源管理的方法和途径的创新是应对未来城市发展挑战的重要手段（ARUP, 2015）。

1.2　基于问题和挑战的城市分类

城市有不同的城市经济发展水平，也面临不同的问题。为了更好地理解城市发展问题，本文尝试将城市按照发展成熟度分类，用以确定不同类型城市面临的发展问题和主要挑战。

1.2.1　生存型城市：不宜居且缺乏就业和不可持续

处于"生存型"阶段的城市，仅拥有最低水平的基础设施和服务。若进行评估的话，大多数最不发达国家的城市会被划入这个类型。由于基础设施和服务的供需不平衡，这类城市面临巨大的压力。由于资源常规性的短缺，地方市政府需要采取一些临时手段，比如中断供电和减少供水时间。还有其他很多显著问题，比如低就业率、贫困人口过多、不达标的医疗和急救服务（ICLEI et al., 2009）。这类城市呈现高城市首位度，即一群小规模的附属城市环绕一个主要中心城市，在"生存型"阶段，两者不能产生联动，中心城市的增长无法影响其他城市，尤其是这些城市中农村地区的经济发展。

1.2.2　基础型城市：有限的全球—地方连接

处于"基础型"状态的城市，其基础设施和服务水平相对"生存型"状态的城市要好一些，技术发展比更好的城市要差一些。这些城市拥有可以满足市民需求的基本公共交通系统，其中包括市内和周边的火车、公交、电车。在城市内有小学和中学，还有基本的急救服务。市民的日常生活达到一定的舒适标准（Swilling, 2010）。在减少交通时间、缓解交通拥堵以及连通性方面仍然需要改进。但重要的是发展框架和政策通常还停留在国家层面，而不是次国家层面，非常有限的全球—地方连接。

1.2.3　进阶型城市：发展处在十字路口

"进阶型"城市拥有较高水平的基础设施，有助于城市向经济枢纽转型，提升其生产效率。进阶型城市拥有高效的大型交通系统，包括公路、铁路和水路，也有更高的抗灾能力，比如建筑有防震等级、道路有合适的排水系统。这类型的城市还拥有高等教育中心，包括高校和研究创新中心。城市发展战略注重可持续性和适宜工作。当然，进阶型城市仍然处在发展阶段，仍然有需要改善的地方，也有很多现有最佳的技术可以用于提高城市的效率。许多进阶型城市已经处在发展周期的十字路口，必须加以调整以应对不断变化的发展条件和基础设施投资缺口。

1.2.4　智慧型城市：宜居宜业和可持续性

智慧型城市拥有先进的城市基础设施和服务。通过智慧城市解决方案，比如电子政府，可以拥有合适的管理系统和相关的支持政策，最首要的是可以快速得到所有的紧急服务，包括医疗设施。所有的交通模式都是中央控制的（集成性管理）并且互相连接。乘客可以用一张票在不同的交通模式中换乘，比如公车、火车、地铁和有轨电车。一个智慧和可持续的城市常有的一些特征，包括老年人护理中心、成人教育中心、环境友好型建筑以及为市民提供安全的环境（Amitrano et al.，2014）。一旦城市发展达到了这样的水平，技术就在其中扮演很重要的角色。在信息通信技术（ICT）的帮助下，可以方便地远程获取城市服务，比如公共交通系统和城市服务的手机软件、远程账单支付软件。随着技术的持续发展，即使是最智慧的城市也要跟上最新的技术发展趋势和智慧城市解决方案。

综上所述，不难看出，所有城市都面临持续的升级才能保持其竞争力和韧性，以应对城市人口快速增长并满足其对基础设施的需求，但基础设施的发展所面临的挑战给我们带来了新的挑战。

2　城市可持续性

2.1　提升城市竞争力

城市竞争力和可持续性是在城市发展讨论中经常出现的一对概念。根据世界银行的定义，具有竞争力的城市可以在企业和工业领域创造就业机会，提高整体生产效率和市民收入水平（World Bank，2015）。通过提升城市的竞争力，城市可以更好应对问题、消除贫困以及为所有居民创造共同财富。尤其自20世纪后数十年以来，城市竞争力已经成为地方政府、企业以及投资者持续关心的议题。

城市竞争力的概念在其早期主要关注经济发展，然而如今这个概念已经开始包括城市诸多方面的表现。Lever和Turok（1999）共同对城市竞争力进行了广义的定义："……城市可以提供符合区域、国家乃至国际市场所需产品和服务的程度，同时增加自身实际收入，提升市民生活品质并以可持续的方式推动发展。"该定义不仅考虑了经济和财政收益，也纳入了社会发展和福利。

在Webster和Muller（2000）看来，城市竞争力包括四个方面。①经济结构。是城市竞争力评价中的传统对象，其中的主要内容包括经济组成、生产效率、输出产品、新增价值以及国外和国内投资。②地方禀赋。是指某地区的不可交易的资源条件，比如区位、基础设施、自然资源、便利设施、生活成本、商业成本以及城市形象和品牌。③人力资源。指的是给定城市区域中的劳动力的总体技能水平、可获得性以及成本。值得注意的是，人力资源的价值与其所处的环境紧密相关。因此，人力资源的效力受到所在城市区域的制度、经济和地域环境的深度影响。④制度环境。城市的制度和文化环境会影响文化、政府治理和政策框架以及网络行为。从这点来说，制度能力建设在推动和保障城市竞争力和可持续性上扮演了重要角色。城市竞争力标准如表1所示。

表 1　城市竞争力标准

标　　准	内　　容
经济多样性	倾向于高附加值领域和出口或进口替代产品领域
技能人力资本供给	可在知识和信息密集型产业工作的人员和劳动力
机构网络	私营企业需要与教育科研和政策机构
物质环境	高质量的生活和工作条件可以吸引高质量的劳动力和居民
社会和文化环境	软要素对于可持续发展的重要性日益增长。具体来说，在不平等和不公正的条件下，经济繁荣也是不可持续的。社会和谐和经济竞争力是同步持续的
沟通网络	前提条件是区域层面（城市区域的沟通潜力）和国际层面（网络活动）具有充足的物质基础设施，需要额外基础设施来支撑城市在全球网络和市场体系中的战略定位
制度能力	在面对经济和社会结构的快速变革时，城市需要具有在中长期发展中快速动员公共、私人和社区资源的能力

资料来源：Fertner，2006。

事实上，城市竞争力并不是一个零和游戏，也就是说一个城市的竞争力增长并不意味着必然有另一城市竞争力下降。换言之，两个相互竞争的城市可以同时实现发展和提升，而并不给对方造成消极影响。

同时，城市竞争力的概念与可持续性有着天然的联系，其强调的是城市以提升市民生活品质为长期发展目标、高效和可持续的方式生产高质量产品的能力。换言之，城市竞争力是促进和达成包容与可持续城市发展的路径之一。竞争力和可持续性这二者对于城市发展都非常重要。可持续性是城市实现长期竞争力的必需条件。为提升竞争力，城市不能仅仅关注城市发展的单一或几个方面，而是需要选择一条综合路径，走全面可持续发展的道路。

2. 2　绿色城市指标体系

绿色城市指标项目于2008年启动。绿色城市指标的方法由经济学人智库（EIU）和西门子合作建立。首先，建立了欧洲绿色城市指标，对欧洲30个人口规模在100～300万的城市进行环境可持续性评估。指标体系建立之后，经济学人智库和西门子共同建立了一套城市排序体系，称为绿色城市指标，开始对欧洲的主要城市进行排序，并逐渐纳入了亚洲、非洲和美洲的城市。

绿色城市指标体系包括8类约30个指标（图2），主要包括二氧化碳排放、能源、建筑、土地使用、交通、水和卫生、废物处理、空气质量和环境治理等。其中大约有一半的指标是定量的——通常使用公共公开数据，比如人均二氧化碳排放量、人均耗水量、回收率以及空气污染含量。剩下的指标是对城市的环境政策进行定性分析，比如，采用再生能源的技术以及实施缓解交通拥堵政策和空气质量标准。同时采用定性和定量的指标，展现出这个指标体系是建立在当前的环境表现以及城市改善的计划之上的。

绿色指标体系完整地覆盖了所有城市环境可持续的主要领域，但对于健康、幸福感和生活质量关注的较少。定量指标衡量城市当前的发展状况，定性指标则用于确定城市对于可持续实践的动力和决心。

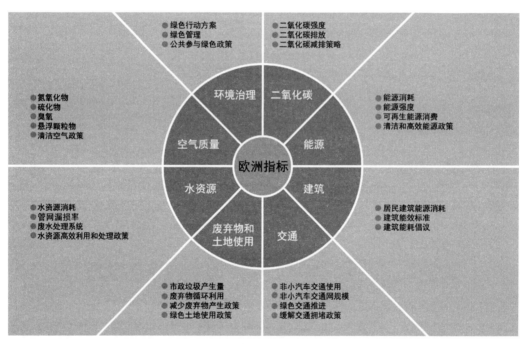

图 2　欧洲绿色城市指标

资料来源：EIU，2012。

2.3　可持续性城市路径

描述可持续城市发展有许多概念，比如生态城市、绿色城市、包容城市、创新城市、宜居城市、智慧城市以及可持续城市。这些相似的概念关注的是城市的不同方面，但目标都是城市的可持续发展（表 2）。

表2　城市可持续发展的相关概念

概念	特　征	关注角度
生态城市	一个与环境和谐共处、使用可再生能源和其他资源的城市	环境，经济
绿色城市	绿色城市生物多样性环境，低碳、资源高效的绿色经济，社会包容	环境，经济
包容城市	一个空间包容、社会包容并且经济包容的城市（World Bank，2015）	社会包容
创新城市	创新并具有生命力的城市，是经济增长的主要驱动力	社会组织，经济增长
宜居城市	生态可持续、宜居并能提供高质量生活的城市	环境，社会包容
智慧城市	使用现代通信技术来支撑可持续城市发展以及高质量生活	整体视角，基础设施
可持续城市	一个"社会、经济和物质都以可持续的方式发展"的城市，一个 包容、安全、有抵御灾害能力和可持续的城市（UN Habitat，2015）	整体视角

在这些概念中，生态城市和绿色城市主要关注的是环境，而包容城市和宜居城市更多偏向关注的是人类社会方面。创新城市强调的是经济增长和城市发展中创新的重要性。智慧城市则是相对较新的一个概念，是与可持续城市一起在近几十年被提出的概念。这两个概念涵盖了城市发展的社会、环境和经济方面。其区别在于，智慧城市强调达成可持续的过程，将信息通信技术作为转变城市发展方式的关键工具。与之相对的，可持续城市则是一个目标导向的概念，认为城市应该在不牺牲未来几代人需求的情况下，满足我们这代人的需求。这些概念尽管有不同的关注领域，但在环境、社会和经济角度互相重叠。还有很多与可持续的城市发展相关的概念，比如学习型城市、低碳城市等等。所有这些概念或多或少地都关注城市可持续性的三个重要维度，即社会平等、经济增长和环境保护。

3　可持续工业发展

联合国工发组织的包容与可持续工业发展（ISID）是全球可持续发展长期议程中的重要部分，主要在于：促进经济增长的多样性，帮助所有人获得快速和可持续的生活品质，以及采用环境友好型的技术解决方案推动城市可持续发展（UNIDO，2015）。

3.1　一般城市地区的包容与可持续工业发展

联合国工发组织的 ISID 发展包括：推进政策和制度机制，引导城市层面绿色技术、创新和产业发展，促进投资和伙伴关系并发展城市网络以及支撑城市规划和管理（UNIDO，2015）。

推进政策和制度机制。ISID 的基本原则可以指导地方政府领导和其他相关者建立合适的政策体制，以确保城市和工业的一致发展战略。激励计划和机制以及体制框架可以被用于支持包容性社会发展。如之前所述，工业政策、战略和框架对于推进可持续发展有着重要的作用，可以引发诸多积极的连锁反应。

引导城市层面绿色技术、创新和产业发展。绿色工业指的是不以损害自然系统或影响人类健康为前提的工业生产和发展。绿色工业的目的是推动企业生产过程中考虑环境、气候和社会影响（UNIDO，2011a）。在这里"绿色"一词是指绿色生产过程、绿色技术以及包容性社会经济模式。城市作为经济成长的动力源，需要应对日益增长的环境问题，发展绿色工业可以发挥关键的作用。从工业发展角度来看，需要考虑两方面：一是现存工业的更新换代；二是新兴产业的发展（图3）。对于工业绿色化来说，其关键点包括资源生产率、污染防治和化学安全管理等。例如，在传统工业中的水泥厂或炼钢厂，其关键点是降低能源消耗、碳排放和总体污染排放；对于创新绿色工业来说，可以综合考虑环境相关的技术和服务，比如回收设施、可再生能源技术或能源咨询等。由于能源在温室气体的排放和工业发展中扮演了重要角色，城市需要在其日益增长的能源需求和碳排放控制要求之间寻求平衡。重视生态效率可以确保创造"更多产品和服务的同时使用较少的资源并且产生较少的废物和污染"（Calkins，2009）。

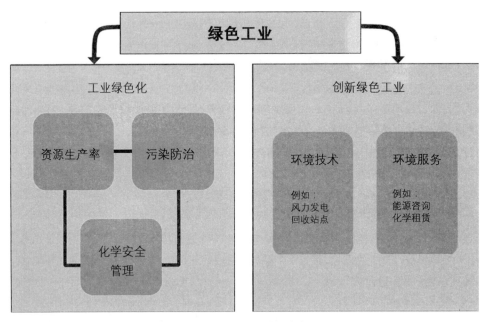

图3　绿色工业双路径战略
资料来源：UNIDO，2011b。

促进投资和伙伴关系并发展城市网络。联合国工发组织的ISID宗旨所关注的重点干预领域是推动城市地区的工业发展，手段既包括利用金融杠杆商业投资，也包括采用创新合作模式和发展模式，比如南南及三方工业合作。建立城市间交流网络和其他类型的伙伴合作平台，以促进信息交换和金融及环境友好型技术的传播，是实现城市第一产业和第二产业可持续发展的长期保证。

支撑城市规划和管理。在城市规划和管理中有两点内容与工业发展紧密相关：生态工业园区和棕地再开发。工业园区是城市的重要组成部分，为城市提供了大量的就业岗位并创造了大量价值。但传统的工业园区往往对环境不够友好。生态工业园区关注的生态效益是指减少废物产生并提升企业在环境方面的表现（Kechichian and Jeong，2016），其中采用了"循环经济"的概念，降低城市工业部门的环境足迹。因此，以生态友好的方式设计工业园区是促进城市可持续性的一个重要途径。棕地（Brownfield）指的是已经被工业或商业使用过的土地。在发达国家和发展中国家中都有城市更新的需求。恰当的棕地再开发是土地资源的可持续利用，这样不仅可以减少土地资源的消耗，同时还帮助保存城市文脉。工业部门自身也是城市土地再开发中技术支撑的重要来源。

3.2　应对城市问题和挑战的包容与可持续工业发展

如前所述，如今的城市面临着众多挑战，从对农村地区大量流入的寻求就业人口的管理，到采用和实施环境友好生产方式与技术等诸多方面。这些都是为达成可持续城市发展过程中的难点。联合国工发组织为 ISID 制定了三路径策略，主要思路是通过一系列的发展方式来应对这些挑战。

工业化和城市化伙伴关系培育。工业化和城市化互相促进，并且有着很长的共同发展的历史。自 19 世纪末的工业革命以来，工业化通过创造经济增长和工作机会吸引人们进入城市，推动了城市化。工业发展有双重效益：一方面，创造了对工人的大量需求，并有可能为他们提供更好的生活质量，从而产生了更多的住房需求和工作岗位；另一方面，工业化的技术创新提高了农业的生产效率，使得少量的农业人口可以支撑大量的城市人口。

政策制定和制度能力建设。工业和城市在历史上曾经共同发展。但继续走这条老路并不是可持续的方式。工业化不仅在工业部门创造了工作岗位，同样促进了公共领域的经济增长，比如城市管理、基础设施、公共卫生和教育。工业在促进经济发展的同时，对环境造成了许多负面的影响，产生了大量的温室气体，严重地威胁了气候和可持续性。工业发展需要合理的规划，政策制定和制度能力建设显得越来越重要。

创新金融机制推进。城市是工业发展的中心，但如果城市只是作为产业链上的一环发挥作用时，往往会成为一个单纯的生产地而陷入困境，无法创造经济剩余来支持市场的发展。持续的资金注入对于创造增长和发展的环境至关重要。近年来，尽管财政和经济危机极大地影响了制造业，不断推进金融机制创新促进工业发展，因为强有力的工业才是经济复苏和增长的保证。

3.3　工业在城市可持续发展中扮演重要角色

对于经济增长来说，工业发展是城市 GDP 增长的必要条件（World Bank，2015）。有制造业中心的城市的年平均人均 GDP 增长达 6.3%。对创造就业来说，有高效工业中心的城市能够创造 3.3%～3.5% 的年均新增就业岗位。同时，工业发展有利于减少贫困。具有制造业中心的城市可以达到 4.6%

的平均收入增加。此外，工业也是吸引国外直接投资（FDI）的发展部门。大规模高科技制造中心，如中国的广州和罗马尼亚的布加勒斯特等，可以吸引大量国外直接投资的进入。

在发展中国家，需要进一步关注以下五个方面。①政策环境。发展中国家政府需要避免可能阻碍工业发展的限制性政策。政府因此需要制定政策框架和税收激励，以鼓励工业和技术创新、应对可能的市场失败以及创造具有金融吸引力的工业发展环境。②基础设施。在发展中国家，工业发展的一个重要驱动力是充足的基础设施。如果无法获得合适的基础设施支持如电力等，工业发展的成本会大大增加，企业效率和应用可持续生产方式的可能性都会降低。③专家和人力资源。在理想情况下，城市可以提供近乎无限的有经验和受训的劳动力。在恰当的定位前提下，城市可以吸引熟练工人从乡村腹地或邻近城市流入。大规模移民会自然发生流入和流出。而在无法获得熟练劳动力的情况下，工业很难顺畅和高效地发展。④交通物流。交通运输和主要港口的可达性与基础设施的发展紧密相关。对于可达性不高的城市来说，运输成本会极大提高，从而抑制工业在城市中的发展。此外，交通过度拥堵的城市中，运输时间很可能会增加。需要创新方法来缓解交通相关的问题，比如运输车专用道等。⑤地方法规环境。区域和城市层面的地方法律法规通常会影响土地使用与废物管理以及其他一些与工业可持续发展相关的内容。

4 "一带一路"和可持续城市与工业发展

2013 年中国政府提出"一带一路"倡议（Belt and Road Initiative，BRI），其目的是通过建立紧密的区域贸易网络和增强区域联系，推动未来增长所需的更加开放和包容的全球经济。倡议包括五个重点合作方面：①政策沟通；②设施联通；③贸易畅通；④资金融通；⑤民心相通（Hong，2016）。到 2016 年，已经吸引了 64 个欧亚非国家支持这一倡议，这些国家的 GDP 综合达 12 万亿美元（占全球 GDP 的 16%），国际贸易总额达 7.2 万亿美元（占全球国际贸易的 21.7%）。毫无疑问，这一倡议将为推动包容与可持续工业发展注入强大活力。据此，联合国工业发展组织连续两年召开"一带一路与城市绿色经济发展大会"，探讨在"一带一路"倡议框架下，推动包容与可持续工业发展，旨在促进城市不同利益相关者的共同参与合作与讨论，以期共同实现全球可持续发展的目标。为了达成这一目标，需要在全球范围内对相关领域采取统一的对策和措施。

4.1 能源领域

可持续的城市与工业发展过程中，能源问题是最严峻的挑战之一。经济增长建立在大量的能源消耗的基础上。通过新技术，城市需要在实现可持续的经济增长过程中，降低碳排放。从能源供应的角度来说，可再生能源更加清洁和低碳，可以是一个有效的手段。从能源消耗的角度来说，能源利用率需要提高，这意味着需要改变我们使用能源的方式。这要求全世界重建一个深度去碳化的经济结构和能源结构。

引导问题：

(1) 城市如何应对基础设施和城市服务所需的能源快速增长需求？

(2) 可再生能源将在未来可持续城市和工业发展中扮演什么样的角色？

(3) 城市如何提高能源效率，有哪些适用于城市层面的创新方法可以用于节能减排？

4.2　环境领域

环境与城市和工业发展相互作用并相互影响。城市和工业应该改变其发展过程，以减少对地球环境的影响，这意味着减少他们的生态足迹，首先需要控制资源消耗，其次是降低排放和废弃，并对卫生进行可持续的管理。

引导问题：

(1) 如何推动循环经济的发展，尤其是在"一带一路"沿线的发展中国家的城市中？

(2) 如何利用知识交换和技术转移帮助"一带一路"城市应对环境问题和城市微气候变化？

(3) 在实现可持续城市和工业发展的同时，如何同时保护环境和降低资源消耗？

4.3　工业和创新

工业是可持续经济增长和城市发展的保证。一方面，工业应该往更可持续的方向发展，也就是说，通过使用清洁技术和生产流程来提高能源效率与资源消耗效率；另一方面，工业应该生产可持续城市发展过程中所需要的产品，来支持全局的城市发展。比如，信息通信技术是创新的关键，也是未来城市发展所使用的基础设施的关键。同时，创新是工业和城市发展的关键驱动力。创新是寻找新的路径来应对城市面临的挑战。创新可以在城市发展的所有领域发生，比如技术、商业模式、制度等。创新的目标是更好地使用资产和资源，提高城市竞争力和资金。比如，技术创新可以为工业升级提供支持，以提升其竞争力。

引导问题：

(1)"一带一路"沿线的哪些工业门类、地区和城市可以从区域发展及技术转移中获益最大？

(2) 工业如何持续为经济增长和包容城市发展做出贡献？

(3) 技术升级如"物联网"和"工业 4.0"等将如何影响未来城市发展？

4.4　推进合作

基于合作的方法可以有机会获得更多的资源和专业技术。城市是可持续城市发展中的关键要素，可以从不同的合作中获益。国家和国际的发展合作可以促进不同城市之间的相互合作，或与更高级别的政府和机构合作。工业和学术界以及其他方面也有合作，在这个过程中，所有合作方都可以就与城市发展相关的不同领域的专业知识进行交流。城市与私人部门、其他城市以及机构合作，可以交流信息，拓展资源，改善城市发展。联合国工业发展组织这样的平台可以为城市提供在不同发展领域寻找合适合作伙伴的机会。

引导问题：

（1）能力建设和多方合作在城市未来发展中的作用是什么？

（2）如何提高市民在城市规划和发展过程中的参与广度与深度？

（3）城市基础设施建设中的创新型政府—社会资本合作模式是什么？我们如何监测和协调不同利益相关方的合作（如商业界、学术界、工业界、非政府组织等）？

4.5　投资与财政

增加城市发展的财政规模和效率在城市发展战略中应该处在优先地位。城市基础设施与服务是投资和财政的关键领域，因为基础设施可以打开城市未来发展的潜能。城市的需求和现在的能力之间仍然有巨大的空间。因此，投资和财政领域中应该建立新的合作关系，同时也应该采用更加有效率的合作机制来支持可持续的城市财政。

引导问题：

（1）城市如何创造银行可参与的项目并做好投资准备工作以吸引可持续城市发展项目的融资？

（2）城市地方政府、国家政府、商业界和多边发展银行在应对城市融资"瓶颈"时可以发挥什么作用？

（3）城市基础设施发展的融资困难如何解决？尤其是在发展中国家缺乏技术和融资专家的帮助时？

4.6　社会包容

社会包容是指每个人都可以公平的享受城市发展的成果，它也是可持续发展的一个重要目标。在发展过程中消除贫困、消除性别不平等以及促进年轻一代的参与还有很长的路要走，比如，使用信息通信技术来缩小数字鸿沟，并为城市中的所有人提供平等的机会。

引导问题：

（1）"一带一路"在城市和区域层面应对社会经济不平衡问题时发挥了什么作用？

（2）城市和工业发展将如何推动国家层面的可持续发展：人的发展以及全体共享的繁荣？

（3）可持续发展目标9和"一带一路"如何共同促进创新并推动包容与可持续城市和工业发展？

这些引导问题将在工发组织的年度会议"一带一路—城市绿色经济发展大会"及其相关活动中，用于激发讨论并推动对包容与可持续城市和工业发展议题中关键问题的理解。讨论的成果将对城市和地方利益相关者寻求建立和实施可持续城市项目提供支持，从而为可持续发展目标的实施做出贡献。其成果将会帮助城市和当地的利益相关者建立并实施可持续城市计划，从而为实现可持续发展目标做出直接贡献。作为一个前进的方向，未来行动和合作的可能领域包括：

（1）作为一个联合国特别机构，联合国工业发展组织在绿色技术、能力建设以及知识传播的项目中是重要的参与者。通过大量的技术专业知识，联合国工业发展组织这样的组织应该直接与市政当局合作，在政策层面协助城市，并通过合作帮助城市。

（2）可持续发展目标为城市提供了一个深化它们正在进行的活动以及倡议的机会。由于国际和国家层面的政策将会支持城市层面的发展，当地的利益相关者，即市长、民间团体、当地市民以及当地企业都应该参与到讨论中来。

（3）把城市的不同行动者聚集到一个平台，讨论当地和国际可持续城市发展领域最新的创新与项目，将会帮助城市制定政策和发展目标。作为第三届联合国住房和城市可持续发展大会的后续，定期的城市讨论将会在加速这一进程中扮演重要的角色。

（4）可持续发展目标对不同的国家层面和城市层面的发展倡议都已经有了积极的影响，可以预料，可持续发展目标将会有一个积极的结果。城市可以把可持续发展目标和新城市议程与国家及当地的城市发展目标结合起来。

5 结语

工业和城市之间的关系十分密切而稳固。工业对城市的改变，工业对城市和国家经济的贡献良多。在未来的几十年中，工业将持续地在可持续城市发展中留下重要的足迹。因此，在与其他可持续发展目标共同推进的同时，包容与可持续的工业发展是绿色城市发展的先决条件和基础支撑。

注释

① 本文根据 2017 年 9 月在联合国工业发展组织绿色/生态工业园区发展共识建设研讨会：发展绿色/生态工业园区理论与办法的三个工作文件编译，它们是：（1）Cities at a crossroads: Unlocking industries potential for sustainable urban development；（2）Sustainable city indexing: Towards the creation of an assessment framework for inclusive and sustainable urban-industrial development；（3）Sustainable cities and investments: Addressing the bottlenecks to urban infrastructure development。本文件编印未经联合国正式编辑修订。文件中所用名称及材料的编列方式，并不意味着联合国工业发展组织（工发组织）秘书处对于任何国家、领土、城市、地区或其当局的法律地位，或对于其边界或界限的划分，或对于其经济制度和发展程度，表示任何意见。"发达""工业化"或"发展中"等名称的用意在于统计上的便利，并不一定是对某个国家或地区所达到的发展进程阶段表示某种判断。提及公司名称或商业产品不构成工发组织的某种认可。

参考文献

[1] Amitrano, C., Alfano, A., Bifulco, F. 2014. "New smart cities: A focus on some ongoing projects," The 3rd International Virtual Conference of Information and Management Sciences, Slovak Republic, March.

［2］ARUP. 2015 . Five Minute Guide: Energy in Cities. ARUP.

［3］Calkins, M. 2009. Materials for Sustainable Sites: A Complete Guide to the Evaluation, Selection and Use of Sustainable Construction Materials. Hoboken, New Jersey: John Wiley & Sons, Inc.

［4］Fertner, C. 2006. City-regional Co-operation to Strengthen Urban Competitiveness: A Report on Cross-border Cooperation in the Regions of Copenhagen-Malmö and Vienna-Bratislava. Vienna: TU Wien Diplomarbeit.

［5］Hong, P. 2016. "Jointly building the 'Belt and Road' towards the sustainable development goals, " Social Science Electronic Publishing. Available at SSRN: https: //ssrn. com/abstract = 2812893 or http: //dx. doi. org/10. 2139/ssrn. 2812893.

［6］ICLEI, UNEP, UN Habitat. 2009. Sustainable Urban Energy Planning: A Handbook for Cities and Towns in Developing Countries. Bonn: ICLEI.

［7］Kechichian, E., Jeong, M. 2016. Mainstreaming Eco-industrial Parks. Washington D. C.: World Bank Group.

［8］Ray, S. 2011. Sustainable City Form in India. New Delhi: National Institute of Urban Affairs. National Institute of Urban Affairs.

［9］Roy, A. 2009. "Why India cannot plan its cities: Informality, insurgence and the idiom of urbanization, " Planning Theory, 8 (1): 76-87.

［10］Saini, S. 2014. "Urbanisation, city expansion, access to basic household amenities: The case of informal settlements of Delhi, " Global Journal of Finance and Management, 6 (3): 197-202.

［11］Swilling, M. 2010. "Greening public value, " in Beyond Public Choice: In Search of Public Value, ed. J. Benington and M. Moore. London: Palgrave.

［12］The Economist Intelligence Unit. 2012. The Green City Index. Munich: Siemens AG.

［13］UNIDO. 2011a. Green Industry-Policies for Supporting Green Industry. Vienna, Austria.

［14］UNIDO. 2011b. UNIDO Green Industry Initiative for Sustainable Industrial Development. Vienna, Austria.

［15］UNIDO. 2015. Introduction to UNIDO-Inclusive and Sustainable Industrial Development. Vienna, Austria.

［16］United Nations. 2014. Sustainable Cities & Human Settlements in the SDGs. New York City: United Nations.

［17］United Nations. 2016. Report of the Inter-Agency and Expert Group on Sustainable Development Goal Indicators. UN Economic and Social Council, E/CN. 3/2016/2.

［18］Webster, D., Muller, L. 2000. Urban Competitiveness Assessment in Developing Country Urban Regions: The Road Forward. Washington D. C.: Paper prepared for Urban Group, INFUD.

［19］World Bank. 2015. Comptetive Cities for Jobs and Growth. Retrieved from www. worldbank. org.

论国家空间规划体系的构建

俞滨洋　曹传新

Reflections on the Construction of National Spatial Planning System

YU Binyang[1] , CAO Chuanxin[2]
(1. Technology and Industrialization Development Center of MOHURD, Beijing 100142, China; 2. China Academy of Urban Planning and Design, Beijing 100044, China)

Abstract　At present, the national spatial pattern change is in the critical turning point, the national spatial governance system is in the period of transformation, and the national spatial planning types are in the period of integration and innovation. Therefore, it is of great and long-term strategic significance to construct a new national spatial planning system to adapt to the construction of ecological civilization and promote the "five in one" strategy. Its goal is to build a national spatial pattern with an efficient structure, complete functions, smooth traffic, a beautiful environment, and a distinctive image, so that the system has world competitiveness and sustainability. As a result, the construction of the national space planning system should adhere to three basic principles; building a functional system for world competition, building a safety pattern for the future sustainable development, and building a planning system based on the

作者简介
俞滨洋，住房和城乡建设部科技与产业化中心；曹传新，中国城市规划设计研究院。

摘　要　当前，国家空间格局变迁处于关键拐点时期，国家空间治理体系处于转型变革时期，国家空间规划类型处于整合创新时期，构建适应生态文明建设、促进"五位一体"战略实施的国家空间规划新体系，具有重大长远的战略意义。其目标任务是让国家空间格局结构高效、功能完善、交通畅通、环境优美、形象独特，使之具有世界竞争力和可持续能力。因此，国家空间规划体系构建应坚持面向世界竞争的功能体系、面向未来可持续发展的安全格局、面向实际国情的规划体制三个基本原则；形成"发展战略＋空间管控＋实施引导"内容框架，"定性、定量、定位、定形、定景、定界、定线、定施、定项"九方面的技术内容体系；构建"国家空间发展战略规划2049、全域空间总体规划2030、近期建设规划2020"三层次规划体系；推进"大联合"规划组织机制、全国标准化技术平台等改革创新。

关键词　国家空间；规划体系；三面九定；编制框架；保障措施

在我国，传统的国家空间规划体系重城市轻农村、重陆地轻海洋、重非农空间轻农业空间，在一定程度上反映的是国家行业发展规划，而不是国家空间规划。"十八大"以来，国家各部委和地方政府、学术界和社会各界都响应了中央的指示精神，针对国家空间规划体系进行了大量探索。本文尝试从国家空间规划体系构建进行探讨。

actual national conditions. And it should establish a technical system with a content framework of "development strategy ＋ spatial control ＋ implementation guidance" and with nine aspects including quality, quantity, positioning, form, landscape, boundary, line, facilities, and item; build a three-level planning system composed of "national space development strategic planning 2049, global space master plan 2030, and short-term construction planning 2020"; and promote the planning organization mechanism of "integration in a large scale", the national standardized technology platform, and other reform and innovation measures.

Keywords national space; planning system; three aspects and nine decisions; compilation framework; safeguard measures

1 构建国家空间规划体系的战略意义

1.1 我国处于实现"两个百年"目标的关键时期

1.1.1 国家空间格局变迁处于关键拐点时期

根据国家统计局公布的数据显示，2011 年中国城镇化率达到 51.27%，2016 年达到 57.36%。城镇化水平超 50%意味着我国正处于从传统的乡村中国迈向城市中国的发展时代，意味着我国城乡人口格局、城乡空间格局、城乡生态格局等都将发生深刻变化（周静等，2017）。因此，传统的空间规划体系和体制将难以适应这一关键拐点时期国家空间格局的发展需求，急需调整构建新的国家空间规划体系和体制。

1.1.2 国家空间治理体系处于转型变革时期

"十八大"提出了经济建设、政治建设、文化建设、社会建设、生态文明建设"五位一体"总体布局理念，提出了"全面建成小康社会、全面深化改革、全面依法治国、全面从严治党"治国理政的总方略，提出了推进国家治理体系和治理能力现代化的改革目标，设计了实现"两个百年"奋斗目标、走向中华民族伟大复兴中国梦的路线图，以生态文明建设为主线的国家空间治理体系的序幕已经拉开。据此，国家空间规划体系也应做出合乎生态文明建设要求的改革创新，为建设美丽中国、实现中华民族永续发展提供支撑服务（俞滨洋、曹传新，2016；蔡玉梅、高平，2013）。

1.2 我国处于各类规划整合的问题集中凸显期

1.2.1 规划类型多且体系庞杂

目前，我国每一部委都会有一个甚至几个规划，且多多少少也带有空间规划的特点。典型的有住建部（住房和城乡建设部）的城乡规划体系、国土资源部的土地利用规划体系、国家发改委（国家发展和改革委员会）的主体功能区规划体系和环保部（环境保护部）的环境保护规划体系等。同时，每一部委都在根据各自部门的职能分工，确定各自部门规划的重点内容和任务。这样，这种各自为政、条条通中央的规划类型体系，实质上形成了一个类型多样、体系庞杂的国家空间规划体系，并由于相互之间的不协调和牵制，已经开始对我国可持续发展产生了重大影响（谢英挺、王伟，2015）。

1.2.2 规划交叉多且标准混乱

由于各部委都是针对同一空间进行规划，导致不可避免的规划交叉。但是，更为严重的是各部委系统对规划都有各自的标准和制度，譬如规划期限规定不一、法律法规依据不一、土地强度指标界定不一、职能定位不一，造成对同一空间的规划管理出现多个标准和制度的怪象。这一怪象不仅反映在技术编制层面，而且也折射到管理层面，规划编制时各部委系统相互之间不配合、不沟通、不衔接；规划管控时各部委系统相互争抢有利责权利，推卸不利责权利，互设前置条款，造成规划编制不科学、规划管理不权威，最后导致规划失效和空间管理失控的严重后果。

1.2.3 规划空白多且权责不一

国家空间规划本应是全覆盖的综合性规划，个是部门利益最大化的空间表达。然而，由于我国长期条条体制的深刻影响，导致我国空间规划体制的无序演变。在依法行政过程中，各部委系统针对审批职能制定了规划原则依据和任务内容，使之部门利益最大化，造成了国家空间规划的不完整性、不系统性，权责不一且模糊，尤其是农村、农业、海洋、沙漠、贫困地区、地下、地上等空间规划缺失严重，已经对我国国家空间格局的可持续发展产生了重大影响（何冬华，2017）。同时，当前我国空间规划变更频繁，规划错位、越位、失位问题突出（王凯，2006），导致规划缺乏科学性、权威性、严肃性和连续性，难以充分发挥对空间资源配置的引领和调控作用。

1.3 构建国家空间规划体系的战略意义重大

国家空间规划是衡量国家治理体系和治理能力现代化的一把尺子，是保障国家空间竞争力、可持续发展的载体平台，是维护国家空间安全格局和公平治理格局的重要工具。规划打架、规划短命、规划失效、规划审批流程复杂等问题（许景权等，2017），以及规划异化为地方土地财政和招商引资的公共政策，异化为领导政绩、个人好恶甚至是腐败的工具，都映射出政府治理能力的不足，将不可避免地导致国家空间竞争力的低效，国家可持续发展存在隐患等问题。据此，从国家发展战略要求出发，基于城乡规划现实发展阶段和面临问题分析判断，不难看出，构建国家空间规划体系具有重大的战略意义，尤其是在空间资源配置方面对完善国家治理体系、提高治理能力具有重要支撑作用和价值（苏强、韩玲，2010）。

2　国家空间规划体系建设框架设想

2.1　国家空间规划体系构建原则

毋庸置疑，国家空间规划体系不应仅仅是底线思维、边界划定问题，而是在原来城乡规划基础上结合各个部门行业规划进行补充、扩展、调整和完善（俞滨洋，2015）。国家空间规划体系是一个系统化空间资源配置的表达，是为落实中央"两个百年"奋斗目标、实现中华民族伟大复兴的中国梦提供空间支撑服务。因此，国家空间规划体系构建，应坚持面向世界竞争、面向可持续发展、面向实际国情三个基本原则。

2.1.1　面向世界竞争的国家空间功能体系

面向世界竞争是构建国家空间规划体系的核心原则。中华民族伟大复兴的中国梦，实质是国家空间核心竞争力位居世界前列、若干个世界级功能的国家空间节点枢纽或者城镇展现在世界舞台以及若干个世界城市引领世界经济格局的健康发展等。从这个意义上来说，我国国家空间规划体系构建必须有面向世界竞争的国家空间功能体系优化的技术视野，空间规划体制和制度也应有利于国家空间融入世界竞争力格局的形成。

2.1.2　面向可持续发展的国家空间安全体系

面向可持续发展是构建国家空间规划体系的前提性和基础性原则。可持续发展是一个近期、中期、远期规划都必须遵循的基本原则（王向东、刘卫东，2012），其核心意义在于强调社会公平和生态安全基础上的健康发展。当前我国国家空间格局面临着区域发展不平衡、城乡发展不协调、人地系统不和谐、生态环境不健康、地缘格局（国防、海洋等）不稳定等重大问题。因此，我国国家空间规划体系构建必须面向可持续发展，发展重点转向有利于促进国家社会空间安全格局和生态空间安全格局的形成。

2.1.3　面向实际国情的国家空间规划体系

面向实际国情是国家空间规划体系构建的体制性原则。国家空间规划体系构建是政府行为，与一个国家的政体、国体都有直接的关联。从国外经验来看，政权组织形式影响空间规划的主要特征，行政组织体系对国家空间规划层级起基础作用，经济体制影响国家空间规划不同层级的功能。因此，我国国家空间规划体系构建不能盲目照搬西方国家的模式和经验，而是要探索一条符合中国国情的国家空间规划体系。

综上所述，国家空间规划体系构建要因地制宜，不能盲目复制。面向世界竞争、面向未来可持续发展是构建的技术性原则；面向实际国情是构建的体制性原则。三者相互影响、相辅相成，相互促进，互不割裂。

2.2 国家空间规划主要内容

构建国家空间规划体系的目标任务应是让国家空间格局结构高效、功能完善、交通畅通、环境优美，形象独特，使之具有世界竞争力和可持续发展能力。为此，国家空间规划体系内容应改变传统只重视空间管控轻发展与实施的内容导向，形成"发展战略＋空间管控＋实施引导"内容框架，构建"定性、定量、定位、定形、定景、定界、定线、定施、定项"九方面的技术内容体系。

2.2.1 规划重点内容

针对国家空间的发展战略和总体思路是国家空间规划体系技术内容的重点，也是制定空间管制政策和实施引导政策的基本依据，主要包括以下五个方面的内容。①定性。确定国家空间体系各个地区、节点的发展目标与任务。在国家空间格局中不同发展主体和管控主体的目标任务，主要是确定发挥世界、全国、区域功能的地区、城镇等中心节点。②定量。确定国家空间体系各个地区、节点的发展规模与指标。根据资源环境承载能力确定的国家空间格局开发指标量及相应政策投放量，主要是确定人口容量、土地投放量、建设总量、环境容量等核心指标，其中人口容量的确定是重点。③定位。确定国家空间体系的发展类型和方略。根据地区差异特征确定不同地区、不同城镇的发展方向和战略（孙施文等，2015）。在国家空间格局变迁中确定具有世界竞争力的城镇群、具有区域带动意义的地方性城镇群等的发展方向和战略，确定具有特殊地域开发意义的类型地区或城乡地区的发展方向和战略，譬如贫困集中连绵区、资源性城市地区、东北老工业基地振兴区、南海海洋开发区等。④定形。确定国家空间体系的发展结构与布局。为什么要优化空间结构？因为国家空间是一个城市与区域、中心与腹地等相互嵌入影响的空间实体，客观存在结构组织和优化的问题。不同的发展阶段存在点、点—轴，网络等不同的结构优化目标。根据国家空间格局演变趋势和特征，确定未来国家空间结构布局体系（城镇体系＋综合交通），引导中央投资向有利于国家空间结构优化方向倾斜，实现国家空间治理格局的健康发展。⑤定景。确定国家空间体系的风貌特色类型。2012 年党的十八大首次提出建设"美丽中国"，首先应当在建设"美丽中国"的总目标下制定相应的对策措施。具体而言，应当加强建筑与空间、园林、景观、艺术、环境、管理之间的联动，对重要地块、重要景观节点等应当从严管理，分类管理城市景观、乡村景观、大地景观三大景观体系，构建建设"美丽中国"的景观体系和方法体系。因此，国家空间规划体系需要根据地域文化差异确定国家风貌特色体系。

2.2.2 空间管控内容

结合发展战略的技术内容，国家空间规划体系的空间管控内容既有传统生态、历史文化管控内容，还应有反映社会公平、生活质量、区域责任等内容的管控内容。因此，传统"三区四线"内容要扩展、调整和补充，主要包括以下两个方面。①定界（X 区）：确定具有特殊发展和安全意义的管控空间范围界线。由于传统"三区"划定的空间尺度大，难以落实一张图且不利于实施操作，所以规划意义不大。国家空间规划体系的"定界"主要是确定具有区域引领作用和区域发展意义的重要功能节点地区的空间界线的确定，不同空间类型不同发展政策。根据国家定位和试点任务要求，需要进行国家空间管控的刚性界线划定，主要是整合发改委、国土部门、住建部门的三区划定，确定国家管控试点区、新区、专业职能管控区（譬如区域性物流节点）、农业政策区、边境合作区、海关监管区等可建设区的政策管控控制线。②定线（X线）：确定具有特定历史使命和区域功能要求的管控红线。整合环保部门、国土部门、住建部门的生态红线、耕地红线、永久性基本农田控制线以及城市建设的道路红线、河道蓝线、绿地绿线、保护紫线等，确定生态安全红线（显山露水线、国家森林公园、地质公园、自然保护区、风景名胜区等）、粮食安全红线（耕地、基本农田）、防灾安全红线（防洪、地震、地质灾害）、矿产资源控制线、区域设施廊道控制线（交通、管道、能源、电力等）、城乡建设用地增长控制线（增长边界）、国防安全控制线、信息通道控制线（微波通道）、滨水慢行空间控制线等"新九线"。传统的城市建设"四线"建议在深化城市总体规划和控制详细规划中予以具体化，不宜在国家空间规划体系高层级规划中表达。

2.2.3 实施引导内容

国家空间规划体系也需要关注规划实施引导问题，主要包括两个方面。①定施。确定实现国家空间发展目标的各项国家空间政策。根据国家空间格局的总体战略安排，确定相应的国家空间政策和其他保障措施，譬如对于确定为发挥区域性功能的城镇节点，可保障正常指标投放之外的 5～10km² 用地投放。②定项。确定实现国家空间发展目标的重点投资项目。根据国家空间规划的时序安排，确定近期、中期、远期的中央投资推动国家空间格局优化的项目库。

综上所述，国家空间规划体系构建的核心思路是发展建设与治理管控兼备的技术体系，改变传统住建部重城市发展与管控、国土部重底线管控、发改委重项目管控、环保部重总量管控的技术体系。在发展方面，国家层面要给予定性、定位、定形、定界、定施、定项。在管控方面，国家层面要给予定量、定景、定线。

3 国家空间规划体系编制框架的实现

国家空间规划体系基本框架应重点发挥统筹协同的作用，即统筹要素、协同冲突、促进共赢，实现技术、政策、管理、监督等无缝对接，而不是简单的多规合一，应构建三层次多类型的国家空间规划体系的编制框架。

3.1 推进国家空间发展战略规划（2049）的编制

国家空间发展战略规划编制以中华人民共和国成立 100 年为规划期末谋划国家空间发展与治理格局，核心任务是大尺度的空间调控，坚持发展建设与治理底线兼顾的思维，制定发展方略、控制边界和总量的政策标准以及未来实施引导的政策与项目安排。

国家空间发展战略规划应以全国、省域城镇体系规划为基础，整合全国、省级国民经济与社会发展中长期规划纲要、土地利用总体规划、环境保护规划、综合交通规划、农业区划等，形成新的体现国家空间发展一盘棋的战略路线图（曹传新，2003）。

国务院重点编制"国家空间发展战略规划 2049""重点区域（跨省、跨直辖市）规划 2049"等；省级政府重点编制"省域空间发展战略规划 2049""省域重点区域规划 2049"等，将其作为落实和贯彻国家空间规划的重要组成部分，在编制、审批、实施、监督等方面直接受国家空间规划的指导。

3.2　推进全域空间总体规划（2030）的编制

首个全域空间总体规划编制以建党 100 年为规划期末谋划地方空间发展与治理格局，核心任务是地方主体尺度的发展建设与空间管治，确定适应地方发展的发展方略、控制边界和建设总量。

全域空间总体规划以 10～20 年为周期，以地级市辖区、县市为基本规划单元，以地方的城市总体规划为基础，整合地方的国民经济与社会发展中长期发展规划、土地利用总体规划、综合交通规划、环境保护规划等，形成新的体现地方空间发展一盘棋的空间建设图。

地方政府重点编制"全域空间总体规划"；重点确定目标战略、区域产业与人口城镇化、区域城镇布局和形态、区域基础设施、"三生"边界、城乡发展、开发强度、历史保护和治理举措。开发强度主要确定城市建设总量。全域空间总体规划作为落实国家空间规划的实施性规划，应在 10～20 年保持规划控制要求的稳定性和权威性。

城市（县城）政府重点编制"规划区规划"；重点确定城市规划建设的总体控制要求，落实实施国家空间规划、省域空间规划、市域空间总体规划等上位规划所确定的控制边界和总量，为城市规划建设提供法定依据（改变传统总规和控规烦琐的规划技术层次体系）。具体包括规划区结构与框架规划、土地开发与利用、历史文化保护发展、基础设施、综合交通规划、总体城市设计等。

3.3　推进近期建设规划（2020）的编制

近期建设规划编制以年度或者 3、5 年为周期具体制定城乡建设的管控要求，核心任务是中微观尺度的实施建设，确定依法行政许可和治理城市的直接依据。

在上述全域总体规划的指导下，地方政府根据城市发展建设实际重点编制"历史文化街区规划""重大交通枢纽地区规划""重点生态功能区规划""重点城市中心功能区规划"等；核心是明确针对开发的各种规划条件指标，为城市政府依法行政许可提供依据。具体包括城市治理规划和城市建设规划，城市治理规划包括城市管理规划、城市环境治理规划、城市开发保障规划、城市社会治理规划、社区规划等；城市建设规划包括特色区建设、设施工程建设、旧城改造、生态工程建设等。特色区建设主要包括低碳环保绿色配套的保障房住区、特色历史文化街区、特色村庄、特色社区、特色主题公园、特色产业区、特色农业区、特色旅游区、特色商业区等。

由于国家空间规划体系构建不是简单各个部委规划的叠加，多规合一也不是简单的谁统领谁的问题，更不是谁吃掉谁的问题，而是在实现国家竞争力提升、国家空间可持续发展基础上进行的立体化空间规划体制改造和优化调整。因此，以城乡规划为基础进行整合各部委的规划具有现实性和可行性。

4 实现国家空间规划体系的制度建设

为实现上述国家空间规划体系的总体思路，应从规划编制组织、规划督察、行业服务系统等方面予以制度保障，否则很难实施。

4.1 实施"大联合"的规划组织机制

4.1.1 组建部门联合的专门编制机构

国家层面组建直接由国务院领导的国家规划署或者国家规划委员会，负责国家空间发展战略规划（2049）的编制。省级层面组建直接由省政府领导的省规划局或者委员会，负责省域空间发展战略规划（2049）的编制。全域层面由地级市辖区、县市政府领导组建市规划委员会，负责全域空间总体规划和近期建设规划编制。

4.1.2 组建中央—地方联动的规划审查机制

由于国家空间发展战略规划是"战略＋政策＋指标＋底线"为主要内容，要实现上承国家战略、下接地方地气的可实施性目标，必须构建央地联动的规划审查机制。央地联动的规划审查机制首先要厘清央地事权界限以及具体对接程序。规划审查工作应由各级规划委员会共同完成（高小云，2017）。

4.1.3 构建部—省—市联动的规划督察垂直管理体制

一个城市既有国家层面的要求，也有地方层面的发展诉求。因此，国家空间规划督察工作应构建部—省—市联动的管理体制，共同研判规划执行执法情况（谢英挺，2017）。规划督察也应该由各级规划委员会各司其职共同完成。总体来说，国家空间规划体系的编制、审查、督察都由各级政府的规划委员会共同完成。实施管理应与编制、审查、督察分开，由规划行政部门具体负责依法许可。

4.2 构建全国标准化的技术数据平台

4.2.1 构建"刚性边界＋弹性总量"相结合的管控体制

对于维护国家利益、公众利益、区域利益的生态空间、历史文化空间、绿地公园空间等，主要以全域规划确定的边界为主。在大数据平台下，构建精细化管理的刚性边界管理体制，以确保显山露水、透绿见蓝和记忆乡愁，真正把生态空间多留给老百姓。对于生产、生活功能空间的开发建设，主要以全域规划确定的建设总量为主。建设总量管控可根据城市发展的实际能力、市场变化特点和政府作为，可采取恩威并重的管控体制，突出弹性管理的特点。

4.2.2 搭建全国空间规划体系的大数据平台

国家空间规划体系应搭建全国一张战略意图、全省一张战略意图、全市（地级市辖区、县市）一张空间管控图、全市一张空间建设图的分类分层级的大数据平台，实现中央提出的"一张图干到底"的真正目的。尤其是对于人口、用地、经济、社会等数据要规范化管理，对规划的各类管控与发展空间落图进行统一管理（蔡玉梅等，2017），通过大数据的比较计算，为国家空间规划体系的动态管理提供依据。

5　结语

推进国家空间规划体系改革创新，是党中央十八大以来对各类规划事业做出的战略部署，也是推进国家空间治理能力和治理体系现代化建设的重要步骤和改革举措。在城镇化快速发展的40年，我国传统的城乡规划体制对国家空间建设功不可没。然而，随着我国工业化、城镇化的深入推进，发展与环境、人口、资源的矛盾日益尖锐，国家空间建设问题日益凸显，国家空间治理日益成为规划首要面临的任务，传统城乡规划体制难以为继和亟待改革。面对当前规划类型多、体系庞杂、交叉多、标准混乱、空白多、责权不一的现实问题，根据党中央提出的"一张蓝图干到底、全域规划、多规合一"等改革思路和方针（王昊昱，2017），国家空间规划体系构建应坚持面向世界竞争的功能体系、面向未来可持续发展的安全格局、面向实际国情的规划体制三个基本原则，形成"发展战略＋空间管控＋实施引导"内容框架、"定性、定量、定位、定形、定景、定界、定线、定施、定项"九方面的技术内容体系，构建"国家空间发展战略规划2049、全域空间总体规划2030、近期建设规划2020"三层次规划体系，推进"大联合"规划组织机制、全国标准化技术平台等改革创新。

参考文献

[1] 蔡玉梅，高平. 发达国家空间规划体系类型及启示 [J]. 中国土地，2013，(2)：60-61.

[2] 蔡玉梅，高延利，张建平，等. 美国空间规划体系的构建及启示 [J]. 规划师，2017，(2)：28-34.

[3] 曹传新. 美国现代城市规划思维理念体系及借鉴与启示 [J]. 人文地理，2003，(3)：23-27.

[4] 高小云. "多规合一"到空间规划体系重构刍议 [J]. 住宅与房地产，2017，(12)：259.

[5] 何冬华. 空间规划体系中的宏观治理与地方发展的对话——来自国家四部委"多规合一"试点的案例启示 [J]. 规划师，2017，(2)：12-18.

[5] 苏强，韩玲. 浅议国家空间规划体系 [J]. 城乡建设，2010，(2)：29-30.

[6] 孙施文，刘奇志，王富海，等. 城乡治理与规划改革 [J]. 城市规划，2015，(1)：81-86.

[7] 王昊昱. 创新构建实践国家战略的多规合一空间规划体系——以《长春新区发展总体规划（2016-2030）》为例 [J]. 城市建筑，2017，(16)：65-67.

[8] 王凯. 国家空间规划体系的建立 [J]. 城市规划学刊，2006，(1)：6-10.

[9] 王向东，刘卫东. 中国空间规划体系：现状、问题与重构 [J]. 经济地理，2012，(5)：7-15＋29.

[10] 谢英挺. 基于治理能力提升的空间规划体系构建 [J]. 规划师，2017，(2)：24-27.

[11] 谢英挺，王伟. 从"多规合一"到空间规划体系重构 [J]. 城市规划学刊，2015，(3)：15-21.

[12] 许景权，沈迟，胡天新，等. 构建我国空间规划体系的总体思路和主要任务 [J]. 规划师，2017，(2)：5-11.

[13] 俞滨洋. 必须提高控规的科学性和严肃性 [J]. 城市规划，2015，(1)：103-104.

[14] 俞滨洋，曹传新. 新时期推进城乡规划改革创新的若干思考 [J]. 城市规划学刊，2016，(4)：9-14.

[15] 周静，胡天新，顾永涛. 荷兰国家空间规划体系的构建及横纵协调机制 [J]. 规划师，2017，(2)：35-41.

关于我国空间规划用地分类的思考

李升发　陈伟莲　张虹鸥

Reflections on Land Use Classification in Spatial Planning in China

LI Shengfa, CHEN Weilian, ZHANG Hongou
(Guangzhou Institute of Geography, Guangdong 510070, China)

Abstract　For a long time, China's administrative departments related to spatial management have their respective planning systems. However, the various spatial planning systems have different technical standards and often contradict each other, resulting in disordered spatial administration, which severely restricts the social and economic development of China. Therefore, it is necessary to conduct spatial planning reform, and one focus of the reform is the integration of land use classification standards. Based on the status quo, features, and main problems of the main land use classification of different government departments, this paper points out the necessity to integrate the land use classification standards in China's spatial planning, and puts forward corresponding integration schemes and suggestions.

Keywords　land use classification; land planning; spatial planning; multiple-plan-coordination

作者简介

李升发、陈伟莲（通讯作者）、张虹鸥，广州地理研究所。

摘　要　长期以来，我国各类用地规划各自为政，规划基础和技术不统一，规划内容相互交叉与矛盾，导致空间规划管控紊乱，严重限制了我国社会经济发展。空间规划深化改革势在必行，而改革的重点之一是对用地分类标准的整合。与以往研究重点讨论标准衔接不同，本文强调的是对不同用地分类标准的整合，在分析国土、规划、林业部门等主要用地分类现状特点以及存在主要问题的基础上，明确我国空间规划用地分类标准整合的必要性，并提出规划用地分类标准整合方案和建议。

关键词　用地分类；用地规划；空间规划；多规合一

用地规划作为传达空间规划管控目标的重要信息载体，集中反映了规划控制用地的目标（高捷，2006）。不同的空间性规划为实现自身的空间规划管控目标，构建了不同的用地分类标准，但这些分属不同部门、话语体系各异的用地分类体系，尤其名称及其内涵都不完全统一的建设用地分类标准，导致了以城乡规划和土地利用规划为主的空间规划之间用地规模及布局不一致，并成为建设用地项目落地难、用地规划频繁调整、生态空间破碎化的重要原因。用地规划的"合一"是推动空间规划改革的关键，而其前提是用地分类标准的统一。本文就我国空间规划用地分类现状、存在问题及其整合的必要性进行分析，在此基础上提出我国空间规划用地分类标准整合的方案与建议，为实现"一本规划、一张蓝图"的空间规划编制提供技术支持。

1　我国空间规划用地分类体系现状

当前，我国主要的规划用地分类体系包括城乡规划使用的 2012 年颁布的《城市用地分类与规划建设用地标准》(GB50137-2011，以下简称"城乡规划用地分类")、土地利用总体规划使用的 2009 年出台的《土地规划用途分类》(以下简称"土地规划用地分类")以及林业部门使用的《林地分类》(LY/T 1812-2009)，其他类型的空间规划尚未形成较为完备的用地分类体系。因此，本文主要对这三个用地分类体系进行分析。

为了加强与土地规划用地分类和《中华人民共和国土地管理法》三大地类的对接，住建部在 2012 年出台了新的城市用地分类体系。该新标准是在原有的城市建设用地分类基础上，提出了城乡用地分类。在城乡用地分类中，市域范围内的土地划分为 2 个大类、9 个中类、14 个小类。14 个小类中的城市建设用地进一步划分为 8 个大类、35 个中类、43 个小类的三级分类体系，相当于旧国标的城市建设用地分类。

土地规划用地分类是以《全国土地分类（过渡期适用）》为基础，在不打破《土地管理法》确定的三大地类分类方式的前提下，对过渡期适用的部分地类重新整合或拆分，形成了新的三级规划用地分类体系，以满足新一轮土地规划和土地用途管控的需要。

林地分类来源于森林资源规划设计调查中的土地类型，划分为有林地、疏林地、灌木林地、未成林造林地、苗圃地、无立木林地、宜林地、辅助生产林地八个地类（李建刚，2012）。

除了这三个主要的空间性用地分类体系外，还有土地利用现状和地理国情普查地表覆盖分类，但这两个分类属于现状调查分类，不能直接作为规划分类使用。由于土地利用现状调查和地理国情普查数据是空间规划的基础数据，因此，新的用地分类体系须与这两个用地分类体系充分衔接。

2　空间规划用地分类标准存在的问题

2.1　用地分类标准各自为政且各有不足

城乡规划用地分类强调对城市用地规模和结构的管控，主要根据土地使用的主要性质对城市建设用地进行了三级的细致划分。尽管城乡规划的用地分类体系是城乡全覆盖的分类体系，但非建设用地仅分为水域、农林用地、其他非建设用地三类，且农林用地和其他非建设用地也不划分三级地类，基本上将非建设用地排除在城市总体规划之外，对耕地和林地等生态用地保护不甚重视，从而容易造成城市的无序蔓延。另外，城乡规划用地分类体系按照规划的空间层次将城市建设用地与镇、乡、村庄的建设用地设为平行类别，客观上也产生了不同层级用地分类在同一城市空间层面上表达时的衔接和协调问题（李建刚，2012）。

土地规划用地分类强调对农用地尤其是耕地和基本农田的保护，控制农转非规模，特别是城乡建设用地扩展规模。因此，为满足土地总体规划编制和耕地保护的需要，土地规划用地分类对农用地的分类更为细致，按照土地实际用途、经营特点和方式、覆盖特征等多个因素划分为耕地、园地、林地、牧草地和其他农用地五个二级类，并对可调整地类进行标识，而对建设用地的分类则相对粗略。由于土地规划用地分类不对城镇建设用地做出细分，导致了土地利用总体规划在编制过程中难以从实际用地需求出发，形成科学合理的城镇用地空间布局方案，继而造成后续规划频繁调整的问题。

林地分类基于满足部门职能管理的需要，以郁闭度、覆盖类型以及规划利用分类对林地进行了细致的划分。然而，林地分类的标准没有严格地区分现状与规划用途，林业部门与国土部门对林地的定义和理解以及调查方法都存在差异（陈信旺，2013）。根据《全国林地保护利用规划纲要（2010～2020年）》，林业部门的林地面积包含国土部门土地利用现状分类确定的林地、部分园地、部分建设用地、部分未利用地。例如，土地规划中的有林木覆盖的军事用地或铁路、公路两旁征地范围内的林地以及园地都有可能属于林业部门林地范围。由于在林地界定上，土地部门和林业部门相互渗透交错，无法对林地实现统一有效的管控，反而加剧了林地资源的流失（李建刚，2012）。

尽管城乡规划和土地利用总体规划（以下简称"两规"）最新的用地分类体系都在原有基础上进行了一定的修正调整，以适应新时期社会经济发展的要求，并尽可能地与对方的用地分类体系以及现状调查分类体系进行衔接，但由于局限于自身的规划体系要求，"两规"在用地分类上并没做到无缝衔接，仍存在交叉对应等问题，本质上依然是两套分类体系。另外，林业部门的林地分类与土地规划用地分类中的林地未完全对应。目前用地分类体系各自为政的局面，不仅造成自身规划存在不足，而且也加大了各类空间规划对接的难度。

2.2 统计口径不一且用地指标和布局协调难度大

城乡规划管理与土地管理的出发点和管控手段不同，带来了部分地类在定义和内涵上存在交叉对应、同名异质的问题，导致"两规"的用地指标难以有效协调以及用途管控的错位，"两规"建设用地统计口径不一致主要体现在三个层面（图1）。

第一层面的不一致是建设用地的统计口径不同。城乡规划的建设用地不包括水库水面，而土地规划的建设用地包括水库水面，导致"两规"的建设用地规模差异较大。

第二层面的不一致是城乡建设用地的统计口径不同。土地规划的城乡建设用地包括城市、建制镇、农村居民点、采矿用地、其他独立建设用地；城乡规划的"城乡居民点建设用地"只包括城市、镇、乡和村庄建设用地四个部分，但不包括采矿用地和其他独立建设用地，也不包括区域公用设施用地。

第三层面的不一致是城市建设用地/城镇用地的统计口径不同。城乡规划的城市建设用地是指城镇规划区范围内扣除村镇建设用地以外的建设用地。土地规划中的城镇用地是指行政辖区内的国有建设用地，但在规划编制过程中，城镇用地与农村居民点用地、其他独立建设用地等并没有严格区分，在土地规划中期末规划为农村居民点用地的地块，只要符合城市规划也可以用于城市建设，因此，

"两规"的城镇建设用地规模和范围往往存在较大差异（柴明，2012）。另外，城乡规划的城市建设用地明确包含绿地，城区范围内的小型公园绿地和防护绿地一般要纳入城镇用地，大面积的山体公园以及城区外的防护绿地一般归入农用地或其他土地，但如何归类并没有明确规定，而在土地规划中，城镇用地则不包括绿地这一地类，为不超出上级规划下达的城乡建设用地指标，防护绿地和大型公园绿地在土地规划中一般保留为现状地类处理。

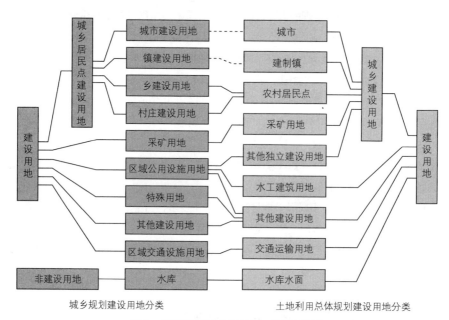

图1 "两规"建设用地统计口径对应关系

2.3 管理体系紊乱导致规划实施低效且管控成本大

由于"两规"用地分类标准的不同，在实际工作中经常会出现同一块土地在不同的文件里用地名称不一致的情况，引起不同部门对土地批准和使用情况认识的偏差，给项目的用地审批以及土地调查、登记等工作带来不便（胡进，2013）。同时，由于空间规划体系用地分类体系以及内涵上的不一致，在当前用地多头管理下，不仅各空间规划在编制时存在内容重复的问题，而且彼此的用地布局也存在矛盾，造成土地用途管控的紊乱和冲突，大大降低了政府部门的行政效能，并且增加了规划管控和实施成本。最常见的现象是规划批复后，在土地供给时由于规划的不协调必须频繁调整规划来谋求局部用地布局的协调以满足当前社会经济发展需要，这种情况在经济发达地区尤为严重。另外，土地规划中林地面积与林业部门认定的林地面积不一致也会导致无法报批从而延误建设项目落地（柴明，2012）；频繁调整不仅削弱了规划的权威性和科学性，而且增加了部门管理成本，延长项目审批时间，导致建设成本增加。

2.4　专业术语内涵不同容易滋生寻租空间

　　为保持经济发展速度以及增加财政收入，地方政府对建设用地的需求不断增长。而为极力满足地方政府的用地需求，相关规划部门及规划编制单位往往通过规划手法，在规划编制时不违反各类编制办法和规定的基础上，盲目扩大规划建设用地范围。最为普遍的现象是土地利用总体规划将水库水面调整为坑塘水面以增加建设用地总规模，从而落实更多的非城乡建设用地（交通水利用地或风景名胜设施用地）。另外，由于土地规划用地分类中没有"绿地"这一分类，部分地区在编制土地利用总体规划时通过将城市范围内道路两旁的零散绿地、防护绿地、公园绿地等调整为林地、草地等农用地，并将节余的规模用于安排新增城镇用地，从而扩大规划城镇建设用地布局范围。这种做法不仅造成了城市内建设用地布局的细碎化（图2），不利于城市用地综合管控，而且也变相突破了城乡建设用地调控指标。

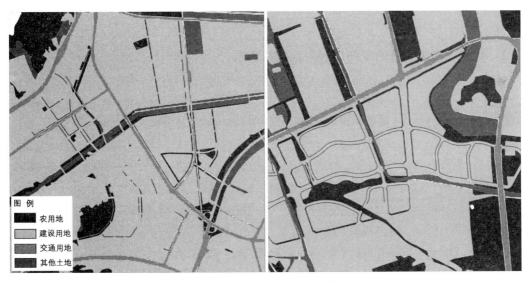

图2　南方某地区破碎化的规划建设用地布局方案

　　城市规划的寻租行为表现在，它往往以统计口径不一致为由，不以土地利用总体规划确定的规划建设用地指标为指导，而且在城乡规划编制办法中对城市规模的限定只有人均城市建设用地这一控制指标，因此城市规划能够通过"预测"更大的未来城镇人口规模达到提高城市建设用地总规模的目的。用地分类标准的不统一成为很多地方编制城乡规划时不自觉突破土地利用总体规划建设用地规模控制的理由。

3 规划用地分类标准整合的必要性分析

3.1 有利于形成统一的空间规划基础数据平台

规划用地分类是实施土地用途管制和用地规模调控的技术基础。而目前我国空间规划的用地分类不统一，规划基础数据以及规划信息不能有效转换，造成了"两规"在建设用地规模和属性上不相同、在用地边界和用地布局上不一致等问题，形成城市空间开发秩序混乱、土地用途调控错位等土地低效利用和管理局面。要实现空间规划的整合，首先要对规划基础数据进行整合，而规划基础数据整合的前提是规划用地分类标准的统一。因此，在各地"两规协调""三规合一"或"多规合一"的实践中，最先解决的技术问题是统一和协调用地分类标准（赖寿华等，2013）。只有对用地分类标准进行整合，制定统一的空间规划用地分类标准，才能实现真正的信息共享与互通，构建共同的规划话语体系，才能有效解决土地规划和城乡规划的建设用地规模、边界与属性冲突等问题，才能实现空间规划的共同编制与共同管治，从而达到对土地资源的有效调控。

3.2 有利于构建完善的空间规划用地指标体系

各类空间规划基于各自出发点及目的构建起适用于自身的用地调控指标体系。土地利用总体规划的主要目的是切实保护耕地和基本农田数量及质量，所以实施严格的用途管制和耕地占补平衡政策，并对建设用地总量以及建设用地占用耕地总量进行管控，在指标调控上侧重总量调控，达到以供给引导需求的目标。尽管土地利用总体规划中的人均城镇工矿地是约束性指标，但城镇用地和农村居民点用地之间的界定不明晰，也不影响建设项目的用地审批，所以并没有发挥真正作用。城市总体规划针对地区的经济社会发展要求，在确定发展目标和方向的基础上，对城市用地规模、结构和布局进行优化调控，其主要目的是为经济社会发展提供足够的发展空间，因此在指标体系上侧重于城市人均用地指标调控，以需求定用地规模与布局（秦涛等，2010），关注城市建设用地内部结构的合理性，指标具有较大的弹性，对城市用地规模的管控力度不严。通过整合用地分类标准，打通各类空间规划之间规划调控指标对接的障碍，以构建更完善的用地调控指标体系，有利于协调城乡生态、农业和城镇用地空间布局，增强对建设用地规模及结构的管控，并在一定程度上减少规划寻租行为。

3.3 有利于降低规划成本并增加土地有效供给

通过用地分类标准的整合，能够促进多个部门联合编制空间规划，形成用地布局和空间管制的"一张蓝图"，在减少重复内容编制和节省规划编制成本的同时，也能够通过统一的规划编制平台，促进各空间规划部门的及时沟通与交流，共享基础数据、技术体系、编制信息等，使得各类空间规划做到真正地融合，避免用地规划直接冲突，从而减少因空间规划用地布局冲突导致的规划调整，延长空间规划"寿命",同时也能减少土地闲置和存量建设用地,增加土地资源的有效供给。

3.4 有利于提升行政审批效率和规划监管力度

不同空间规划由不同的行政部门所主管,而不同部门的用地规划和管理之间衔接性不强,甚至存在矛盾冲突,容易导致投资项目管理混乱和审批周期长、行政资源集约程度不高、项目建设成本增加等问题(苏文松等,2014)。因此,通过整合用地分类标准,使得地方行政部门之间能够直接沟通,在土地用途管制上达成共识,提高用地行政审批效率。另外,用地规划之间的不协调也增加了各类规划对用地监管的难度,对耕地、林地等重要农业空间和生态资源难以形成有效保护。

4 空间规划用地分类整合设想

前文分析表明,土地规划和城乡规划在建设用地分类上的矛盾是当前空间规划的主要矛盾,除建设用地外,国土和林业部门在林地定义上也有较大的矛盾。因此,新的空间规划用地分类标准制定的首要目的是对"两规"用地分类之间主要的冲突进行梳理,整合"两规"建设用地分类标准,以解决建设用地统计口径不统一问题,包括"两规"主要用地调控指标统计口径不一致问题;其次是要厘清国土和林业部门对林地的概念和范围,提供有效的衔接方案,最终在用地分类上实现空间性规划用地规模一致、边界一致和属性一致的目标。

4.1 整合原则

(1)综合性:以服务于各类空间规划为目的,主要依据土地用途和性质、土地利用方式、地表覆盖特征等因素,对土地利用类型进行划分,形成科学系统的分类体系。

(2)协调性:能够与土地利用现状分类、国情普查地表覆盖分类对接,并且最大限度地与现行各类规划协调,名称尽量沿用现行各类空间规划的专业术语。

(3)统一性:同一地类在不同规划中有一致的分类、内涵及唯一的用地代码,使规划用地基础信息、用地调控指标能够在各部门之间充分衔接。

(4)可延展性:由于每个地方资源环境及城市发展状况不同,规划所要解决的问题也不尽相同,所以用地分类体系不宜过于细化。例如,在发达地区面临工业发展转型问题,按照环境影响的分类体系可能无法有效解决工业用地转型利用问题,因此,可以划分为传统工业用地、高新技术工业用地、新兴工业用地(曹传新,2012)。在华南沿海地区为加强对湿地资源的保护,可将红树林作为林地细分地类单独列出统计和管理(陈百明、周小萍,2007)。

4.2　"两规"建设用地对接过程

4.2.1　建设用地分类的对接

　　土地规划的建设用地划分为城乡建设用地、交通水利用地和其他建设用地三类，其中城乡建设用地规模是约束性指标，在规划期内绝对不能突破。城乡规划的建设用地划分为城乡居民点建设用地、区域交通设施用地、区域公用设施用地、特殊用地、采矿用地、其他建设用地，但这些分类的目的旨在加强与国土部门用地分类，尤其是三大类的对接，并没有对应的管控指标。因此，本文认为新的用地分类标准可沿用土地规划用地分类中的建设用地二级分类，以便于适应当前建设用地管控的要求。同时，为减少建设用地分类级别，将城乡建设用地的三级分类调整为二级分类，形成六个新的建设用地二级分类。

4.2.2　建设用地规模的对接

　　城乡规划用地分类中的建设用地不包括水库水面，而在土地规划中水库水面属于交通水利用地下面的一个三级地类而归入建设用地。这是"两规"建设用地内涵上最大的区别。在土地规划三大地类确定的时期，水库作为一种"建设项目"，为了实现对建设用地的管控以稳定耕地和基本农田数量，纳入建设用地范畴是合理的。然而，随着社会经济发展，水库作为重要的水利工程和人工生态湿地，从其功能和内涵上并不应归入建设用地中，而且作为建设用地管理所带来的弊端也日益明显。一是许多地方政府为了增加城乡建设用地规模指标，在土地利用总体规划编制过程中强行将城镇内部道路调整为公路用地或其他交通运输用地，同时将水库水面调整为坑塘水面以平衡交通水利用地规模，严重削弱了规划编制的严肃性和科学性。二是在土地规划中，重要的水库水面既作为建设用地统计又往往划定为禁止建设区，造成了建设用地内涵上的根本冲突。三是对国土开发强度进行核算时，由于山区大规模水库的存在，导致一些生态发展地区的国土开发强度严重偏高，与事实严重不符，影响了这一指标的应用意义。因此，无论从功能和定义上还是从实际管控的需要上，水库水面并不适合作为建设用地进行管理，而更适合作为水域进行管理。作为水域管理纳入生态用地管理范畴，既不占用新增建设用地指标，又有利于调动地方政府建设水利水电项目的积极性，有利于解决农村饮水安全工程等中小型水库建设困难。诚然，水库建设会带来巨大的生态环境效应，尽管其不受土地规划用地布局和规模的管控，但仍需要严格执行水利工程建设的相关规定。

4.2.3　城乡建设用地规模的对接

　　土地规划用地分类中的城乡建设用地包括了城乡规划用地分类中的城乡居民建设用地、部分的区域公共设施用地、采矿用地及部分的其他建设用地。由于城乡规划用地分类并没有对应的调控指标，因此，本文建议城乡建设用地可沿用土地规划用地分类方式。其中，城镇用地和农村居民点用地对应城乡规划的城乡居民点建设用地，采矿用地对应城乡规划扣除盐田后的采矿用地，其他独立建设用地对应扣除水工设施、殡葬设施后的区域公共设施用地（图3）。城乡规划中的其他建设用地主要包括边境口岸、风景名胜区和森林公园等服务及管理设施用地两类，其中边境口岸属于其他独立建设用地，风景名胜区和森林公园等服务及管理设施不属于城乡建设用地范畴。

　　另外，在新用地分类标准中，盐田单列为一个三级地类，归入其他建设用地，以便对接土地规划中的城乡建设用地规模和人均城镇工矿用地两个约束性指标。同时，将原区域公用设施用地中的水工设施、殡葬设施用地剔除，把水工设施用地归入交通水利用地，殡葬设施用地归入其他建设用地中的特殊用地。

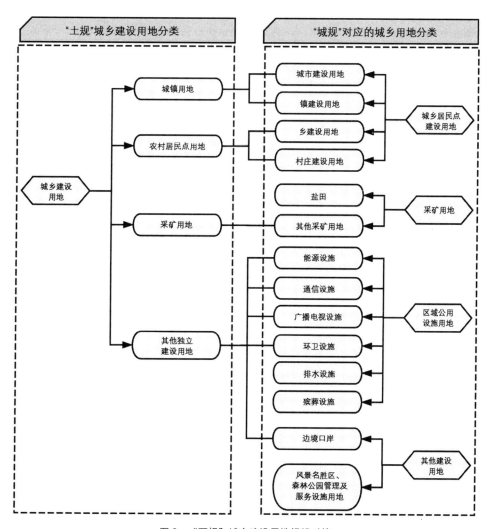

图3　"两规"城乡建设用地规模对接

4.2.4　城镇用地规模的对接

　　由于土地规划用地分类没有对城镇用地进行细分，因此，新的用地分类标准中的城镇用地分类直接沿用了城乡规划用地分类方式。尽管城乡规划中的城市和镇建设用地与土地规划中的城镇用地在定义上基本对应，但由于部分地类定义上的差异，造成在实际规划中"两规"城镇用地规模仍无法达到完全的一致，因此，需要对一些地类的定义进行统一。

首先，城乡规划中的绿地归属是"两规"协调当中非常棘手的问题，特别是对于存在面积较大的山体公园的城市而言。原因是这些山体绿地面积往往很大，如果归入城镇建设用地当中，可能会导致该城市的城镇建设用地规模大大增加，超出了规划标准。因此，本文从规划管控的实际要求出发进行明确，需要征用为建设用地的绿地才纳入城乡规划的绿地范畴，其他地块按现状归入农用地或其他用地，对于绿地的具体内涵，本文直接采用了城乡规划分类当中的定义。

其次，城乡规划用地分类中的区域公用设施用地不属于城市建设用地范畴。在城乡规划中，区域公用设施用地并不是按分布地点进行定义，而根据其提供功能的服务范围大小来定义，即为区域服务的公用设施用地计入区域公用设施用地。这些区域公用设施用地大部分位于城市建成区外围，但也有少部分布局在城镇内部或靠近城镇的地方，这时土地规划通常会将这些为区域服务的公用设施用地认定为城镇用地。因此，本文对此概念进行明晰，将区域公用设施用地归入其他独立建设用地当中，不论其是位于城镇区外还是城镇区内。

此外，城乡规划用地分类中的公共管理与公共服务设施用地包括了文物古迹用地、外事用地和宗教用地，这些地类在土地规划用地分类中归属于其他建设用地，因此，本文将文物古迹用地归入风景名胜设施用地，外事用地和宗教用地归入特殊用地。按照上述分类，本文的建设用地分类均能与城乡规划和土地规划的主要建设用地标准或用地调控指标有效衔接，从而有利于落实城乡规划和土地规划的各项用地管控要求（图4）。

4.3　农林用地的对接

由于我国耕地和林地管理权分属不同的部门，而国土部门和林业部门对林地的界定与调查技术的差异导致用地管理界线的不清晰，由此带来了空间布局的矛盾以及管理的混乱。一般来说，农业种植结构调整无法准确预测，也无须对其进行严格管控，因此，在其他国家和地区的规划用地分类中，农业用地的分类较为粗略，一些地区的分类标准甚至不划为二级地类，只采用"农业用途"这一概括地类。我国为反映农业生产结构，并对耕地实行严格保护，在分类上将用于农业发展的土地划分为耕地、园地、林地、草地和其他农用地，其中，园地的存在是导致国土部门和林业部门林地统计规模有显著差异的主要原因。

园地既有耕地的特征，也有林地的特征，所以相当于林地和耕地之间的过渡地类。一方面，从集约利用程度来看，园地比林地需要更多的劳动和农资投入，在经营方式上园地更接近耕地；另一方面，从地表覆盖特征来看，乔灌类型的园地更接近于林地。在其他国家和地区的土地利用分类中，园地属于耕地或农业用地范畴，而林地则是单独一个类型（刘黎明，2007）。在我国，大部分的园地属于林地范畴，但也有相当一部分属于耕地范畴。原因在于农业结构调整频繁，既有耕地改园地，也有

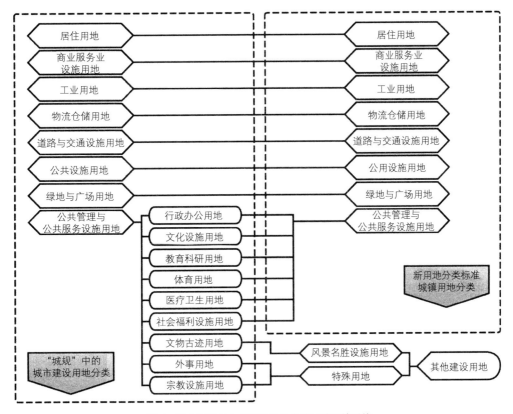

图4　城乡规划与本文新用地分类的城镇用地对接

林地改园地的情况。这些由于结构调整导致土地用途分类发生改变的土地，一般都按照原地类进行管理。对耕地改园地情况来说，国土部门一般将这种园地称为可调整地类，仍作为耕地管理，并计入耕地保有量。对林地改园地情况来说，林业部门确定的林地范围内，对于一些地形和质量较好的林地改种果、桑、茶、橡胶等经济林，也依然作为林地管理。2000年以来，由于我国消费结构的变化，园地面积快速增加，所以无论是直接将园地归入耕地还是归入林地中，都会导致管理的混乱（梁凯、刘伯恩，2008）。因此，本文认为农用地分类应沿用土地规划用地分类的农用地分类方式。对于国土部门和林业部门的矛盾，本文认为必须通过两部门的密切沟通和对接来解决，重点是要实行联合调查共同确定统一的基础数据，从而清晰界定林地管理和保护范围。共同认定统一的林地范围后，属于林业部门管辖的园地应当按照林地管理，属于国土部门管理的园地可作为可调整地类，按照耕地资源管理。

5　开化县空间规划用地分类整合案例

根据上述整合方法，本文提出了新的空间规划用地分类标准。该标准分类体系分为三级，其中一级地类 3 个，包括农用地，建设用地和其他土地；二级地类 13 个，包括农用地中的耕地、园地、林地、牧草地、其他农用地、建设用地中的城镇用地、农村居民点用地、采矿用地、其他独立建设用地、交通水利用地、其他建设用地，其他土地中的水域、自然保留地；三级地类 26 个，三级地类是在二级地类基础上进行细分，部分二级地类因已满足空间规划编制需要，不再细分三级地类。细分的地类包括：其他农用地细分为设施农用地、农村道路、坑塘水面、农田水利用地、田坎，城镇用地细分为居住用地、公共管理与公共服务设施用地、商业服务设施用地、工业用地、物流仓储用地、道路与交通设施用地、公用设施用地、绿地与广场用地，交通水利用地细分为铁路用地、公路用地、港口码头用地、民用机场用地、管道运输用地、水工建筑用地，其他建设用地包括风景名胜设施用地、特殊用地、盐田，水域包括河流水面、湖泊水面、滩涂、水库水面。我们将这一用地分类标准应用到《开化县空间规划（2016～2030 年）》，形成了覆盖全域、涵盖城乡用地的"一张蓝图"。

6　结语

当前我国用地分类标准仍是各自为政的状态，不同的空间规划间用地规模和布局矛盾依然突出，这不仅导致规划编制和实施管理成本的增加，而且还造成了空间规划寻租行为泛滥。作为规划基础，统一用地分类标准是推动空间规划合一、促进形成"一张蓝图"的前提条件。本文针对现有规划用地分类的矛盾和不足，围绕规模一致、边界一致、属性一致的目标，在有效对接城乡规划、土地规划用地分类标准的基础上，进一步调整用地分类体系，统一地类内涵，建立涵盖城乡、内涵统一、分类清晰的空间规划用地分类，为空间规划的改革提供参考。在实际的"多规合一"试点过程中，土地分类的整合远较本文论及的更加复杂多样，期待相关的研究成果持续分享。

致谢

本文得到广东省科学院引进高层次领军人才专项资金项目（2016GDASRC-0101）、广东省科学院实施创新驱动发展能力建设专项资金项目（2018GDASCX-0903）、广东省自然科学基金（2016A030313565）资助。

参考文献

[1] 曹传新. 对《城市用地分类与规划建设用地标准》的透视和反思 [J]. 规划师，2012，(10)：58-61.

[2] 柴明. "两规"协调背景下的城乡用地分类与土地规划用途分类的对接研究 [J]. 规划师，2012，28 (11)：96-100.

[3] 陈百明，周小萍.《土地利用现状分类》国家标准的解读 [J]. 自然资源学报，2007，22（6）：994-1003.

[4] 陈信旺. 林业与国土部门对林地界定的差异性分析——以福建省福安市为例 [J]. 林业勘察设计（福建），2013，（2）：1-5.

[5] 高捷. 我国城市用地分类体系重构初探 [D]. 上海：同济大学，2006.

[6] 胡进. 明确分类标准梳理规划用地——上海市开展城市用地分类与土地利用现状分类对接研究的探索 [J]. 中国土地，2013，（6）：39-41.

[7] 赖寿华，黄慧明，陈嘉平，等. 从技术创新到制度创新河源、云浮、广州"三规合一"实践与思考 [J]. 城市规划学刊，2013，210（5）：63-68.

[8] 李建刚. 不同土地分类标准协调研究 [D]. 北京：中国地质大学（北京），2012.

[9] 梁凯，刘伯恩.《土地利用分类》中取消"园地"不可取 [J]. 中国国土资源经济，2008，（1）：27-28.

[10] 刘黎明. 土地资源学 [M]. 北京：中国农业大学出版社，2007.

[11] 秦涛，隗炜，李延新."两规"衔接的思考与探索——以武汉市土地利用总体规划修编为例 [A]. 2009 年中国土地学会学术年会论文集 [C]. 北京：中国大地出版，2010：719 723.

[12] 苏文松，徐振强，谢伊羚. 我国"三规合一"的理论实践与推进"多规融合"的政策建议 [J]. 城市规划学刊，2014，219（6）：85-89.

基于"三生空间"的乡村多规协调探索

——以武汉邾城街村庄体系实施规划为例

黄经南　敖宁谦　张媛媛

The Exploration of Rural Multi-Planning Coordination from the Perspective of "Live Space-Production Space-Ecology Space": Taking Wuhan Zhucheng Street Villages System Implementation Planning as an Example

HUANG Jingnan, AO Ningqian, ZHANG Yuanyuan
(School of Urban Design, Wuhan University, Hubei 430072, China)

Abstract　From the Perspective of "Live Space-Production Space-Ecology Space", this paper analyzes the problems in current rural planning, combined with the actual condition of central region, put forward the multi-regulation coordination framework based on "developed production, rich life, civilized ecology" and take Wuhan Zhucheng street villages system implementation planning as an example to illustrate how to promote the new type of urbanization in the process of rural construction .

Keywords　rural planning; ecology protection; "sannong" (agriculture, rural area, farmers) issues; new-type urbanization

摘　要　文章基于"生态空间、生产空间、生活空间"视角,对当前农村规划存在的问题,结合中部地区的实际,提出基于"生产发展、生活富裕、生态文明"中部农村地区多规协调框架,并以武汉新洲邾城街村庄规划为例进行实证研究。

关键词　农村规划;生态保护;"三农"问题;新型城镇化

自 2003 年党的十六届三中全会提出统筹城乡发展战略以来,中共中央每年的 1 号文件都聚焦"三农"问题,农村地区发展自此成为全社会关注焦点。过去以土地等资源粗放利用、廉价劳动力充分供给为基础,以社会成本高企、生态环境破坏为代价,以经济总量增加为导向的传统城镇化道路使城乡矛盾、"三农"问题日益突出。探索农村地区新的发展模式,走新型城镇化道路无疑是缩小城乡差距,统筹城乡协调发展的根本途径。城乡统筹发展时期要求农村规划关注乡村社会的综合发展,一方面要实现"生产发展、生活宽裕"的基本目标,另一方面要实现"乡风文明、村容整洁、管理民主"的综合发展要求(叶斌等,2010)。2012 年党的十八大报告提出要"促进生产空间集约高效、生活空间宜居适度、生态空间山清水秀"(扈万泰等,2016)。在 2013 年 12 月的中央城镇化工作会议中也提出推进新型城镇化的主要任务是要"提高城镇建设用地效率……形成生活、生态和生产空间的合理结构"(扈万泰等,2016)。由此可以看出,保护生态环境,加强生态文明建设,以"生产发展、生活富裕、生态文明"为目标,以解决当前农村发展中面临的实际问题为导向,协调生产、生活与生态间的关系已成为当前农村地区规划的重中之重(蔡

─────────────

作者简介
黄经南、敖宁谦、张媛媛,武汉大学城市设计学院。

玉梅等，2012）。本文以武汉邾城街村庄体系实施规划为例对"三生空间"视角下中部地区乡村多规协调进行研究。

1　中部地区农村发展现状及问题

1.1　生活现状

1.1.1　劳动力流失，老龄化趋势显现

　　人口老龄化是目前中部农村地区面临的首要问题，据第六次人口普查数据显示，中部六省农村人口中 65 岁以上人口比重都在 7％以上（图 1），均已进入老龄化阶段。而村庄外出务工者以青壮年为主，以湖北为例，2009 年及 2010 年外出人口集中在 21～49 岁之间（表 1），占外出劳动力总量的 70％以上，年轻劳动力流失现象严重。

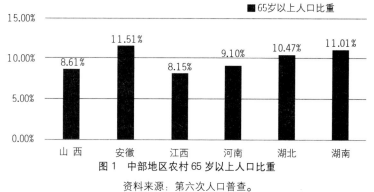

图 1　中部地区农村 65 岁以上人口比重

资料来源：第六次人口普查。

表 1　湖北省历年农村劳动力外出从业年龄结构

年份	外出劳动力总量（万人）	20 岁以下（％）	21～49 岁（％）	50 岁以上（％）
2009	972.03	17.97	70.42	11.61
2010	1 009.52	24.95	70.00	5.05

资料来源：《湖北农村统计年鉴》(2010～2011)。

1.1.2　村庄建设用地规模偏大，村居闲置现象严重

　　尽管越来越多的进城农民在城市购买商品房，但多数仍保留其在农村的房屋或宅基地，导致农村宅基地及房产闲置的现象越来越严重，形成越来越多的空心村，这在中西部地区表现得较为明显（国务院发展研究中心课题组等，2007）。据数据显示，2009～2014 年，中部地区农村人口共减少 2 350 万人，村庄建设用地不减反增 145.4 万亩，人均建设用地指标远超《村镇规划标准》规定的 150m² 的标准，普遍在 200 m² 以上，有的地方甚至接近 300 m²（中华人民共和国国土资源部，2014；国家统计局农村社会经济调查司，2015）。

1.1.3　公共服务设施配套落后

根据国务院 2007 年对全国 2 749 个村庄的调查显示，公共服务设施配套落后是我国农村，特别是中部地区农村面临的普遍问题。中部地区农民比较关注的主要包括修路、文化建设、饮水及医疗设施的建设问题（国务院发展研究中心课题组等，2007）（表 2），多数与村民的生活基本需求相关。

表 2　中部地区农民认为农村建设亟须解决的问题

项目内容	占比（%）
饮水	71.3
修路	85.8
用电	43.8
建沼气	68.9
厕所改造	69.5
污水处理	54.2
垃圾收集	65.9
医疗网点	73.5
文化建设	80.9

资料来源：国务院发展研究中心课题组等，2007。

1.2　生产现状

1.2.1　农地资源未得到充分利用且经济效益低

中部地区农地以耕地和林地为主，平均占农地总面积的比例达到 85% 以上。自 1978 年我国家庭联产承包责任制改革以来，农村耕地施行"均田承包"的政策，使得农地"细碎化"，最终导致农地的经济效益低下（表 3）。近年来，为促进土地的规模经营，中部地区也着力推进土地流转，其发展速度虽明显增快，但土地流转比例仍较低，均在 50% 以下（赵静，2015）。随着农业经营集约化、现代化的需要，农地的细碎化与其规模化经营的矛盾也越发突出。

表 3　中部地区农地面积及地均产值

省份	农地面积（万 ha）	耕地及林地占比（%）	农地地均产值（万元/ha）
山西	1 003.6	88.92	2.42
安徽	1 118.5	86.23	3.60
河南	1 272.5	91.34	5.52
湖北	1 582.3	87.86	5.23
湖南	1 822.5	97.91	6.95
江西	1 447.3	92.91	3.71

资料来源：国家统计局农村社会经济调查司，2015。

1.2.2 第一产业发展缓慢，产业结构需优化调整

随着城镇化进程的推进，农村经济在地区经济中的作用逐渐下降，第一产业对国民生产总值的贡献率也应逐渐下降。在中部地区，农业多为传统种植业，发展缓慢。第一产业占比较大，产业结构不合理，农业地位的下降也更为明显。相关研究表明，东部地区（除河北省外）一产占比均在10%以下，而中部地区一产占比明显高于东部地区，均在10%以上（表4）。就农业增长率看，大部分中部地区省份呈现出增长率下降的趋势，湖南省甚至出现负增长的情况。

表4　中东部地区一产增加值占比及增长率（%）

省份	一产增加值占地区生产总值比重（2014年）	一产产值增长率（2013年）	省份	一产增加值占地区生产总值比重（2014年）	一产产值增长率（2013年）
山西	6.2	7.6	北京	0.7	4.6
安徽	11.5	4.13	河北	11.7	6.13
河南	11.9	4.04	江苏	5.6	3.46
湖北	11.6	—	浙江	4.4	6.57
湖南	11.6	−0.33	福建	8.4	4.39
江西	10.7	4.01	山东	8.1	8.06

资料来源：国家统计局农村社会经济调查司，2015；赵静，2015。

1.2.3 收入水平低且收支失衡

中部六省农村居民纯收入普遍较低。2014年，中部地区农村平均收入9 952.97元/人，低于全国农村收入的平均水平10 488.9元/人。除湖北省外，其余五省收入在全国排名普遍靠后。相比之下，中部地区的平均消费水平却与全国平均水平相差不大，这进一步凸显了增加中部地区农民收入的紧迫性（表5）。

表5　2014年中东部地区人均收支统计

省份	收入（元）	收入排名	支出（元）
全国平均水平	10 488.9	—	7 485.2
中部平均水平	9 952.97	—	7 084.37
山西	8 809.4	22	6 457.7
安徽	9 916.4	18	7 200.3
河南	9 966.1	17	6 358.7
湖北	10 849.1	10	7 849.5
湖南	10 060.2	15	7 832.6
江西	10 116.6	14	6 807.4

资料来源：国家统计局农村社会经济调查司，2015。

1.3　生态现状

1.3.1　耕地和水体萎缩，生态景观破碎化

由于缺乏相关规范，农村建设具有很大程度的自发性和随意性。目前，在中部省份很多地区，村民选择在地势平坦、生产条件较好的承包耕地上建房的情况并不少见，这不仅导致村庄建设用地的无序蔓延，耕地不断减少，也导致农村自然生态系统不断被建设用地分割，生态景观破碎化。据2015年国土资源部公布的土地利用现状数据显示，2009～2015年中部地区六省耕地面积与水域及水利设施用地面积均有不同程度的减少，其中河南与湖北耕地面积减少量甚至超过100万亩（表6）。

表6　2009～2015年中部地区各类用地变化量（万亩）

省份	用地类别	2009年	2015年	增加量
山西	耕地	6 102.6	6 088	−14.6
	水域及水利设施用地	441.5	432.1	−9.4
	村庄用地	810.0	843.0	33
安徽	耕地	8 860.6	8 809.3	−51.3
	水域及水利设施用地	2 789.1	2 727.8	−61.3
	村庄用地	1 722.6	1 688.0	−34.6
河南	耕地	12 288.0	12 158.9	−129.1
	水域及水利设施用地	1 581.5	1 529.5	−52
	村庄用地	2 309.6	2 414.6	105
湖北	耕地	7 984.6	7 882.5	−102.1
	水域及水利设施用地	3 117.8	3 082.7	−35.1
	村庄用地	1 235.6	1 261.9	26.3
湖南	耕地	6 202.5	6 225.3	22.8
	水域及水利设施用地	2 294.8	2 272.5	−22.3
	村庄用地	1 397.7	1 407.9	10.2
江西	耕地	4 633.7	4 624.1	−9.6
	水域及水利设施用地	1 910.6	1 884.1	−26.5
	村庄用地	841.5	863.8	22.3

资料来源：中华人民共和国国土资源部：2009、2015全国和省级年度土地利用现状数据。

1.3.2　环境污染严重，环保设施建设落后

随着工业化进程的推进和产业梯度转移，东部和沿海地区以前遇到的环境问题开始向内地蔓延，中部地区部分农村环境污染呈现恶化趋势，其中表现最为突出的是垃圾污染和水污染。而多数中部农

村地区地方财政投入环保建设的能力有限，生活垃圾和污水处理等环保设施较为匮乏。此外，长期以来村民都只注重自身的生产和生活，缺乏保护环境的意识，农村地区"污水乱泼、垃圾乱倒、粪土乱堆、柴草乱垛、畜禽乱跑"的现象仍比较普遍（马怀礼等，2011；路明，2008）。

2 "三生空间"视角下中部农村地区规划架构

农村作为一个有机整体，主要包括经济生产、自然生态、居住生活三个部分，三者既相互影响又相互联系：生产空间是根本，决定着生活空间、生态空间的状况；生活空间是目的，空间优化是为了让生活空间更加美好；生态空间为生产空间、生活空间提供保障（朱媛媛，2015）。三者互为一体，不可分割。在新型城镇化背景下，协调"三生"关系，对"三生空间"进行优化调整及根本性变革是优化城乡空间结构、推进城乡统筹发展的综合途径（龙花楼，2013）。本文所讨论的"三生空间"视角下农村规划的内涵即基于"三生"一体理念，根据农村自身发展需求及城乡统筹发展需要，突破传统农村地区规划重物质空间或规划模式与农村生产生活方式不匹配的局限，对农村地域生产、生活、生态发展及其对应的"三生空间"进行优化调整，兴农业促农村转型，重构人居空间。这一理念的目标主要包含以下三个方面。①生活上，促进农民居住向城镇和新型社区及中心村集聚，完善相关生活配套，改善人居环境；通过集中居住解决村民点分散带来的基础设施建设投入大、利用效率低等问题，以有效控制农村居民点用地规模。②生产上，发展农村经济，促进农业生产规模化集中经营，实现由传统农业向现代农业的转变，推进一、二、三产业的互促融合。③生态上，通过生产空间和生活空间的集聚发展，提高资源利用率，保护山水格局；生产、生活污染进行集中治理，减轻环境压力，保护生态空间的健康性和完整性。"三生一体"农村地区规划架构如图2所示。

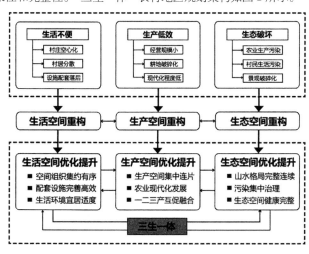

图2 "三生"视角下农村地区多规协调框架

3　武汉邾城街村庄体系规划实例

邾城街作为武汉传统农业大区的核心地区（图3），农村人口众多，是传统的打工之乡，外出人口多为19～40岁之间的青壮年，驻留人口以老人、小孩为主。村庄建设上，人均建设用地约125平方米/人，超过《武汉市农村新社区规划设计技术导则》中所确定的人均100～120平方米的标准。邾城街各村庄农地以耕地为主，经营规模较小且分散，其中经营规模2亩以下的村庄达到22%，2～5亩达到50%，5～10亩达到25%。村民主要以传统采摘、种植等经济方式增收，产品附加值低。此外，村庄闲置用地较多，约45%的村庄具有闲置用地，农地闲置面积每村平均达到33.34公顷。1990～2015年，邾城街建设用地面积由891ha增加为2 036公顷，25年间增加128.4%。同期，水体斑块由1 787个减少为1 049个，面积由793公顷减少为599公顷。

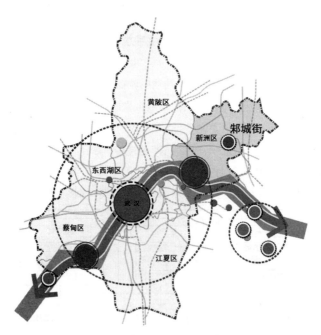

图3　邾城街在武汉的区位

3.1　生产空间规划

针对目前邾城街的区位和产业发展现状，在产业规划中实施"一二联动，一三融合"的复合发展战略。"一二联动"即农业生产与农副食品加工业相结合。"一三融合"指打造农业与都市农业观光、休闲、体验相结合的现代旅游业；以农业观光和生态休闲为基础，构建以"养生、养老、养乐"为主题的社会服务业。在此战略指导下将镇域划分为有机农业区、精品农业区、复合农业区。其中，有机农业区依托现有规模化蔬菜种植基地，发展有机无害化农业，结合休闲农庄、农家乐建设，发展娱乐休闲业；精品农业区依托区位优势与特色农产品优势，发展现代都市农业，实现农产品品牌化、商贸化；复合农业区依托特色花卉苗木与养殖业，发展集农业生产、农业观光、农产品深加工于一体的现代农业。此外，积极引进高科技农业设施与技术，探索农业规模化生产路径，提高农业生产效益与产业整体发展水平，形成产业联动、设施优化、生产高效、产品优质的产业发展格局（图4）。

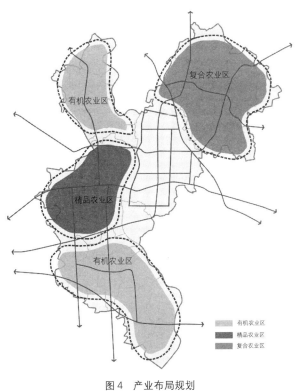

图4　产业布局规划

3.2　生活空间规划

对41个村庄基于多要素进行综合竞争力评价以确定村庄体系，选取区位条件、人口规模、建成规模、生活条件四大因子、17项指标进行赋值评价（评价指标及权重详见表7），得到的评价结果（图5）作为确定村庄体系的直接依据，最终确定1个镇区、3个中心社区、8个中心村、17个一般村，形成"镇区—中心社区—中心村——一般村"四级村镇体系（图6）。

表 7　评价指标及权重

评价因子	权重	一级指标	权重
区位条件	0.2	临等级道路条数	0.6
		临景观资源	0.2
		临工业企业	0.2
人口规模	0.35	总人口	0.4
		留守人口	0.6
建成规模	0.25	村湾建成面积	0.6
		居住建筑建新比	0.4
生活条件	0.25	村委会	0.2
		小学	0.2
		卫生室	0.1
		文化室	0.1
		体育活动室	0.1
		农产品交易市场	0.1
		通路	0.05
		通自来水	0.05
		通电	0.05
		通网路	0.05

在确定村庄体系后，基于生活服务圈理论，为各级村庄中心配置公共服务设施。各中心基本功能主要包括行政、教育、医疗、文体、福利、商业、市政七大板块，具体构成见表 8。

表 8　各级中心服务设施配置

	乡邻中心	村居中心
行政	社区居委会	村委会
教育	小学、幼儿园	幼儿园
医疗	卫生室	卫生所
文体	文化室、体育室	文体室
福利	老年人互助中心	托老所
商业	生活超市	便利店
市政	邮政代办点 垃圾收集点 污水处理设施	垃圾收集点 污水处理设施

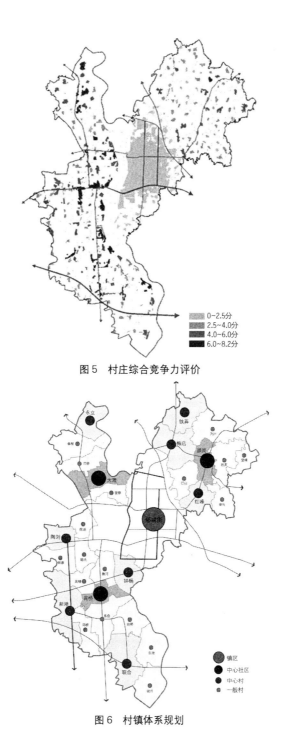

图5　村庄综合竞争力评价

图6　村镇体系规划

3.3　生态空间规划

在土地利用规划所划定的空间管制分区的基础上，针对邾城街现状耕地、景观破碎化的特点，规划构建以举水河为核心廊道，以干渠和溪流、交通干线为次要廊道的综合生态网络系统，廊道主要由本地乔木、可利用河道、田间树篱、道路及两侧设计构成。举水河廊道的宽度主要由举水河及其湿地宽度决定，承担区域主要廊道作用；为保证大多数生物的正常移动，其他廊道保证大于60米，通过建成区的廊道宽度大于11米（图7）。

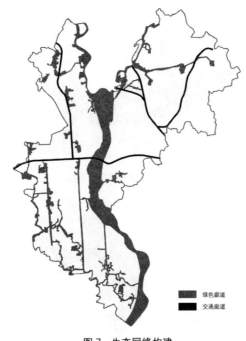

绿色廊道
交通廊道

图7　生态网络构建

在构建区域生态网络框架后，以邾城街土地利用总体规划为依据划定各村庄建设用地增长边界，以控制村庄建设用地的增长。具体操作上，根据人口规模推算用地规模，在保留的现有村庄基础上划定村庄建设用地范围，边界的划定尽量包含现状村庄，而新扩张的用地则应在适建区内，且整体村庄用地增长边界都应在土地利用规划所划定的村庄建设用地范围内（图8）。划定增长边界后，结合村庄体系结构的调整划定村庄建设管制分区（图9），具体分为新建型、保留型、搬迁型、控制型，新建型：位于规划规划用地增长边界范围内的非建成区，不限制住宅建设行为；搬迁型：对现状面积小于2公顷或人口小于100人的村湾近期应搬迁至最近的中心村或一般村；控制型：对除新建、保留、搬迁型村湾以外的村湾近期内控制新建房屋行为，仅允许改建或整治等行为。通过布局优化，可节约用

图8　村庄用地增长边界

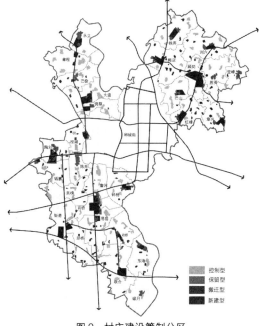

图9　村庄建设管制分区

地 189.5 公顷。

4 结语

　　基于"三生空间"的村庄规划，土地利用和土地整治是重要抓手。具体而言，生产层面，保护耕地质量和数量，结合农用地整治提高资源利用效率，通过村庄规划协调土地利用与产业布局间的关系，实现土地利用与产业间的对接和良性互动。生活层面，基于多种因素调整村庄体系结构，统筹安排村庄各类设施建设，进行村庄道路设施布局与土地整治规划的对接。生态层面，应以土地利用规划确定的空间管制分区为主导划定生态保护红线，构建生态安全格局。结合生态用地整治，增强生态用地服务功能及价值，并构建区域生态网络框架。为控制村庄无序蔓延，根据各村庄用地规模划定村庄用地增长边界。村庄用地增长边界的划定应以土地利用规划为指导，根据其确定的村庄建设用地的边界和范围安排村庄用地布局。划定用地增长边界后针对现状对村庄进行分区管制，分区的管制则与土地整治规划中的建设用地整治相结合。

参考文献

[1] 蔡玉梅，邓红蒂，王静，等. 村尺度空间规划研究综述 [J]. 中国土地科学，2012，(1)：91-96.

[2] 国家统计局农村社会经济调查司. 中国农村统计年鉴 2015 [M]. 北京：中国统计出版社，2015.

[3] 国务院发展研究中心课题组，李剑阁，韩俊，等. 2749 个村庄调查 [J]. 农村金融研究，2007，(8)：10-23.

[4] 扈万泰，王力国，舒沐晖. 城乡规划编制中的"三生空间"划定思考 [J]. 城市规划，2016，(5)：21-26.

[5] 龙花楼. 论土地整治与乡村空间重构 [J]. 地理学报，2013，(8)：1019-1028.

[6] 路明. 我国农村环境污染现状与防治对策 [J]. 农业环境与发展，2008，(3)：1-5.

[7] 马怀礼，李颖，迟宏伟. 论村庄内生性污染治理的可持续性 [J]. 村委主任，2011，(2)：26-28.

[8] 叶斌，王耀南，郑晓华，等. 困惑与创新——新时期新农村规划工作的思考 [J]. 城市规划，2010，(2)：30-35.

[9] 赵静. 农村土地流转现状与影响因素分析 [D]. 天津：天津商业大学，2015.

[10] 中华人民共和国国土资源部. 2014 全国和省级年度土地利用现状数据 [EB/OL]. 11 月 20 日. http://tddc.mlr.gov.cn/.

[11] 朱媛媛，余斌，曾菊新，等. 国家限制开发区"生产—生活—生态"空间的优化——以湖北省五峰县为例 [J]. 经济地理，2015，(4)：26-32.

镇域规划编制导则（草案）

张　悦　张晓明　胡　弦　顾朝林

李文越　吴纳维　李培铭

Guidelines for the Compilation of Town Planning

ZHANG Yue, ZHANG Xiaoming, HU Xian, GU Chaolin, LI Wenyue, WU Nawei, LI Peiming
(School of Architecture, Tsinghua University, Beijing 100084, China)

1　总则

1.0.1　为推进镇域发展建设，使小城镇成为我国新型城镇化的重要形态之一，依据《中华人民共和国城乡规划法》，制定本镇域规划编制导则[①]。

1.0.2　本导则适用于全国所有建制镇的镇规划。处于快速城镇化进程中的地区，应依据本导则编制镇域规划[②]。

1.0.3　镇域规划的规划区范围覆盖镇行政辖区的全部地域。

1.0.4　镇域规划的规划期限一般为 20 年，或与相关上位规划期限相一致[③]。

1.0.5　镇域规划编制应突出对镇域城镇化的引导，划分城镇、农业和生态空间，合理布局镇区、产业园区及各村庄居民点；促进镇域经济发展，提升居民生活质量；保护生态环境和基本农田，集约利用资源能源；体现镇域特色，尊重地区差异。

1.0.6　镇域规划的编制和审批，应当按照《中华人民共和国城乡规划法》对镇规划的相关要求执行。编制镇域规划，同时应当符合国家及地方有关的法律法规、标准和技术规范。[④]

2　术语

2.0.1　镇（town）：经省级人民政府批准设置的镇。

2.0.2　镇域（administrative region of town）：镇人民政府行政管辖地域。

作者简介

张悦、张晓明、胡弦、顾朝林、李文越、吴纳维、李培铭，清华大学建筑学院。

2.0.3 镇区 (urban built-up area of town[⑤])：镇人民政府驻地的建成区和规划建设发展区。

2.0.4 村庄 (village)：一定规模农村居民集中生活、生产的聚落。

2.0.5 镇村体系 (town and village system)：经济、社会和空间发展有机联系的镇区与村庄群体。

3 镇域规划目标

3.0.1 镇域规划编制，应以引导建成高标准的城镇化地区为目标。

（1）引导人口向城镇空间集中，以宜居镇区建设和城镇开发的弹性管控，提高镇域城镇化水平，镇域城镇化率宜达 70% 以上。

（2）引导产业向园区集中，大力发展二、三产业，促进镇域经济提升与就业增长；鼓励农村土地规模经营，推动农业现代化。

（3）实施高标准和均等化基础设施建设，支撑镇域生产发展和生活质量改善；以镇域生活圈的构建，形成公共服务设施向乡村地区的有效延伸和覆盖。

（4）开展特色保护与塑造，挖掘和保护镇域自然环境与历史文化特色，塑造和展现现代化美丽小城镇景观。

3.0.2 制定镇域规划编制目标，还应区分不同类型的镇，制定差异化发展目标。一般而言，可根据等级规模区分中心镇和一般镇；同时，可根据镇域发展特色或区位特征等因素，划分出特色镇和卫星镇等。

表 3.0.2 镇域规划主要类型划分及其发展目标

类型	概念	镇域规划目标
中心镇[⑥]	上位城镇体系规划确定的中心镇以及国家部委、省市政府确定的重点镇	突出规模优势，提升镇域综合实力和竞争力，集聚人口产业，公共服务与公用基础设施达到或超过城市配置水平
一般镇	中心镇以外的镇	合理引导集中、集聚、集约的经济产业发展，构建镇域生活圈，将公共服务与公用基础设施向全域延伸覆盖
特色镇	具备一种以上发展优势特色的镇	注重挖掘特色要素，划定特色空间，保护特色资源，集中发展特色产业
卫星镇	位于城市周边、区位和交通优势明显的镇	依托周边城市的公共服务与公用基础设施发展，利用周边城市的资本、技术与市场等要素辐射，加快自身发展

4 空间分区与管制

4.1 三区三线及其城镇空间划定

4.1.1 镇域规划应将镇域国土空间划分为城镇、农业、生态空间，并划定城镇开发边界、永久基本农田、生态保护红线（以下分别称"三区"和"三线"）[⑦]。

4.1.2　"三线"分别包括：

(1) 城镇开发边界，是城镇建设可以扩张的界限，包括现有建成区和未来城镇建设预留空间，城乡结合部的农村集体建设用地可纳入城镇开发边界；

(2) 基本农田保护红线，是按照一定时期人口和社会经济发展对农产品的需求，依法确定的不得占用、不得开发、需要永久性保护的耕地空间边界；

(3) 生态保护红线，是在生态空间范围内具有特殊重要生态功能、必须强制性严格保护的区域，是保障和维护区域生态安全的底线。

4.1.3　"三区"划定，应充分依据和落实上位县（市）相关空间规划的成果，具体可参照表4.1.3执行[⑧]。

表 4.1.3　镇域城镇、农业、生态空间分区划定

分区名称	分区划定
城镇空间	(1) 城镇开发边界控制线区域，应划定为城镇空间； (2) 其他与城镇发展密切相关或建设适宜程度高的区域，可结合近、远期内城镇发展建设的需求，按照集中布局的原则，划定为城镇空间
农业空间	(1) 永久基本农田控制线区域，应划定为农业空间； (2) 农业适宜程度高或与农业生产密切相关的农村生活区域，可划定为农业空间
生态空间	(1) 生态保护红线控制区域，应划定为生态空间； (2) 天然草原、退耕还林还草区、天然林保护区、生态湿地等，原则上应划定为生态空间； (3) 其他生态功能重要区域和生态环境脆弱区域，可按照生态保护优先原则，划定为生态空间

4.1.4　镇域城镇空间的划定和调整。应适应人口城镇化发展需要，在城镇开发边界控制范围内集中布局城镇建设用地与产业发展用地；在城镇开发边界控制范围之外，宜保留一定比例的交通基础设施用地和农林水域用地，为城镇建设提供支撑和发展预留的空间。

4.2　空间管制与城镇开发边界内弹性管理

4.2.1　镇域城镇空间管制。应综合考虑自然条件、资源条件、区位条件、政策因素、人口发展、经济发展等因素，存量挖潜，整合改造，提高现有建设用地对经济社会发展的支撑能力；应优先保障城镇基础设施和公共服务设施用地需求，适度增加产业园区与特色小镇建设项目用地，注意提高城镇空间的土地利用效率；应在较大范围内预留城镇交通和基础设施廊道、生态保障用地、农业保障用地等；同时规划期内任何城镇建设活动不得突破城镇开发边界。

4.2.2　镇域农业空间管制。应强化点上开发、面上保护的空间格局；农业空间建设用地供给应

主要满足于农业生产和农村生活等的需要，开发强度要合理控制；应对独立企业、村庄居民点、道路等线性基础设施和其他建设新增用地等开发建设活动进行必要的整合和限制，防止农业空间内的建设用地任意扩大，减少对土地尤其是耕地的占用；规划期内永久基本农田原则上不得调整，如必须调整按规划修改处理，应严格论证并报批。

4.2.3　镇域生态空间管制。应强调生态保护优先，强化点上开发、面上保护的空间格局；生态空间建设用地供给在满足适宜产业发展及散落村庄居民点生产生活需要的基础上，应严格控制与生态功能不相符的建设和开发活动，鼓励适度生态移民；规划期内生态保护红线不得调整。

4.2.4　为了提升镇域城镇建设的灵活性与适应性，应在较大范围的刚性城镇开发边界内，实施弹性的开发建设管理方法。

（1）刚性城镇开发边界，首先应避让上位县（市）域规划中划定的各类禁、限建区边界；同时应为城镇化发展预留足够的空间，以容纳镇域人口集聚和产业增长。

（2）弹性城镇开发建设管理，首先应在刚性城镇开发边界范围内，为规划期内建设用地的增长，选择最优的可能及确定最佳发展时序；同时宜对空间增长和建设项目实施的多种可能性进行多情景分析，形成不同的引导性方案，以适应镇域城镇发展建设的变化。

4.3　多规融合的用地分类与布局

4.3.1　镇域用地分类，应衔接《城市用地分类与规划建设用地标准》（GB50137-2011）"城乡用地分类"、《土地利用现状分类》（GB/T10102-2007）"全国土地调查分类"等国家及行业相关标准与技术规程要求，并根据所处城镇、农业、生态空间的不同需求，进行不同的土地用途管制与引导。

4.3.2　镇域空间布局规划。应对镇建设用地、村庄建设用地、独立产业用地、独立公共服务设施用地、区域交通设施用地、区域公用设施用地、其他建设用地以及农林水域等非建设用地等13类用地进行布局规划。为适用于多规融合的规划文件编制和用地的统计工作，用地分类应符合表4.3.2的规定。

表 4.3.2　镇域用地分类

镇域"城乡用地分类"代码及名称	衔接"全国土地调查分类"编码	用地范围
H12 镇区建设用地^①	202	非县人民政府所在地镇区建设用地
H14 村庄建设用地	203	农村居民点的建设用地
H15 独立产业用地	06/05（独立于居民点以外部分）	独立于镇区和村庄居民点之外的镇域工业用地、物流仓储用地以及商业服务业设施用地
H16 独立公共服务设施用地	08（独立于居民点以外部分）	独立于镇区和村庄居民点之外的镇域公共服务与公共管理设施用地

续表

镇域"城乡用地 分类"代码及名称	衔接"全国土地 调查分类"编码	用地范围
H2 区域交通设施用地	101/102/105/106	铁路、公路、港口、机场和管道运输等区域交通运输及其附属设施用地
H3 区域公用设施用地	107/118/086/095	区域性能源设施、水工设施、通信设施、殡葬设施、环卫设施、排水设施等公用实施用地
H6 其他建设用地⑩	205/204/091/093	以上之外的建设用地，包括边境口岸和风景名胜区、森林公园等的管理及服务设施用地，军事用地与安保用地等特殊用地
E1 水域	111/112/113/114/ 115/116/117/119	河流、湖泊、水库、坑塘、沟渠、滩涂、冰川及永久积雪，不包括公园绿地及单位内的水域
E21 耕地	011/012/013/122/ 123/104	水田、水浇地、旱地，以及设施农用地，含田坎、村间田间道路
E22 园地	021/022/023	果园、茶园及其他园地
E23 林地	031/032/033	有林地、灌木林地及其他林地
E24 草地	041/042/043	天然牧草地、人工牧草地及其他草地
E3 其他非建设用地	124/125/126/127	空闲地、盐碱地、沼泽地、沙地、裸地等用地

5 镇村居民点建设用地规划

5.1 镇村体系规划与镇区建设

5.1.1 镇域镇村体系规划，应在依据上位县（市）域城镇体系规划中确定镇的性质、职能和发展规模的前提下，调研镇村现状和发展条件，分析一、二、三产业的发展前景以及劳动力和人口的流向趋势，预测镇域规划人口规模和分布，提出镇村建设用地的规模和布局。

5.1.2 镇域总人口规模预测，应通过分析镇域人口构成、历年人口变化情况、镇域综合发展目标，确定合理的自然增长率和机械增长率进行计算与预测⑪。其中镇区人口规模，除以上位城镇体系规划为依据外，还应根据规划目标的城镇化水平来确定；各村庄人口规模也应在镇域镇村体系规划中进行预测。

5.1.3 构建镇区、中心村、基层村三级镇村体系，确定镇区及各村建设用地规模。

（1）中心村的选择。以服务周边农村、农民和农业为目标，中心村宜选择规模较大、经济实力较强、基础设施和公共服务设施较为完备、能够带动周围村庄建设发展且服务半径和服务人口数量适宜的村庄。

（2）镇区建设用地规模。参考《镇规划标准》（GB50188-2007）提出的人均建设用地标准，注重提升镇区空间综合利用效率、提升镇区公共服务与基础设施的建设标准和服务水平，促进镇域人口和产业向镇建用地聚集。

（3）村庄建设用地规模。参考上位规划对于村庄人均建设用地指标以及村民宅基地面积的相关要求，进行村庄建设用地的规模控制和"中心村—基层村"空间布局。在集约使用村庄建设用地的同时，促进基本公共服务和基础设施向乡村地区延伸与覆盖。

5.1.4　镇区作为镇域城镇化的承载主体和镇村体系的核心，应采取高标准的规划建设指标，体现生态智慧和具有特色的建设要求，以推动小城镇与大中城市、城市群的协同发展，推动与特色产业发展相结合，实现城市规划、基础设施、公共服务设施的城镇一体化。镇区绿色生态、智慧宜居、特色风貌等方面高标准规划建设指引，可参照表5.1.4指标执行。

表5.1.4　高标准镇区规划建设参考指标

分类	指标项	指标要求
绿色生态与节能环保①	绿地系统	绿化覆盖率≥35%，人均公共绿地面积≥12m² 本地乡土植物使用率≥70%，且未使用有害入侵物种②
	水环境	镇区内自然湖泊河流保持，自然水体总容积未有减少 水体底部保留自然底泥和生态系统，保持自然透水性
	城镇减排	镇区人均碳排放量与所在市（县、区）平均值之比≤1 单位GDP碳排放量与所在市（县、区）平均值之比≤1
	城镇节能	太阳能/地热/风能/生物质能等可再生能源占比≥15% 新建执行国家节能标准；既有建筑改造有计划并实施
智慧与健康宜居	城镇智慧	固定宽带家庭普及率、移动宽带用户普及率≥100%
	公共安全	提升市政管网线智能化监测管理率、重点污染源检测
	住房保障	保障性住房建设量占申请量的保障覆盖率≥20% 建成区危房比例≤5%
	环境质量	镇区空气质量优良天数比率≥80% 镇区达到或好于Ⅲ类水体比例≥100% 镇区环境噪声平均值≤56dB（A） 满足生活饮用水卫生标准，水源水质水量达标率100%
	基础设施	污水管网覆盖率、污水处理率、处理达标排放率100% 垃圾收集率、无害化处理率100%

续表

分类	指标项	指标要求
城市设计与特色风貌[19]	城镇形态集约紧凑	城镇建成区人均建设用地≤120m² 城镇街道用地适宜，主干路红线宽度宜≤40m
	建筑长度高度变化	建筑连续长度超过 12m 时，宜分段进行颜色变化、材质变化、0.6m 以上凹凸变化 多层建筑宜从视觉上形成上层与下层之间的差别区分
	街道立面	沿街或沿人行道立面 70%以上长度上，宜设置出入口、门窗、阳台、廊架、庭院等开放通透的生活性要素
	饰面材质	外饰面材料尽量尊重当地传统、使用当地材料，宜避免大量使用金属、玻璃、塑料、陶瓷等工业化面材
	风貌设计与管理	街道和居住小区无私搭乱建，商业店铺无违规侵占，灯箱、广告、招牌、街灯等设置有序，交通停车规范

5.2 生活圈构建与村庄布局调整

5.2.1 三级镇域生活圈构建。根据镇域居民获取各类生活服务所适宜付出的时间和通勤成本，把整个镇域分为由初级生活圈、二级生活圈和镇域生活圈构成的三级生活圈层系统[15]。

5.2.2 初级生活圈：指镇、村居民点居民日常基本生活、生产所需到达的空间范围，通常是以居民居住地点为中心，出行时间为步行 15 ～45 分钟的地域范围，半径范围为 0.5～1.5 公里。基层村宜位于其村庄所有居民的该层次生活圈范围内。

5.2.3 二级生活圈：通常是以镇、村居民点为中心，出行时间为自行车车程 15～45 分钟的地域范围，半径范围为 1.5～4.5 公里。中心村宜位于其所服务各村庄居民点的该层次生活圈范围内。

5.2.4 镇域生活圈：通常是以镇、村居民点为中心，出行时间为公共汽车车程 15 ～30 分钟的地域范围，半径范围为 10～20 公里。镇区宜位于镇域所有镇、村居民点的该层次生活圈范围内。

5.2.5 村庄居民点的规划调整。根据镇域城镇化发展的需要，参考镇域生活圈的构建进行镇域镇村居民点的空间布局与调整。村庄居民点规划要尊重现有的乡村格局和脉络，尊重居民点规划与生产资料以及社会资源之间的依存关系。村庄迁并不得违反农民意愿、不得影响村民生产生活，要确保村庄整合后村民生产更方便、居住更安全、生活更有保障，还应特别注重保护当地历史文化、宗教信仰、风俗习惯、特色风貌和生态环境等。村庄迁并主要考虑情形包括：

（1）位于城镇近郊区，在相关城市已批准法定规划中确定将被城镇化的村庄；

（2）存在严重自然灾害安全隐患且难以治理的村庄，如位于行洪区、蓄滞洪区、矿产采空区的村庄和受到泥石流、滑坡、崩岩和塌陷等地质灾害威胁且经评估难以治理的村庄；

（3）位置偏远、规模过小，改善人居环境质量和发展产业困难的村庄；

（4）具有历史文化、宗教信仰、风俗习惯特色，应予以保留的村庄等。

5.3 公共服务设施配置

5.3.1 镇域公共服务设施的空间布局，宜结合各级镇域生活圈来配置与共建共享。首先根据各个生活圈层中的人口重心，进行各级生活圈层的公共服务中心选址；同时结合镇域公共服务设施配置现状、镇村体系布局以及各项公共服务设施本身所要求的门槛人口数，在各个生活圈层配置与之对应的公共服务设施项目，各项教育、文体、医疗卫生、社会福利设施的具体配置可参照表5.3.1。

5.3.2 镇区公共服务配置，是镇域城镇化发展和引导人口集聚的核心支撑。应在镇区及城镇空间范围内，集中布局高水平的公共服务设施，宜包括中小学、职业培训和技术服务机构、多功能文体场馆、综合医院、社会福利院、商业服务综合体、公共管理综合体等；设施配置的各种软、硬件标准应与大中城市的相应标准均等化，并应强化与大中城市相关设施的互联共享；同时应规划其所服务镇域生活圈范围内的公交或班（校）车通行线路及站点。

表 5.3.1 基于镇域各生活圈层构建的公共设施配置

类别	服务设施	规划建设标准参考⑩ （按生活圈服务范围内服务 人口共建共享来配置）	镇区 配置	中心村 配置	基层村 配置
教育 科技	职校与职业培训机构 初中＋小学 幼儿园或托幼站	规划用地 2.5～3.2 m²/人；提高 多媒体普及率、网络学习空间数等	● ● ●	○ ◎ ●	○ ○ ◎
文体 娱乐	图书馆、博物馆、体育馆 影剧院、广播电视台（站） 社区综合文体活动站	文化娱乐设施规划用地 0.8～1.1m²/人； 体育设施规划用地 0.6～1.0m²/人	◎ ● ●	○ ○ ●	○ ○ ●
医疗 卫生	综合医院及主要专科医院 卫生院、急救站 社区综合医疗保健站	规划用地 0.6～0.7m²/人；千人床位≥5； 提高网络预约及诊疗、电子病历率	◎ ● ●	○ ◎ ●	○ ○ ●
社会 福利	社会福利院 （孤儿、老人、残疾等） 社区综合社会服务站	规划用地 0.2～0.3m²/人； 设施满足国标《无障碍设计规范》要求	● ●	◎ ●	○ ●
商业 金融	百货商超、宾馆旅店 银行、信用社、保险机构 集贸市场或综合商服站	规划用地 3.3～4.4m²/人； 提高网上商品零售占比	● ◎ ●	◎ ◎ ●	○ ○ ●
行政 管理	党政司法等公共管理机构 社区居/村委会	规划用地 0.8～1.3m²/人	● ●	○ ●	○ ●

注：●表示该设施必须配置；◎表示该设施根据所服务生活圈实际门槛人口以及服务半径决定是否配置；
○表示该项目可不必配置。

6 产业发展与产业园区建设

6.1 产业发展定位与分类指引

6.1.1 确定镇域产业发展定位，应了解镇域产业发展现状和社会经济发展基础，并对镇域内现有资源进行分析评价；分析镇域产业发展所受到的区域影响，包括分析镇所在县、市甚至更大范围内的相关产业发展，城市产业转移以及市场需求对该镇产业的影响；分析相邻乡镇产业发展现状与规划及其影响等。

6.1.2 镇域主导产业类型，包括现代制造、商贸物流、旅游服务、现代农业等。镇域产业发展是国家新型城镇化结构调整和产业转移的重要途径之一，应对不同产业类型分别提出产业发展指引。

6.1.3 现代制造业。承接大中城市的产业结构调整和转移，同时依托镇域农副产品以及自然资源优势，大力培育或引进其他具有竞争力的特色制造业。以制造业产业园区为平台，将园区企业发展与镇域产业发展协调统一。以工促镇，推动农民城镇化，增加当地居民就业，并向乡村"一村一品"产业发展进行延伸，培育具有镇域品牌特色的现代制造业产业聚群。

6.1.4 商贸物流业。融入国家及所在区域的商贸物流网路布局与专业分工，同时根据镇域主要产品的优势与特色，加强镇域商贸物流业及其基础设施建设。以商贸物流园区为平台，提高商贸物流专业化、一体化服务水平，提高商贸物流科技创新和应用水平，完善应急运行机制，推进区域合作。通过商贸物流业发展，实现村镇产品的快速流通。

6.1.5 旅游服务业。适应城乡民日益增长的旅游与休闲体验需求，对镇域各类旅游资源进行价值挖掘与保护营造，确定全域旅游发展定位与目标，开展旅游产品策划、旅游空间布局规划、旅游服务系统及相关配套设施规划，以及其中重点项目的规划与建设。通过旅游服务业带动一、二、三产业联动发展。

6.2 产业空间布局与产业园区规划

6.2.1 镇域产业空间布局。应基于镇域产业发展定位和选择，协调镇、村产业发展关系，在空间上合理分配镇村两级的产业用地，以实现资源、基础设施和土地的集约利用；同时合理确定制造业园区、商贸物流园区、旅游发展区、农业生产区、农副产品加工区等产业集中区的空间布局和范围，确定产业聚群、产业走廊或产业片区的空间结构与相互联系。

（1）新型制造业与商贸物流业主要依托现代化产业园区集中布局；

（2）旅游服务业主要结合镇域特色自然与人文景观风貌布局；

（3）现代农业主要结合特色农产品种植区布局；

（4）其他采矿业、建筑业等产业，依托相关资源所在位置布局。

6.2.2　镇域产业发展应注重产城融合。提高产业园区综合服务和管理能力，统筹产业用地生产区、办公区、生活区、商业区等功能建设，促进产业发展与周边镇、村教育医疗、文体娱乐、商业金融、行政管理等服务设施配置相协调。

6.2.3　镇产业园区用地规模的确定。应依据镇域发展定位、人口与经济发展目标、镇建设用地指标和比例情况、入驻企业性质、就业人口规模以及就业人口中本地劳动力比例等，确定充足且合理的用地规模，推动非农就业，提升镇域城镇化水平。

6.2.4　镇产业园区准入标准设置。宜包括建设开发强度、资源消耗、投资产出强度以及节能环保等方面，以保证产业建设用地的高效使用以及镇域可持续发展，具体指标设置可参考表 6.2.4。

表 6.2.4　镇域产业园区规划建设的参考指标

分类	指标	单位	要求
经济发展	园区工业增加值 3 年年均增长率	%	≥15
	人均工业增加值	万元/人	≥15
资源节约	单位用地面积工业增加值三年年均增长率	%	≥6
	单位工业增加值综合能耗	吨标煤/万元	≤0.5
环境保护	污水、固废（含危险废物）处理率	%	100
	绿化覆盖率	%	≥15
产城融合	园区与城镇之间的公交或步行通勤时间	分钟	≤15
	园区职工在镇区购房率或落户率	%	≥50
	市政设施和公共服务设施共有率	%	≥50

6.2.5　在镇域范围内积极培育特色小镇，统筹全域空间资源、促进产业升级、促进功能聚合、探索体制机制创新，促进美丽人居环境的共同缔造，推动新型城镇化和新农村建设。特色小镇的培育建设指标可参考表 6.2.5。

表 6.2.5　特色小镇培育建设的参考指标[①]

指标	内容
用地规模	项目用地通常规划面积约 3km²，建设面积控制在约 1km²
投资规模	以市场为主导，3 年内完成有效投资 20~50 亿元，引进人才
产业鼓励	鼓励各具特色、富有活力、高度融合的现代制造、教育研发、商贸物流、休闲旅游、传统文化、美丽宜居等类型

7　综合交通、公用基础设施与特色保护规划

7.0.1　综合交通。为满足镇域城镇化发展的内外交通运输联系需求，落实各类上位规划高速公路、国道、省道、县道在镇域范围内的选线和出入口位置；同时以实现镇域各村的公路及公交100%覆盖为目标，明确镇域内部道路线网的体系、布局和等级控制，并进行客运公交线路规划；另外水网地区还应提出镇域水运交通组织方案，明确航道线网的体系、布局和等级控制等。

除交通线网之外，还应确定公交场站、汽车站、火车站、港口码头等交通站场的等级和客货运功能，提出其规划布局和用地规模；确定加油站、停车场等静态交通设施以及批发物流点的规划布局和用地规模。

7.0.2　供水排水与防洪排涝。为满足镇域城镇化发展的生产生活用水需求，以镇域公共供水普及率100%以上、公共供水水质不低于《城市供水水质标准》要求为目标，预测镇域生产、生活、生态用水总量，合理确定镇域供水方式、水源地选址及水厂规模，严格实施水源地保护以保证供水质量。同时，确定镇域防洪除涝和灌溉排水系统布局，完善农田水利设施。

7.0.3　能源与电力。为满足镇域城镇化发展的能源供给与通信联系需求，以镇域动力电全域100%通达、新能源和可再生能源消费比重逐步提升等为目标，预测镇域能源、电力电信需求，规划变电站、无线基站、广电设施、供热供燃气设施、清洁能源设施等的位置、等级和规模，布局区域性输电网络以及重点镇区园区双回路供电保障等的选线位置及敷设要求。

7.0.4　电信与信息化。为满足镇域城镇化发展的智慧互联需求，以镇域互联网普及率100%为目标，规划建设包括有线宽带、无线宽带及三网融合等的信息网络设施，规划建设与大中城市相连接的云计算平台、信息安全服务平台及测试中心等信息共享设施，智能化改造提升交通、水、电、气、热等传统基础设施的感知化与智能化水平。

7.0.5　垃圾污水处理与资源化利用。为保障镇域生产生活的环境质量需求，以城镇空间及产业园区垃圾无害化处理率达到100%、污水及固废处理率达到100%为目标；同时根据当地自然和社会经济条件，确定全域范围合理垃圾和污水处理方式和目标，逐步提高垃圾分类和垃圾资源化利用率，有效治理面源污染。规划垃圾和污水集中处理设施、垃圾中转设施、垃圾资源化利用设施的位置和占地规模，规划镇域内垃圾收集转运线路。

7.0.6　防灾减灾。为保障镇域生产生活的公共安全需求，以中心村生活圈为防灾减灾基本单元，整合各类减灾资源，构建综合防灾减灾与公共安全保障体系，确定在防洪排涝、抗震防风、消防人防、地质灾害防护等方面的设防标准及防灾减灾措施，确定综合防灾避难所、各类防灾设施场站和生命线工程的空间选址与布局。

7.0.7　历史文化与自然景观特色保护。为保障镇域发展过程中的文化传承和特色塑造，开展各类历史文化和自然景观资源的现状调查与价值分析，确定保护目标及其具体保护内容，并应划定核心

保护区、一般控制区、协调发展区等不同层次的保护范围，制订不同范围的具体保护管制措施。主要内容可包括山川形势、聚落格局、建筑风貌、古树名木、设施器物以及非物质文化遗产的空间景观呈现等。

8　规划成果要求

8.0.1　镇域规划的规划成果包括文本、图纸和说明书。规划成果应当以书面和电子文件两种形式表达。

8.0.2　镇域规划文本经过法定程序批准具有法律效力，应当规范、简洁、准确、清晰地表达规划意图和对规划内容提出的规定性要求。规划说明书的内容是分析现状、论证规划意图、解释规划文本等，附有重要的基础资料和必要的专题研究报告。

8.0.3　镇域规划图纸内容应与文本一致，规划图纸和内容参照表8.0.3所示。

表8.0.3　镇域规划图纸名称和内容

	图纸名称	图纸内容
1	镇域区位图	标明镇域范围及其在区域中所处的位置
2	镇域现状分析图	标明现状行政区划、村镇分布、土地利用、交通、基础设施、公共服务设施等内容
3	镇域"三区三线"划定图	划定城镇、农业、生态空间以及城镇开发边界、基本农田保护红线、生态红线等"三区三线"以及其他各类禁、限建区范围
4	镇域用地布局规划图	标明镇村建设用地、独立产业用地、区域交通和基础设施用地、农林水域用地等各类用地的空间布局与边界范围
5	镇域镇村体系规划图	标明"镇区—中心村—基层村"的三级镇村居民点布局以及三级生活圈构建，标明可能的村庄居民点撤并调整规划
6	镇域公共服务设施规划图	标明教育、医疗、社会福利、文体娱乐、商业金融等公共服务设施以及公共管理设施的空间布局及其服务半径覆盖
7	镇域产业发展规划图	标明镇域产业聚群的整体空间区划与结构，标明产业园区、特色小镇项目、村集体产业用地的空间布局规划
8	镇域综合交通规划图	标明镇域公路、铁路、航道等的等级、线路及其网络体系，标明镇域交通场站和设施的布局和用地范围
9	镇域公用基础设施规划图[①]	标明镇域供水排水、能源与电力电信、环卫工程、防灾减灾等设施或线路走廊的位置和用地范围
10	镇域历史文化保护和景观规划图	标明镇域自然保护区、风景名胜区、历史文化名镇名村、传统村落、历史文化街区、文物保护单位等的保护和控制范围；明确镇域特色景观资源的空间布局和结构规划

9　规划管理与实施

9.0.1　镇域规划由镇人民政府负责组织编制。承担编制镇域规划任务的单位或技术人员，应当满足国家相关规定的资格要求。

9.0.2　镇域规划成果报送审批前应当依法将规划草案予以公告，并采取座谈会、论证会等多种形式广泛征求社会公众和有关专家的意见。公告的时间不得少于 30 日。对有关意见的采纳结果应当公布。

9.0.3　镇域规划成果经镇人民代表大会审查同意后，由镇人民政府报上一级人民政府批准。

9.0.4　镇域规划成果批准后，镇人民政府应按法定程序向公众公布、展示规划成果，并接受公众对规划实施的监督。

9.0.5　镇域规划根据当地经济社会发展需要确需调整的，由镇人民政府提出调整报告，经批准机关同级的建设（规划）主管部门认定后方可组织调整。调整后的规划成果，按前款规定的程序报原批准机关批准并公示。

9.0.6　镇域规划成果经批准后，建议形成配套的规划实施管理条文。

注释

① 本导则是国家科技支撑计划课题"县、镇（乡）及村域规划编制关键技术研究与示范"（课题编号：2014BAL04B01）的成果之一。本导则在清华大学 2010 年承担的住建部《镇（乡）域导则（试行）》基础上进行修改，重点关注对镇域城镇化发展的规划建设引导。在 2017 年 10 月 26 日召开的"县、镇（乡）及村域规划编制关键技术研究与示范"课题研究成果评议咨询会上，得到国家发改委城市与小城镇改革中心主任徐林、住建部科技与产业化中心主任俞滨洋、国土资源部规划司苗泽处长、国家环境保护部规划与财务司贾金虎处长、中国城镇规划设计研究院院长方明、中国城市规划设计研究院教授级高工蔡立力、中国建筑设计研究院熊燕所长的指导和帮助，特此鸣谢！

② 关于镇规划的适用范围，在《镇规划标准》（GB50188-2007）中为"全国县级人民政府驻地以外的镇"；在 2016 年 7 月三部委"特色小镇"发文中为"建制镇（县城关镇除外）"。本导则的适用范围表述为"所有建制镇"，以便有效引导包括县城关镇在内的所有建制镇的镇域发展建设。

③ 确定镇域规划编制年限的同时，应兼顾对近期实施项目的安排引导和与远期镇域发展情景的衔接。

④ 在《城乡规划法》第十七条关于镇总体规划的内容中，与镇域相关的部分包括：镇的发展布局，功能分区，用地布局，综合交通体系，禁止、限制和适宜建设的地域范围，各类专项规划等；同时对于规划编制的组织和审批也做出了规定。另外，在《镇规划标准》中与镇域相关的内容包括：镇域镇村体系规划、镇域总人口预测、镇域用地分类与计算、镇域道路交通规划、镇域防洪规划等。本导则的内容是在以上基础上，结合空间规划、多规合一以及产业发展支撑等新趋势进行的框架构建。

⑤ 在《镇规划标准》的术语中"镇区"译为 seat of government of town。本导则从概念的空间属性出发，进行了

修改。

⑥ 在"中心镇"和"重点镇"两个概念中，本导则依据现行国标《镇规划标准》术语使用"中心镇"作为类型名称，并在该概念表述中综合了上述两个概念的相关定义。

⑦ 本导则所提出城镇、农业、生态空间的划分，主要依据党的十八届三中五中全会、中央城镇化工作会议、中央关于制定十三五规划的建议、中央生态文明体制改革总体方案等文件中提出的"构建以空间规划为基础、以用途管制为主要手段的国土空间开发保护制度，形成全国统一、相互衔接、分级管理的空间规划体系"。

2017 年 1 月，中办、国办印发《省级空间规划试点方案》提出总体要求包括以主体功能区规划为基础，全面摸清并分析国土空间本底条件，划定城镇、农业、生态空间以及生态保护红线、永久基本农田、城镇开发边界（以下称"三区三线"），注重开发强度管控和主要控制线落地，统筹各类空间性规划，编制统一的省级空间规划，为实现"多规合一"、建立健全国土空间开发保护制度积累经验、提供示范。"

同时，参考国家发改委正在编制中的《市县空间规划编制技术规程（征求意见稿）》。

⑧ 镇域空间将全域被闭合地划定为城镇空间、农业空间或生态空间。如所在县（市）已编制全域空间规划，则可依据县（市）域的三区划定，在镇域方位内进行细化和落实。

⑨ 在《城市用地分类与规划建设用地标准》（GB50137-2011）的"城乡用地分类"中，对于"建设用地（H）"大类中的"城乡居民点建设用地（H1）"中类，将其定义为"城市、镇、乡、村庄及独立的建设用地"，其中的小类包括城市建设用地（H11）、镇建设用地（H12）、乡建设用地（H13）、村庄建设用地（H14）等。

本导则依据上述国家标准的定义，基于镇域发展和镇域规划编制的特点，将以上"独立的建设用地"分为"独立产业用地"和"独立公共服务设施用地"两小类，分别设代码为 H15、H16。同时，将"镇建设用地"的名称改为"镇区建设用地"，使之更加符合国标中对于该类用地的定义表述。

⑩ 本导则中"其他建设用地（H6）"根据镇域规划编制的工作简化需要，将包括《城市用地分类与规划建设用地标准（GB50137-2011）》的"城乡用地分类"中的"特殊用地（H4）"、"采矿用地（H5）"和"其他建设用地（H6）"。

⑪ 人口计算公式为：$Q = Q_0 \cdot (1+K)^n + P$，式中 Q 为总人口预测数（人），$Q_0$ 为总人口现状数（人），K 为规划期内人口的自然年增长率（%），P 为规划期内人口的机械增长数，n 为规划期限（年）。

⑫ 依据清华大学等主编行业标准《绿色小城镇评价标准（征求意见稿）》第 4.5.1 控制项。

⑬ 本条目除标注外，以及其他条目中基础设施、城镇形态等内容，参考 2011 年住建部、财政部、发改委印发《绿色低碳重点小城镇建设评价指标（试行）》。

⑭ 相关城市设计与城市风貌指标，参考美国马萨诸塞州、科罗拉多州、香港等地城市设计导则。

⑮ 参考：孙德芳，沈山，武廷海. 生活圈理论视角下的县域公共服务设施配置研究［J］. 规划师，2012，(8)；罗震东，韦江绿，张京祥. 城乡基本公共服务设施均等化发展特征分析［J］. 城市发展研究，2010，(12) 等。

⑯ 镇域共建共享的设施用地配置标准，参照《城市公共设施规划规范》（GB50442-2008），中小城市高标准要求。

⑰ 主要参考了三部委发文以及浙江等省的相关要求与经验制定。

⑱ 区域性基础设施的名称采用了国标城乡（区域性）用地分类的名称"公用基础设施"（U，美标 utilities），不同于建成区内"市政基础设施"的名称（municipal infrastructure）。

村域规划编制导则（草案）①

陈继军　张　洋　白　静　陈　玲

Guidelines for the Compilation of Village Planning

CHEN Jijun, ZHANG Yang, BAI Jing, CHEN Ling
(China Architecture Design Group, Beijing 100044, China)

1　总则

1.0.1　为响应党的十九大报告提出的乡村振兴战略，适应我国城乡发展需要，科学指导乡村规划编制工作，推动农村经济、社会和环境的协调发展，根据《中华人民共和国城乡规划法》和相关法律法规的规定制定本导则。

1.0.2　本导则所指的村庄为城镇体系规划、城市规划、镇（乡）规划中划定的所有行政村及自然村单元，规划范围为行政村行政边界内的所有区域。

1.0.3　按照"产业兴旺、生态宜居、乡风文明、治理有效、生活富裕"的基本要求，坚持以人为本、尊重民意；坚持城乡统筹，推动城乡协调发展；坚持生态优先，加强文化传承；坚持分类指导，引导村庄可持续发展。

1.0.4　村域规划以近中期规划为主，一般规划期为3~5年。

1.0.5　编制村域规划，除应符合本导则外，还要符合国家和地方相关标准规定。

2　术语

2.0.1　村庄
农村居民生活和生产的聚居点。

2.0.2　行政村
依据《村民委员会组织法》设立的村民委员会进行村民自治的管理范围。

2.0.3　村域
行政村所辖范围中村庄以外的区域。

作者简介
陈继军、张洋、白静、陈玲，中国建筑设计院有限公司。

2.0.4　中心村

镇（乡）域内，具有一定人口规模，公共设施配置较为齐全，兼为周围村庄服务的村。

2.0.5　自然村

镇（乡）域内，中心村以外的村，即基层村。

3　一般规定

3.0.1　村域规划以行政村为单位编制，主要对基础设施建设、特色产业发展、生态环境整治、农村民生改善等提出规划要求，村域范围内的各项建设活动应当在村域规划指导下进行。

3.0.2　村域规划要以镇（乡）域规划为指引，因地制宜、突出特色，合理配置村域各类资源要素，统筹并落实各类规划要求，安排村域生产生活服务设施建设，实现绿色生态可持续和农业农村现代化的发展目标。

3.0.3　村域规划应包括以下内容。

（1）土地利用。按照镇（乡）域居民点布局规划整体要求，落实自然村撤并工作。基于基本生态控制线和永久性基本农田保护区，对田、水、路、林、村等进行综合整治，引导集约化、规模化、节约高效地利用土地。

（2）基础设施建设。以高效、经济、美化、便捷为基本原则，统筹安排村域内道路、农田水利等基础设施，合理支撑农村产业现代化发展。

（3）农村民生改善。优化配置村域各类社会服务设施的位置和规模，提高设施服务能力和服务水平，不断适应村民生活服务需求。

（4）生态环境改善。落实县镇（乡）域等上层规划中生态和环境保护的具体要求，制定自然生态和环境保护措施，提高农村生态环境承载力。

（5）特色产业发展。明确产业空间布局，提出产业规模发展和特色发展的经营方式，打造"一村一品"，推动农村一、二、三产业融合发展。

3.0.4　重点村和特色村建议按照本导则要求编制村域规划，其他村如需编制村域规划，也可参照本导则要求编制。

4　村庄类型、规划目标和要求

4.0.1　村庄按其在镇村体系规划中的地位和职能一般分为行政村、自然村两个层次。

4.0.2　按照镇（乡）域规划要求、村庄区位、规模、产业发展、风貌特色、设施配套等情况，将村庄分为重点村、特色村、一般村和小而散的村四类。

（1）重点村：指能够为一定范围内的乡村地区提供公共服务的村庄，一般为中心村，主要包括：

镇（乡）域规划中已经明确重点建设的村庄；城镇空间内的中心村；生态空间和农业空间内的现状规模较大的村庄；公共服务设施配套条件较好的村庄；具有一定产业基础的村庄；适宜作为村庄形态发展的被撤并乡镇的集镇区。

（2）特色村：特指在产业、文化、景观、建筑等方面具有特色的村庄，主要包括：历史文化名村或传统村落；少数民族特色村寨；特色产业发展较好的村庄；自然景观、村庄环境、建筑风貌等方面具有特色的村庄。

（3）一般村：指未列入近期发展计划或因纳入城镇规划建设用地范围以及生态环境保护、居住安全、区域基础设施建设等因素需要实施规划控制的村庄，是重点村、特色村以外的其他自然村庄。

（4）小而散的村：特指山地丘陵地区山区地形起伏较大、平地狭小、耕地零星分散、缺少建造大村的地形条件的一般村。

4.0.3　综合考虑县镇（乡）域空间规划和其他上位规划等规划要求、当地政府村镇建设计划和村民建设需求，确定村域规划目标和规划要求。

（1）重点村：重点村是实施乡村振兴战略和实现农业农村现代化的主要载体。位于城镇空间内的重点村要以积极对接城镇发展空间、引导村镇社会转型为重点，鼓励实现农村城镇化、城乡一体化，形成具有城镇特色的现代化村庄；位于生态空间和农业空间的重点村要适当提高基础设施和公共服务设施的建设标准，扩大对周围村庄的设施服务能力和产业引导能力，促进农村现代化发展和村民富裕。

（2）特色村：特色村要充分挖掘产业、文化、景观、建筑等方面的特定优势，制定保护与发展并重的各项有效措施，适当提高基础设施和社会服务设施的建设标准和管理运营水平，依托村庄特色发展特色产业，引导村民致富，注重乡村景观建设，营造清新优美的环境和浓郁的乡土风情，逐步实现"望得见山，看得见水，记得住乡愁"。

（3）一般村：一般村要发展与控制并重，在上层规划的指引下，适度控制土地利用和村庄建设规模。位于城镇空间的一般村要注意与上层规划的衔接和落实，位于生态空间和农业空间的一般村要注重生态和环境保护。

（4）小而散的村：小而散的村主要以控制发展为主。在充分考虑居民生产、生活出行距离的前提下，适当向周围重点村转移。不具备转移条件的村庄应严格控制村庄建设规模，采用联村规划方式集中配置生产、生活设施，注重生态和环境保护。

5　自然村撤并

5.0.1　村庄撤并应符合镇（乡）域规划中居民点布局的整体要求，落实上层规划中村庄撤并的各项措施。

5.0.2　村庄撤并要坚持"有利生产、方便生活、相对集中、节约用地、少占耕地、保护环境"的基本原则，坚持村民自愿、以人为本，避免"一刀切"的做法，积极引导村民参与规划与建设。

5.0.3　村庄撤并要针对不同地域、不同类型的村庄进行分类指导、因地制宜、宜并则并，制定的方案要符合村庄发展实际。

（1）位于城镇空间的村庄按照城镇总体规划、空间规划等上层规划要求，按照"小村并大村、弱村并强村、穷村并富村"的发展方向，优先促进长期稳定从事二、三产业的农村人口向城镇（乡）转移。

（2）位于生态空间的村庄应在充分考虑居民生产、生活出行距离的前提下，适当向城镇空间地区、农业空间地区转移。不具备转移条件的村庄应严格控制村庄建设规模，采用联村规划方式集中配置生产、生活设施。

（3）位于农业空间的村庄应以便民性和有利于农业规模生产为原则，因地制宜，撤并山区地区或丘陵地区生产生活条件不好的规模较小的自然村或居民点，引导村民向中心村转移。

5.0.4　村庄撤并规模应符合本地区农业产业和社会经济发展要求，利于设施的集约配置和社区的管理，利于村民自治和村庄善治。

5.0.5　保护具有特色历史文化、特色建筑、历史遗迹、特色资源、特色产业产品、古树名木等的村落，注重地方特色，避免千村一面。

6　土地利用

6.0.1　村域土地利用与空间布局应以土地调查成果为基础和控制，与镇（乡）域土地利用和空间布局相适应，科学指导农村土地整治和高标准农田建设，整体推进山水林田湖村路综合整治，发挥综合效益。

6.0.2　在县、镇（乡）域土地利用调查成果的基础上，根据镇（乡）域农林用地代码表（表6.0.2），重点深化调查基本农田现状及变化情况，包括基本农田的数量、分布和保护状况，明确现状土地的权属、地类和面积。

6.0.3　根据上层规划中基本农田保护规划制定相应保护措施，明确永久基本农田的保护面积、具体地块，明确土地权属。

6.0.4　因地制宜，制定村域土地整理方案，归并零散地块，修筑梯田，整治养殖水面，对田、水、路、林、村进行综合整治，增加有效耕地面积。大规模土地整理需要考虑生态影响，一般情况下，土地整理规模不超过600亩。有条件的地区逐步推行家庭农场和田园综合体，发展农业规模经营。根据土地整理方案，建设道路、机井、沟渠、护坡防护林等农田和农业配套工程。

6.0.5 各地县级和以上政府部门可以从当地实际出发，依据自然经济条件、农村劳动力转移、农业机械化水平等因素，确定本地区家庭农场、家庭牧场的规模标准（表6.0.5）。

表6.0.2 镇（乡）域农林用地代码

一级类		二级类		含 义
编码	名称	编码	名称	
E21	耕地			指种植农作物的土地，包括熟地、新开发、复垦、整理地，休闲地（轮歇地、轮作地）；以种植农作物（含蔬菜）为主，间有零星果树、桑树或其他树木的土地；平均每年能保证收获一季的已垦滩地和海涂。耕地中还包括南方宽度＜1.0m、北方宽度＜2.0m固定的沟、渠、路和地坎（埂）；临时种植药材、草皮、花卉、苗木等的耕地，以及其他临时改变用途的耕地
		E21-1	水田	指用于种植水稻、莲藕等水生农作物的耕地，包括实行水生、旱生农作物轮种的耕地
		E21-12	水浇地	指有水源保证和灌溉设施，在一般年景能正常灌溉、种植旱生农作物的耕地，包括种植蔬菜等的非工厂化的大棚用地
		E21-13	旱地	指无灌溉设施，主要靠天然降水种植旱生农作物的耕地，包括没有灌溉设施，仅靠引洪淤灌的耕地
E22	园地			指种植以采集果、叶、根、茎、枝、汁等为主的集约经营的多年生木本和草本作物，覆盖度≥50%或每亩株数大于合理株数70%的土地，包括用于育苗的土地
		E22-1	果园	指种植果树的园地
		E22-2	茶园	指种植茶树的园地
		E22-3	其他园地	指种植桑树、橡胶、可可、咖啡、油棕、胡椒、药材等其他多年生作物的园地
E23	林地			指生长乔木、竹类、灌木的土地及沿海生长红树林的土地，包括迹地，不包括居民点内部的绿化林木用地，铁路、公路、征地范围内的林木，以及河流、沟渠的护堤林
		E23-1	有林地	指树木郁闭度≥0.2的乔木林地，包括红树林地和竹林地
		E23-2	灌木林地	指灌木覆盖度≥40%的林地
		E23-3	其他林地	包括疏林地（指树木郁闭度≥0.1、＜0.2的林地）、未成林地、迹地、苗圃等林地
E24	牧草地			指生长草本植物为主的土地
		E24-1	天然牧草地	指以天然草本植物为主，用于放牧或割草的草地
		E24-2	人工牧草地	指人工种牧草的草地

表 6.0.5 家庭农场规模标准

地区	规模（ha）	
	一般地区	机械化程度较高地区
北方地区	6.67～10	10～20
南方地区	3.33～6.67	6.67～10
东北地区	13.33～33.33	33.33～100
西部地区	10～26.67	26.67～66.67

6.0.6 加强农村建设用地规模、布局和时序的管控，优先保障农村公益性设施用地、宅基地，充分利用集体经营性建设用地。

7 基础设施

7.0.1 村域基础设施主要包括村域道路、田间水利设施和供电等设施，村域基础设施应与产业发展相适应。县镇（乡）域规划和其他上层规划中重大基础设施建设项目应制定措施妥善落实。

7.0.2 村域道路包括连接路、田间道和生产路，主要用于满足农业物资运输、农业耕作和其他农业生产活动需要。

7.0.3 村域道路的布局和建设应符合以下要求。

（1）连接路

① 每个行政村必须保证至少 1 条对外连接道路连接镇乡公路，居民点之间道路连接应顺畅，连接路路面宜硬化。

② 连接路路面宽度不超过 6.0 米，或路基宽度不超过 6.5 米。

（2）田间道（机耕路）

① 田间道布局应"连片成网"，力求使居民点、生产经营中心、各轮作区和田块之间保持便捷的交通联系，合理确定田间道路面积与田间道路密度，确保农机具到达每一个耕作田块，田间道道路通达度在平原区应不低于95％，丘陵区应不低于80％。

② 田间道应力求线路笔直且往返路程最短，尽量减少道路占地面积，与沟渠、林带结合布置，避免或者减少道路跨越沟渠，减少桥涵闸等交叉工程。

③ 田间道路面宽度以 3 米为宜，根据需要并结合地势设置错车道，错车道宽度不少于 5.5 米，有效长度不少于 10 米。田间道路基高度以 20～30 厘米为宜，常年积水区可适当提高；在暴雨集中区域，田间道应采用硬化路肩，路肩宽以 25～50 厘米为宜。

④ 大型机械化作业区内的道路宽度可依照《高标准基本农田建设标准》（TD/T 1033-2012）相关规定执行。

（3）生产路

生产路路面宽度宜为 3 米以下，在大型机械化作业区的生产路路面宽度可适当放宽，生产路路面宜高出地面 30 厘米。生产路宜采用素土路面、生态硬化处理。

（4）停车场

重点村和特色村需要考虑村域内停车场设施的整体布局和规模，停车场规模的确定按照预期停车数量来确定，停车场设施不能占用村域基本农田，停车场设施地面建议采用生态化方式硬化。

7.0.4　村域农田水利基础设施包括取水设施、输水配水设施、排水设施等，水利设施要求如下。

（1）取水设施

取水设施一般是指水库工程和水井。小型水库以灌溉功能为主，结合养鱼、水土保持和防洪、发电等职能，一般包括挡水坝、泄洪建筑物、取水建筑物等。村域范围应避免新建水库，如需修筑时应对水坝选址、地形地质、结构型式等进行综合考虑，保证工程安全性、经济合理性。水井修筑应在地下水资源评价的基础上，合理选择井位和井型，北方地区井灌区规模一般控制在方田 200～400 亩，条田 30～60 亩。

（2）输水配水设施

输水配水设施主要是指灌溉渠道设施。灌溉渠设施应充分考虑地形要求，合理划分渠道等级、选择渠道线路，尽量减少工程量和施工难度，定期进行河道清淤、河渠疏浚等维护工作。

（3）排水设施

村域排水设施应尽量保证采用自流排水方式，充分利用天然排水河沟，按照高水高排、低水低排、分片排水的原则进行排水区划分。田间排水应重点进行规划布置，选择适宜的排水网形式，田间排水沟以间距 100～200 米，沟深 0.8～1.0 米为宜。

灌溉渠系应和排水系统结合进行，支渠以下灌溉渠道和排水沟道应选择合理的结合布置形式。灌溉渠和排水沟排布间距应符合农田排水、农机耕作及田间管理的相关要求，由其划分的条田宽度以 100～200 米，长度以 400～800 米为宜。

7.0.5　村域供电设施应以县域供电规划为依据，合理预测供电负荷、确定电源和电压等级，落实相关供电线路、供电设施建设。

（1）农业用电一般包括农业灌溉及水利设施操作用电、农作物栽培及收获后处理用电、农产品冷藏及粮食仓储用电、水产养殖用电、畜牧用电等。电力设施规划应选择适当方法进行电量和负荷需求预测，以大电网为主要供电电源，可根据实际需求规划新能源小型发电装置。

（2）重要公用设施或农用设施、用电大户应单独设置变压设备或供电电源。

7.0.6　位于城镇空间的村庄村域基础设施应严格按照镇（乡）域基础设施规划要求，统一进行设施及管网布设。

8 社会服务设施

8.0.1 村域社会服务设施包括村域公共服务设施和村域生产服务设施。

8.0.2 村域公共服务设施规划应根据上位规划与实际需要，充分考虑服务半径的合理性，满足村民日常生活需求，确定村委会、幼儿园、小学、卫生站（所）、文化体育设施、福利院等服务设施的规模与位置。

8.0.3 村域内公共服务设施配置以重点村为主，一般村公共服务设施应满足基本生活需要，特色村公共服务设施配置参照重点村，小而散的村公共服务设施配置参照一般村。重点村和一般村公共服务设施配置要求具体如表8.0.3a和表8.0.3b。

表8.0.3a 重点村公共服务设施配置

类别	配置要求	序号	配置项目	备注
公共服务设施	刚性配置	1	村委会	村域共享
		2	公共服务中心	村域共享
		3	小学	结合县域教育设施布点，生均建筑面积 6.5～8m²/人，用地面积 20～30m²/人
		4	幼儿园	根据实际需求，生均建筑面积 3.5～4.5m²/人，用地面积 12～18m²/人
		5	卫生室	占地面积不小于200m²，可与公共服务中心合建
		6	图书室	可与公共服务中心合建
		7	文化活动室	建筑面积不小于80m²，占地面积不小于200m²，可与公共服务中心合建
		8	养老设施	按照 1.5～3 床位/百老人的标准配置，村域内共享
		9	健身活动场地	人均用地面积不小于 0.4m²/人，总面积不小于300m²，宜与公共服务中心广场、农民文化活动乐园结合
	弹性配置	10	便民超市	每个重点村建议配置一个标准化超市，面积不低于200m²，采用货架式布局和集中配送等现代管理方式，配备一定的冷藏设施，按照村民要求安排营业时间
		11	邮政网点	根据市场需求，可与便民超市联合实施
		12	农资店	根据市场需求，可与便民超市联合实施
		13	乡村金融服务网点	根据市场需求
		14	农贸市场	根据市场需求
		15	特色活动场地	根据地方社会文化特色配置相应的活动场地，可以与其他活动设施联合布置
备注				刚性配置的公共服务设施项目需要明确配置建设标准，公共服务设施项目可以结合现状房屋进行使用功能改造，同时可以根据集体经济投入和上级补助情况，制订分期建设计划；弹性配置的公共服务设施给予建设标准指引

表 8.0.3b　一般村公共服务设施配置

类别	配置要求	序号	配置项目	备注
公共服务设施	刚性配置	1	休闲健身活动场地	—
	弹性配置	2	便民超市	根据市场需求

8.0.4　村庄行政管理设施以村委会为主，每个行政村配置一处，适当设置办公室、会议室、警务室等，可与文化站、卫生室等合建。

8.0.5　医疗卫生设施每个行政村至少配置一处，可根据人口规模和经济发展水平适当增加。

8.0.6　教育设施应包括小学和幼儿园，根据结合县域教育设施布点规划设置。每个行政村宜配置一所小学，也可与周围其他行政村合建。小学及幼儿园应配备必需的教育活动设施。

8.0.7　商业服务设施应包括商业服务设施、卫生文体中心、养老健身场所等。每个行政村需设置以上三类设施至少一处，可根据上位规划及人口规模适当增加。

8.0.8　村域生产服务设施包括为村域农业生产提供服务的公共设施，包括农用仓库、粮仓、工作房等。村域生产服务设施规划建设应尽可能便利生产作业，家庭农场应集中布置仓库、农机具、水电设备等；田园综合体应以灵活的布置方式配置满足实际功能需求的丰富的生产服务设施。

8.0.9　村域范围内在相邻、相近的耕地周围建设农用仓库，农用仓库应尽可能集中建设，存放农业集中作业所需的农用机具、机械和农用车等，以集约用地。

9　生态和环境保护

9.0.1　村域生态和环境保护包括村庄生活环境治理、村域污染防治、村域生态景观保护和村域生态保护等四个部分。

9.0.2　村庄生活环境治理包括村庄污水垃圾治理和村庄河道沟塘治理。

（1）村庄污水垃圾治理：推行适应农村生活方式和经济条件的单户、多户污水处理方式，位于城镇空间的重点村可适当采用城镇污水集中处理方式。积极推行村庄生活垃圾就地生态化处理方式，提高广大农民的环境卫生意识，建议一般村和小而散的村垃圾就地化处理率达到 80％，重点村和特色村要加强垃圾处理设施、设备的建设，位于城镇空间的重点村和特色村可以采用村收集、镇处理、县处理的集中处理方式。

（2）村庄河道沟塘治理：按照畅通水系、改善环境、修复生态、方便群众的要求，采用清淤扩挖、修整护坡、美化亮化等方式，积极开展农村沟塘治理工程。突出整治污水塘、臭水沟，拆除障碍物，疏通水系；河坡岸线原则上进行软质驳坡；制定措施，常态化清理打捞河面漂浮物和水生植物，保持水面清洁。

9.0.3　村域污染防治应重点针对农村生产活动造成的农业面源污染制定明确整治措施，对化肥、农药、禽畜粪便、农膜等主要污染源进行具体控制。具体要求如下表9.0.3所示。

表9.0.3 村域污染防治重点

污染源类型	主要特点	治理措施
化肥农药	单位面积施用量极大，利用率低；易造成土壤、水资源、农产品的污染	减少化肥农药用量，采用生物防治技术，科学施肥，增施有机肥、生物肥
禽畜粪便	规模化养殖极易造成重大危害；主要造成水体富营养化	推行科学养殖技术，规模化经营，集中配置污染物治理设施，采用生物修复、生态系统净化等治理措施
农膜	使用规模大，残留量大，不易降解；影响土质和植物生长	引进生物农膜技术，机械化回收，制定农膜回收优惠政策

9.0.4 村域生态景观保护应充分发挥村域范围各类自然要素的景观价值，重点对具有特殊景观价值、生态价值的地质地貌、植被、水体等景观资源进行规划控制，合理划定保护范围，根据资源特征提出相应的景观保护与开发管控措施。要制定措施，做好村庄绿化工作，充分利用村庄自然条件，突出自然、经济、乡土、多样的特点，大力推进村旁、宅旁、河旁、路旁以及村口、庭院、公共活动空间等绿化美化。村庄绿化以本地适生的乔木为主、灌木为辅，不提倡种植草坪；注重与村庄风貌相协调，通过植被、水体、建筑的组合搭配，形成四季有绿、季相分明、层次丰富的绿化景观；因地制宜推进村庄公共绿地建设。

9.0.5 村域生态保护规划应落实上位规划的生态保护要求，对村域基本农田、水源地、防护林工程、水土保持等生态要素提出保护与控制要求。

(1) 基本农田保护：落实上位规划确定的基本农田保护线，明确基本农田保护的布局安排、数量指标和质量要求，严格限制保护范围内的建设活动。

(2) 水源地保护：加强区域协调，以水体流域为基本单元进行综合管控。严格划定水源地保护区范围，按照不同级别保护区的水质标准和防护要求，制定保护和涵养措施。

(3) 防护林工程：落实上位规划确定的生态防护要求，坚持因地制宜、因害设防，多林种、多树种结合等原则，根据村域实际情况进行防护林工程、造林灌溉、道路通讯等综合规划。

(4) 水土保持工程：坚持预防为主、全面规划、综合防治、因地制宜、加强管理、注重效益的水土保持方针，在综合调查的基础上，针对水土流失特点提出水土保持综合防治措施及各项措施的技术要求，并提出保证实施规划的措施。

10 村庄经济

10.0.1 村域产业应明确村域产业定位与发展策略，注重发挥地方优势，创新产业发展路径，以农业土地适度规模经营为基础进行基本农田建设，培育"一村一品"、地理标志产品和具有地域特色的产业体系。

10.0.2 村域产业用地布局要注重对基本农田的保护，尽可能减少对生态环境的影响。村域产业用地布局，尤其是农业产业布局，在保证合理性、可操作性的基础上，保持相对稳定。

10.0.3 明确农业产业发展方向，根据主导产业及现状资源条件，引导农业规模化、集约化发展，重点对种植业、林业、养殖业、渔业进行分类引导。

（1）种植业。明确村域耕地以及设施农业用地的面积和范围；按照划定的永久农业地区范围，严格保护基本农田。按照方便使用、环保卫生和安全生产的要求，集中配置晒场、打谷场、堆场等作业场地。

（2）林业。明确林地用地规模和范围，以保护和利用相结合为基本原则，科学利用森林资源，指定林木开采及保育措施，合理配置辅助生产林地，积极维护林地生态系统。

（3）畜牧养殖业。鼓励养殖业规模化发展，在集中养殖区设置安全防护设施，提出明确的卫生防疫要求，科学治理污染。

（4）渔业。结合航运和水系保护要求，合理选择用于养殖的水体，合理确定养殖的水面规模。结合生态环境保护的要求，提出合理的渔业发展规模和发展方式。

10.0.4 创新村域经济发展模式，推行规模化经营、循环经济发展和农村一、二、三产融合发展等发展模式，引导农村生产方式转型，提高农村农业现代化水平。

（1）规模化经营方式。鼓励以村民个体、村镇企业、农村合作社等多种主体的规模化经营模式，推动生产要素的有效配置，延长农业产业链、拓宽村民经营领域。

（2）循环经济发展模式。积极推行先进的循环经济发展模式，以人工生态系统为基础，因地制宜地发展特色生产方式。大力普及农业科学知识，鼓励村民进行科学创新。

（3）农村一、二、三产融合发展模式。用工业理念发展农业，以市场需求为导向，以完善利益联结机制为核心，以制度、技术和商业模式创新为动力，以新型城镇化为依托，推进农业供给侧结构性改革，着力构建农业与二、三产业交叉融合的现代产业体系。

（4）引导农业生产方式转型，加大对农业生产的科技投入，积极发展绿色农业、生态农业，发展循环经济。

10.0.5 引导农业经营方式创新，推进农村一、二、三产业融合，鼓励农民通过合作延伸农业产业链，通过促进农产品本地化加工、流通和发展休闲农业、乡村旅游等拓展农业产业功能。

（1）农产品加工业。根据村域农产品生产条件发展特色农产品加工产业，选择适宜村域发展的村庄手工业、加工业产品，根据交通设施和基础设施条件进行生产基地的合理布局。

（2）生产性服务业。根据区域实际发展需求，规划引导村庄积极发展仓储物流、产地批发市场等生产服务类辅助设施建设，结合现代经营管理、物流冷链等条件发展服务业。

（3）旅游业。强化旅游规划内容，根据当地旅游资源特点和发展前景，统筹安排基础设施配套建设，结合村庄公共服务设施、村民住宅的开发利用合理安排旅游服务功能，注重旅游资源和村庄生态环境的保护，避免旅游对村民生活的不合理干扰。

10.0.6 基于公平、公正、公开原则，围绕农村土地、农房、劳动力、资产、农产品等核心资源要素，组建各类村级专业合作社，建立以农民合作社为主要载体、让农民充分参与和受益、外来企业合作的农村可持续发展模式，构建农村经济发展主体。

10.0.7 坚持确保所有权、稳定承包权、搞活使用权的基本原则，构建以农村集体经济主体为基础，融合政府扶持资金、社会资本和个人的多元化融资体系，规范和保障农村要素流转和租赁行为，促进农村农业现代化发展。

11 新农村生产主体

11.0.1 新农村生产主体的规划目标是培养"爱农业、懂技术、善经营"的新型职业农民。

11.0.2 将职业农民、返乡农民工、大学生、科技人员、退伍军人、农业企业、农民合作社等均纳入培训对象范围，培育新型农业经营主体。根据村民实际需求确定培训内容，应包括农业和非农业相关类型，涉及农业种植养殖技术及管理、现代化农业机械技术、互联网科技、创新创业技能等相关培训内容。

11.0.3 确立由村委会组织、镇（县）级人民政府管理、社会机构共同扶持的职业农民培训管理制度，明确教育目标、教育评定标准、师资管理等保障制度，有效推行长期的农民技能培训。

11.0.4 落实职业农民认证制度，完善职业农民就业保障体系，落实职业技能培训补贴、就业准入、就业扶持等政策保障，积极提供生产工具、资金补助、优惠政策等。

11.0.5 积极落实镇（乡）职业农民促进机制，落实农村创新创业"双创"措施，培养更多新型职业农民，支持农民工返乡创业。

12 规划实施

12.0.1 村域规划编制要以尊重村民意愿为前提。规划过程中要广泛征询村民意愿，对村民意愿进行调查，根据调查结果，形成规划编制思路，提出规划编制的对策建议。村域规划成果要及时公开。

12.0.2 村域规划成果应包括规划期内实施的重大基础设施建设项目、社会服务设施建设项目、村庄整治和生态环境综合治理项目、农房建设项目、农村产业发展项目等在内的项目库。

12.0.3 按照规划项目库，制定规划期内各个年度项目执行的年度工作清单，落实年度工作清单中项目执行责任主体和职责。

12.0.4 建立规划动态评估机制，及时听取村民意见和建议反馈，加强部门监督和管理，保障规划成果落实。

12.0.5 编制规划平衡表，对比规划前、中、后各类主要规划指标的执行情况和执行效果，定期开展规划成果的综合评估。

13　规划成果要求

13.0.1　规划成果应满足易懂、易用的要求，具有前瞻性和可操作性，能够切实指导村域社会经济发展和土地利用。

13.0.2　规划成果应包括规划说明书和图纸等，具体形式和内容可结合村庄实际需要进行补充。

13.0.3　规划说明书内容应包括实际规划措施的所有内容，主要包括村庄概述、村域发展与空间规划、保护与发展措施等，重点论证规划意图、解释规划理念，可根据实际需要适当增加调查材料、村民意见反馈、专家论证意见、专题研究等内容。

13.0.4　主要规划图纸应清晰表达规划内容及意图（表 13.0.4）。制图规范准确，应标注图名、指北针和风玫瑰图、比例和比例尺、图例、署名、编制日期和图标等基本信息。

表 13.0.4　村域规划图纸一览

图纸名称	主要内容	备注
区位图	确定区域位置、分析村庄与周边村镇的关系	可选
村域现状图	明确村域范围内现状相关要素，如基本农田、重点自然资源、基础设施等	必备
村域规划图	明确村域范围内村庄建设范围、居民点布局、产业空间布局、公共服务设施和基础设施等	必备
保护规划图	明确重点历史文化和特色景观、生态资源的核心保护范围、建设控制地带和环境协调区	可选
村庄近期建设（整治）图	明确近期建设范围和建设项目	必备
其他表达规划意图的图纸	特色风貌规划、整治改造施工样图、公共建筑设计示意、重要地段改造效果图、绿化景观节点设计及相关分析图等	可选

注释

① 本导则是国家科技支撑计划课题"县、镇（乡）及村域规划编制关键技术研究与示范"（课题编号：2014BAL04B01）的成果之一。在 2017 年 10 月 26 日召开的"县、镇（乡）及村域规划编制关键技术研究与示范"课题研究成果评议咨询会上，得到国家发展与改革委员会城市与小城镇改革中心主任徐林、住房和城乡建设部科技与产业化中心俞滨洋主任、国土资源部规划司苗泽处长、国家环境保护部规划与财务司贾金虎处长、中国城镇规划设计研究院方明院长、中国城市规划设计研究院蔡立力教授级高工、中国建筑设计院有限公司熊燕所长、清华大学建筑学院顾朝林教授的指导和帮助。特此鸣谢！

传统村落基础设施综合评价体系研究
——以珠江三角洲为例

魏 成 苗 凯 黄 铎 肖大威

Research on Comprehensive Evaluation System for Infrastructure of Chinese Traditional Village

WEI Cheng[1], MIAO Kai[2], HUANG Duo[1], XIAO Dawei[1]
(1. School of Architecture, South China University of Technology; State Key Laboratory of Subtropical Building Science, Guangzhou 510640, China; 2. Guangzhou Urban Planning Survey and Design Institute, Guangzhou 510640, China)

Abstract As the material condition of inheritance and development of the Traditional Villages, infrastructure is always limited to the weak construction and lacking guidance, and falls into dilemma of the functional decline and imbalance between supply and demand. The improvement on infrastructure of the Traditional Village is imminent. On the basis of analysis on the infrastructure characteristics of the Traditional Village and related documents, the paper emphasizes on the "applicability", "regionalism" and "living state", and builds up a comprehensive evaluation system on the infrastructure of Traditional Village, which is composed of engineering technical conditions, historical value and development conditions. The article expects to provide the necessary reference and basis for the evaluation and improvement on infrastructure of the Chinese Traditional Village.

Keywords Chinese Traditional Village; infrastructure; comprehensive evaluation system

摘 要 基础设施作为传统村落传承与发展的物质性条件，却常囿于建设薄弱和缺乏引导而陷入功能衰退与供需失衡的困境，对其进行改善已迫在眉睫。文章在综合分析传统村落基础设施特征和已有相关文献的基础上，突出对传统村落基础设施的"生态适用性""地域价值性"及"活态性"考量，搭建了由工程技术条件、历史文化价值及发展存续条件构成的针对基础设施各系统的传统村落基础设施综合评价体系，以期对传统村落基础设施的评价与改善提供必要的参考与依据。

关键词 传统村落；基础设施；综合评价体系

1 研究背景与文献综述

为更好地发现与抢救古村落，扭转其衰亡、消失之势，自 2012 年起，住房和城乡建设部与文物局等七部委开展了传统村落普查与认定工作，至今已认定并颁布了四批共计 4 157 个国家级传统村落，在推动传统村落的切实性保护中起到了引领的作用。相关传统村落的保护研究和政策宣扬等也因此成为学界与社会关注的热点之一，但多数传统村落的研究文献大多聚焦在聚落形态、文化传承、建造技术等方面，而对于基础设施的研究则较为薄弱。作为传统村落的有机组成部分，基础设施是传统村落村民生产和生活的物质性载体，其完善与协调与否是衡量传统村落保护成效的重要标志。因此，对传统村落基础设施建立科学的评价体系，作为基础设施改善的方向与依据，对于传统村落的存续与发展以及提升村民生产生活条件具有重要意义。

作者简介
魏成（通讯作者）、黄铎、肖大威，华南理工大学建筑学院、亚热带建筑科学国家重点实验室；苗凯，广州市城市规划勘测设计研究院。

目前学术界对于基础设施现状评价的相关研究主要集中在城市地区，如城市基础设施评价理论及方法（刘剑锋，2007）、城市基础设施评价体系（邢海峰等，2007；黄金川等，2011；严盛虎等，2014）等；而为数不多的几篇评价文献针对农村基础设施建设水平，如谭啸等（2010）搭建了由给排水系统、交通系统等七大系统组成的农村基础设施评价体系；马昕等（2011）则以农村基础设施可持续建设水平为评价目标，建立了基于环境、资源和经济等多目标的综合评价体系。

由于传统村落既不同于城市，也有别于一般的乡村聚落，而是属于历史文化遗产的范畴。尽管已有相关文献探讨了对历史文化村镇的评价，如赵勇等（2005、2006）立足于价值特色和保护措施相结合，探索并建立了历史文化村镇评价指标体系；周铁军、黄一涛（2011）针对西南地区的地方特色，搭建了西南地区历史文化村镇评价体系等，但对于基础设施的评价针对性不强。而当前对传统村落基础设施评价文献仍屈指可数。林祖锐等（2015）以基础设施建设与社会、经济、历史及生态协调度为框架构建了传统村落基础设施的协调发展评价体系，并以太行山区八个传统村落为例进行了实证研究，但该评价体系适用性不强，部分指标诸如"给水管网入户率、人均公共绿地面积"等并不适合于乡村聚落的评判。由于中国传统村落分布极广，不同地域传统村落基础设施条件差异明显。为更加合理地判断传统村落基础设施的现状，提升传统村落人居环境，推动传统村落的保护与发展，本文立足于传统村落基础设施的"生态适用性""地域价值性"与"活态性"特征，突出直接测度和可操作性，综合评价特定地区传统村落基础设施的使用现状、历史文化价值与存续条件，探索并构建传统村落基础设施综合评价体系，以期对传统村落基础设施的改善提供参考与依据。

2　研究区域和方法

2.1　区域概况

本文将珠三角实证研究的范围选定为1994年广东省划定的珠三角经济区的范围。此范围内的中国传统村落数量众多，前后四批共计有49个传统村落，多分布于水系密布的地区，其中以广州、佛山两市最为集中（分别有12个）（图1）。这一地区作为中国南亚热带地区最大的冲积平原，地势较为平坦，水网遍布、河道密集，造就了其"村落临水而建，村民以水为生"的水乡特征，不仅为当地的居民提供了丰富的生产、生活用水，同时也是村民出行、运输的重要方式。水系的营建以及与之相关的给水、排水、道路交通、防灾设施在珠三角地区的传统村落中占据着举足轻重的地位，其基础设施的"可识别性"特征明显，极具研究价值。

2.2　研究方法

由于传统村落属分散型的乡村聚落，相关现状资料获取较为困难，特别是涉及基础设施的大量信息，只能通过现场调查与访谈的方式获取。同时，由于不同地域传统村落基础设施特性差异较大，只

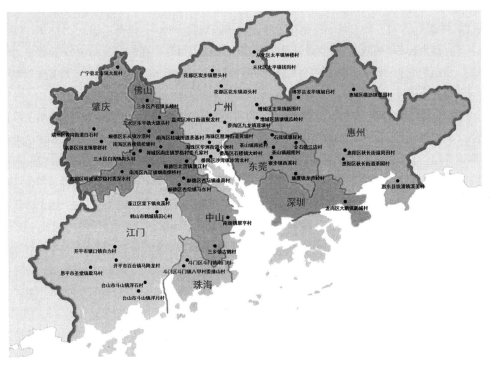

图 1 珠江三角洲中国传统村落分布

有通过对特定地区进行详细的实地调研，深入了解其现状及其演变，才能构建与之特征相适应的评价因子，以便于做出系统及科学的评价。确立评价体系后，向熟悉与了解珠三角传统村落的专家学者及相关从业者发放问卷与打分，按照 T. L. Sattyt 提出的 1-9 标度法，构造判断矩阵。通过一致性检验后，将判断矩阵各列作归一化处理，并采用 yaahp 层次分析法软件计算分值。

3 传统村落基础设施综合评价体系构建思路

传统村落基础设施是指传统村落中为村民生产、生活提供服务的各类设施，主要由道路交通、给水排水、综合防灾、环卫、能源和通信等基础性工程设施系统组成，是保障村民生活与维持村落延续的物质性支撑体系。传统村落是具有历史文化遗产属性的乡土聚落，其基础设施孕育于乡土环境，承载着地域文化，贯穿于聚落生活，因而带有明显的"乡土性""地域性"与"活态性"，尤其是传统村落中的道路交通、给水排水与综合防灾等设施呈现出与这些特征较为紧密的关联性（魏成等，2017）。对传统村落基础设施的综合评价，以强调适用乡土的"生态适用性"、历史文化的"地域价值性"以及使用传承的"活态性"作为评判的价值标准，以是否满足村民需求，是否具有历史文化价值以及能否满足持续利用为主要评价目标。

3.1 供给效果的"生态适用性"

传统村落基础设施的产生源于村民生产与生活的需要，保障村民的生产活动与提升村民的生活质量是其首要功能，因而对传统村落基础设施的评价应客观判断其供给能力与建设情况是否适用于村民的实际需求以及乡土聚落的生态环境。首先，对于传统村落基础设施供给效果的评价，应以尊重村民由农耕社会传承至今的传统生活方式以及由此衍生出的实际需求为价值标准，以制定适用于乡土居民生活需求的评价内容，避免照搬城镇的评价理念。例如对于传统村落给水设施的现状评价，不能单纯以给水管网的入户率进行优劣评判，事实上，在普遍缺乏净水设施、收入不佳等乡村现实条件的约束下，反而是以分布合理、取水便利又符合当地人习惯的供水方式为评价标准更为贴切。其次，传统村落是农耕文明的产物，农耕文明造就了先人以"以山水为血脉，以草木为毛发，以烟云为神采"的生态营建理念（刘沛林，1998）。在这种自然观的作用下，传统村落的基础设施营建通常与自然环境和谐共生，带有低负面冲击、成本低廉、简单易行等"生态适用性"效果。因此，基于简单易行、在实用基础上融于自然，极具地方生态智慧的营造技术，在评价结果中应予以高度肯定。

3.2 历史文化的"地域价值性"

传统村落是当地的历史文化、地域特色和营建技艺等的集中体现，蕴含着丰富的历史文化价值（乔迅翔，2011）。作为村民生产生活的物质性载体，部分传统村落基础设施也具有较高的历史价值、特色价值与营造价值等（孙海龙，2014），成为传统村落基础设施评价系统中不可忽视的重要组成部分。因此，对传统村落基础设施的综合评价，必须正视其历史遗产属性，突出对历史文化价值的综合考量。传统村落依一方水土而生，当地的自然环境、历史环境和人文环境造就了其基础设施独特的内在价值，因而，通过价值评价认知其固有特点，了解其独特性，阐明其在历史、科学、情感、社会等方面的意义（邵甬、付娟娟，2012a），对于传统村落基础设施的现状认知具有重要的意义。因此，对于传统村落基础设施的综合评价，必须要加入对其历史文化价值的"地域性"考量，通过价值评价充分把握基础设施地域的差异性和类型的多样性。

3.3 发展存续的"活态性"

传统村落不是静态的"文物保护单位"，而是生产和生活的基地（冯骥才，2013），"既要传承，又要发展"，才是传统村落活态存续的关键。传统村落基础设施与人们的生活息息相关，而离开了村民的日常使用与维护，基础设施就会失去生机与活力，最终难逃自然损毁的结局。因此有必要对其"活态性"进行考量，这是基础设施能够存续与否的先决条件。为满足新生活而引入的新技术与新设施是否会对传统原有的历史要素造成干扰，能否达成"传承与发展"的协调，也需对基础设施的发展与协调情况进行考量。审视其使用、维护、修缮、改造的实际情况，对其"传承与发展"的客观条件做出评价。

4 珠三角传统村落基础设施的主要特征

4.1 岭南水乡"亲水理水"

珠三角地区河道纵横、水系密布，其传统村落多临水而建，因而其空间特征与水系格局密切相关，体现了广府文化影响下的村落近水选址与理水活动。人工河道在珠三角地区被称之为"涌"，是该地区水乡聚落中最具特色的水系网络。同时，珠三角降雨充沛，雨季常受到洪水冲击与雨水倒灌，成为洪涝灾害高发地区。珠三角传统村落多数对防洪排涝设施进行适应性的营建，如对自然河流的改造、拓宽以及驳岸加固处理，人工修筑明沟暗渠等排洪系统，开挖池塘对雨水进行调蓄等等。另外，作为水乡地区，除了陆路交通之外，水路交通更是承担着村落一定的运输与出行功能，道路交通设施因此多围绕着水系展开营造，形成河、街、巷、桥、水埠等组成的道路交通体系。在水系形态的影响下，珠三角地区水乡村落的空间格局主要有三种基本形态：其一是临河或夹河而形成的"线形"水乡村落；其二是由密集的水网将村落划分为若干组团的"网状"水乡村落，通常以河涌的分汊来划定各个组团，各组团间以桥梁作为连接；其三则是以岭南地区极具特色的"梳式"布局为主的块状村落，村内或外围通过人工建设连片的池塘，这些池塘也兼具防洪排涝、蓄水防火等作用。

4.2 "自下而上"的"半城镇化"

作为最早对外开放的地区之一，改革开放后，随着珠三角乡镇工业的快速发展，形成了"自下而上"式就地城镇化的模式，给该地区传统村落基础设施的存续与发展带来了较大的影响。在就地城镇化的影响下，珠三角乡村地区出现了明显的"半城镇化"特征，传统村落也不例外。受益于城镇化与经济发展的带动，传统村落的对外交通通常较为便利，电力、通信、供水等现代基础设施也基本普及，对提升村民的生活质量起到了极大的作用。但多数传统村落的基础设施建设往往难以达到城镇的品质标准，许多基础设施仅仅是满足了"量"的供给，但对于"质"的要求却往往难以达标。与此同时，就地城镇化模式也导致了大量自发建设的行为，这些自发性基础设施建设往往缺乏一定的技术指导和监管，而其建设通常也较为杂乱，不仅对传统村落的风貌造成了极大的冲击，也对村落原有的传统基础设施造成了"建设性的破坏"。

4.3 生态环境"迅速衰退"

改革开放后，珠三角地区分散式乡村工业化快速发展，使得传统的"桑基鱼塘"农用地迅速转变为加工制造业基地。大量的生态用地被建设用地所替代，仅在 1985～2005 的 20 年间，珠三角地区的耕地由 24.1% 迅速下降至 11.8%，水体则由 5.19% 降至 2.7%（杨剑，2010）。区域生态环境的巨变反映在珠三角传统基础设施上则是导致其出现了明显的"迅速衰退"特征，主要体现在以下两个方面：第一，原先的传统基础设施大多与周边自然环境密不可分，而当村落周边的自然环境出现较大的冲击时，这些传统基础设施的作用迅速衰退；第二，传统村落基础设施通常需要居民以"日常使用"的方式来进行不间断的维护，然而快速社会经济环境变迁，使得珠三角村民的价值观和生活方式等也发生了改变，传统的乡土生态价值观逐渐遭到抛弃，致使原有的古井、河涌、石板街等传统设施逐步被"淡忘"而遭到废弃，致使这些设施出现了物质老化和功能衰退。

综上，珠三角地区传统村落基础设施的特征主要为广府文化影响下的村落近水选址与理水活动、就地城镇化模式带来的基础设施"半城镇化"以及珠三角地区区域生态环境剧变而造成的传统基础设施"迅速衰退"的特征。这些特征将作为构建传统村落基础设施评价体系的依据。

5　珠三角传统村落基础设施评价体系建构与测度

5.1　传统村落基础设施综合评价体系构建原则

传统村落基础设施综合评价体系构建的目标在于要能够全面、客观、直接的反映传统村落基础设施的现状，为此本文从以下几个方面考虑指标体系的构建。

（1）评价指标的综合性。指标的选取须全面，能够反映局部的、当前的特征，又能反映全局的、长远的特征，尽可能覆盖传统村落基础设施的各个方面。

（2）评价方法的实用性。客观的评价必须结合对村落的实地调研，不能对所有指标进行量化，而是定量和定性分析相结合（黄家平等，2011）。

（3）评价体系的开放性。评估指标体系的建构要在尊重科学性与真实性的同时，尽量兼顾可操作性和参与性，既要便于高效操作，又要鼓励多方人士的积极参与（吴晓等，2012）。

（4）评价标准的乡土性。评价体系须充分结合传统村落的"乡土性"特征，以乡村的价值观评价乡村的内容，不能带有"城镇主义"倾向。

（5）评价内容的系统性。综合评价体系的构建要兼顾基础设施的整体评价与单个设施的分项评价。

5.2　珠三角传统村落基础设施综合评价体系建构

结合对珠三角传统村落的大量实地调研，基于对珠三角传统村落基础设施特征的认识，从传统村落基础设施的核心特征与功能出发，以基础设施供给效果的"生态适用性"、历史文化遗产的"地域价值性"以及与传统村落发展存续的"活态性"作为主要评价目标。通过对评价目标的分解，本文建立了由"目标层—子目标层—因素层—指标层"四层共 34 项指标构成的评价体系（表 1），并采取定量结合定性的方式确立相应的评价标准。

表 1 珠三角传统村落基础设施综合评价指标

目标层	子目标层	因素层	指标层
A1 传统村落基础设施综合评价	B1 道路交通设施评价	C1 道路交通设施供给效果评价	D1 对外交通情况评价
			D2 村内道路情况评价
			D3 道路交通设施情况评价
		C2 道路交通设施综合价值评价	D4 道路交通设施的历史价值
			D5 道路交通设施的特色与营造价值
		C3 道路交通设施协调度评价	D6 道路交通设施的乡土协调度
			D7 道路交通设施的生态协调度
			D8 道路交通设施的风貌协调度
	B2 给水设施评价	C4 给水设施供给效果评价	D9 供水情况评价
			D10 输配水情况评价
			D11 灌溉设施情况评价
		C5 给水设施历史文化价值评价	D12 给水设施的历史价值
			D13 给水设施的特色与营造价值
		C6 给水设施协调度评价	D14 给水设施的风貌协调度
	B3 排水设施评价	C7 排水设施供给效果评价	D15 排雨设施情况评价
			D16 排污设施情况评价
		C8 排水设施历史文化价值评价	D17 排水设施的特色与营造价值
			D18 排水设施的乡土协调度
		C9 排水设施协调度评价	D19 排水设施的生态调度
			D20 排水设施的风貌协调度
	B4 综合防灾设施评价	C10 综合防灾设施供给效果评价	D21 消防隐患情况评价
			D22 消防设施情况评价
			D23 防洪情况评价
		C11 综合防灾设施综合价值评价	D24 防灾设施的特色与营造价值
		C12 综合防灾设施协调度评价	D25 防灾设施的风貌协调度
	B5 环卫设施评价	C13 环卫设施供给效果评价	D26 环卫设施情况评价
			D27 垃圾处理情况评价
			D28 环境卫生维护情况评价
		C14 环卫设施协调度评价	D29 环卫设施的风貌协调度
	B6 能源与通信设施评价	C15 能源与通信设施供给效果评价	D30 供电设施情况评价
			D31 电信设施情况评价
			D32 邮政设施情况评价
		C16 能源与通信设施协调度评价	D33 能源设施的乡土协调度
			D34 电信、电力设施的风貌协调度

由于传统村落基础设施各类型之间差异较大，不能以相同的评价内容与评价标准对其一概而论，因而将单个设施系统作为评价体系的子目标层，并通过差异化的因素层与指标层，实现各类设施系统的分项评价。传统村落的基础设施往往包含了显性物质构成要素和隐性的非物质构成要素两类（邵甬、付娟娟，2012b），在各类设施中，道路交通设施、给水设施、排水设施以及综合防灾设施等与历史文化、地域特色等隐性的非物质要素关系紧密，而环卫设施、通信设施与能源设施以现代技术、现代材料的运用为主，其特征主要体现在显性的物质构成要素之上，而与历史文化、地域特色等关联性不强。

基于上述分析，对道路交通设施、给水设施、排水设施、综合防灾设施四类设施，主要从村民的使用情况与设施的生态效果构成的"适用性"角度进行工程技术条件的评价，从历史文化、地域特色构成的"地域性"视角进行历史文化价值的评价，以及从传统设施活态传承与基础设施动态发展的"活态性"视角进行发展存续条件的评价，而对与历史文化价值关联性不强的环卫设施、能源及通信设施等三类设施，则从工程技术条件和发展存续条件进行评价。

（1）工程技术条件评价。主要针对传统村落基础设施的系统构成部分工程技术特点，以"生态适用性"为评判标准，对其现状的承载能力与供给效果进行评价。不同基础设施的构成部分有所不同，其相应的评价指标也不一。例如，对于给水设施的工程技术条件评价，主要针对给水设施的水源、灌溉设施以及供水情况三项内容进行评价，而对于综合防灾设施则从其消防隐患、消防设施、防洪情况等做出评价，各指标的选取深入至各类设施的具体环节，避免出现"交通便利性评价"此类含糊不清的指标，提升评价系统的可行性与操作性。工程技术条件的评价标准以"生态适用性"为主要价值观，进而将其解构为适用于乡土生活与适用于生态环境。例如，对传统村落污水处理情况的评价，要考虑到不同村落的现实条件差距较大，不能以污水处理量、污水处理率等刚性指标一概而论，而应审视污水排放的结果是否造成环境污染，影响村民的日常生活。

（2）历史文化价值评价。主要针对与历史文化、地域特色等关系紧密的道路交通设施、给水设施、排水设施与综合防灾设施，对其蕴含的历史价值、文化价值、地域价值、营造价值等多元价值进行评价。基于其历史影响、年代久远度与文化特色三方面，评价其历史文化价值。其中，历史影响通过基础设施与重大人物、事件的关联体现；年代久远度以设施的建成年代为准；文化特色则以与设施相关联的传统文化进行评价。基础设施的地域特色价值评价主要包括两方面内容：其一为对其本土性、地方性材料的运用的评价；其二则为对设施地方特色的评价。部分传统村落的基础设施形成于特定的生态环境与历史时期，在保障民众生命财产安全、保护和改善生活环境等方面有过显著效益且沿用至今（单霁翔，2009）。这些设施简易、实用，由民众自主创造，形成了独特的营造技艺价值，在对其评价中必须对这些富有特色的精湛技艺给出高度的肯定。

（3）发展存续条件评价。主要针对传统村落基础设施的存续与传承情况，以"活态性"为主要评价标准，对传统设施的传承情况、既有设施的维护与管理情况，也包括与传统村落风貌的协调情况进行评价。首先从传统设施的传承情况出发，对其保存状况和营建技艺的传承情况做出评价；其次对既有设施的使用与维护情况做出评价，传统村落的基础设施具有明显的"乡土性"特征，通常工艺简便，离不开村民的日常使用与持续的简单维护，因此对既有设施的使用与维护管理情况的评价，可围绕村民对设施的使用率以及是否有专门的管理维护人员进行考量；最后则从风貌协调的角度，对设施的发展与风貌协调情况做出评价。

5.3 珠三角传统村落基础设施测度与分析

本文向熟悉珠三角传统村落研究领域的专家学者发放评价权重调查问卷20份，经回收并审核，得到有效问卷17份。按照T. L. Sattyt提出的1-9标度法，同时参考采集的权重赋值差额，确定两两评价指标间的相对重要程度，构造判断矩阵，通过一致性检验后，再取各权重的平均值，从而得到最终权重。为提高运算的效率并避免人工计算的误差，本文采用yaahp层次分析法软件计算，其运算法则基于如下处理。

将判断矩阵A的各列作归一化处理：

$$a_{ij} = a_{ij} \sum_{k=1}^{n} a_{kj} \qquad (i, j = 1, 2, \cdots, n)$$

此后，求判断矩阵A各行元素之和 w_i：

$$w_i = \sum_{j=1}^{n} a_{ij} \qquad (i, j = 1, 2, \cdots, n)$$

对 w_i 进行归一化处理得到 w_i：

$$w_i = w_i / \sum_{i=1}^{n} w_i \qquad (i, j = 1, 2, \cdots, n)$$

根据 $Aw = \lambda maxw$ 求出最大特征根和其特征向量，取平均值后确定各层级指标的最终权重(表2)。

表2 珠三角传统村落基础设施评价指标权重

目标层	子目标层	权重	因素层	权重	指标层	权重
A1 传统村落基础设施综合评价	B1 道路交通设施评价	0.140 4	C1 道路交通设施供给效果评价	0.089 4	D1 对外交通情况评价	0.039 8
					D2 村内道路情况评价	0.039 8
					D3 道路交通设施情况评价	0.009 9
			C2 道路交通设施综合价值评价	0.014 7	D4 道路交通设施的历史价值	0.003 7
					D5 道路交通设施的特色与营造价值	0.011 0
			C3 道路交通设施协调度评价	0.036 3	D6 道路交通设施的乡土协调度	0.009 1
					D7 道路交通设施的生态协调度	0.009 1
					D8 道路交通设施的风貌协调度	0.018 1

目标层	子目标层	权重	因素层	权重	指标层	权重
A1 传统村落基础设施综合评价	B2 给水设施评价	0.234 8	C4 给水设施供给效果评价	0.149 6	D9 供水情况评价	0.083 5
					D10 输配水情况评价	0.047 8
					D11 灌溉设施情况评价	0.018 2
			C5 给水设施历史文化价值评价	0.024 6	D12 给水设施的历史价值	0.006 1
					D13 给水设施的特色与营造价值	0.018 4
			C6 给水设施协调度评价	0.060 7	D14 给水设施的风貌协调度	0.060 7
	B3 排水设施评价	0.368 7	C7 排水设施供给效果评价	0.170 2	D15 排雨设施情况评价	0.056 7
					D16 排污设施情况评价	0.113 4
			C8 排水设施历史文化价值评价	0.028 4	D17 排水设施的特色与营造价值	0.028 4
			C9 排水设施协调度评价	0.170 2	D18 排水设施的乡土协调度	0.039 1
					D19 排水设施的生态协调度	0.110 3
					D20 排水设施的风貌协调度	0.020 8
	B4 综合防灾设施评价	0.140 4	C10 综合防灾设施供给效果评价	0.095 9	D21 消防隐患情况评价	0.040 0
					D22 消防设施情况评价	0.040 0
					D23 防洪情况评价	0.016 0
			C11 综合防灾设施综合价值评价	0.016 4	D24 防灾设施的特色与营造价值	0.016 4
			C12 综合防灾设施协调度评价	0.028 1	D25 防灾设施的风貌协调度	0.028 1
	B5 环卫设施评价	0.081 3	C13 环卫设施供给效果评价	0.067 7	D26 环卫设施情况评价	0.009 2
					D27 垃圾处理情况评价	0.016 2
					D28 环境卫生维护情况评价	0.042 3
			C14 环卫设施协调度评价	0.013 5	D29 环卫设施的风貌协调度	0.013 5
	B6 能源与通信设施评价	0.034 4	C15 能源与通信设施供给效果评价	0.025 8	D30 供电设施情况评价	0.016 4
					D31 电信设施情况评价	0.006 7
					D32 邮政设施情况评价	0.002 7
			C16 能源与通信设施协调度评价	0.008 6	D33 能源设施的乡土协调度	0.002 1
					D34 电信、电力设施的风貌协调度	0.006 4

采用上述评价体系及权重系数，通过对珠三角 49 个中国传统村落的评价数据的汇总整理以及分析，得出各个传统村落的基础设施特征向量，对珠三角地区 49 个传统村落的基础设施情况进行测度和聚类分析，限于篇幅，仅列出目标层与子目标层的最终得分情况（表 3）。通过测算与聚类分析，以基础设施较好（＞6 分）、一般（5～6 分）、较差（＜5 分）的评价标准衡量，珠三角地区传统村落基础设施的现状呈现出明显的非均衡特征，基础设施现状较好的传统村落有 10 个，较差的有 13 个，基础设施一般的传统村落有 26 个。

表 3 珠三角地区 49 个中国传统村落基础设施测度结果

序号	传统村落名称	道路交通设施	给水设施	排水设施	综合防灾设施	环卫设施	能源与通信设施	总得分
1	广州市番禺区沙湾镇沙湾北村	5.31	5.56	5.58	4.79	7.42	7.29	5.54
2	广州市海珠区琶洲街道黄埔村	3.49	2.21	4.54	5.25	3.88	2.29	4.53
3	广州市番禺区石楼镇大岭村	5.14	4.79	5.40	4.46	5.02	4.75	5.06
4	广州市荔湾区冲口街道聚龙村	3.46	2.50	4.68	5.25	3.88	2.29	4.60
5	广州市海珠区华洲街道小洲村	3.26	1.86	4.22	4.69	3.45	2.29	4.15
6	广州市增城区新塘镇瓜岭村	4.31	4.42	5.40	4.17	7.58	6.92	5.12
7	广州市花都区花东镇港头村	5.95	3.25	5.85	4.09	3.79	6.33	5.14
8	广州市花都区炭步镇塱头村	6.78	5.05	5.90	5.52	5.97	6.54	6.10
9	广州市萝岗区九龙镇莲塘村	3.10	5.34	5.18	4.21	4.61	4.83	4.58
10	广州市从化区太平镇钱岗村	4.31	4.42	5.40	4.17	7.58	6.92	5.12
11	广州市从化区太平镇钟楼村	5.36	4.82	5.03	5.57	3.64	4.54	5.54
12	广州市增城区正果镇新围村	4.31	4.42	5.40	4.17	7.58	6.92	5.12
13	佛山市顺德区北滘镇碧江村	4.01	4.76	3.41	5.04	6.01	5.37	4.78
14	佛山市南海区桂城街道茶基村	4.56	3.84	4.55	5.93	4.94	7.21	5.18
15	佛山市南海区西樵镇松塘村	6.78	5.54	6.04	5.82	5.97	6.54	6.30
16	佛山市三水区乐平镇大旗头村	4.59	2.89	4.81	4.67	5.10	4.70	4.59
17	佛山市禅城区南庄镇孔家村	4.80	4.29	5.47	4.93	7.80	8.29	5.25
18	佛山市南海区九江镇烟南烟桥村	5.20	4.27	5.73	4.69	6.18	8.20	5.27
19	佛山市顺德区乐从镇沙滘村	5.36	4.32	3.60	4.14	7.23	7.66	4.78
20	佛山市顺德区杏坛镇逢简村	6.85	5.10	7.28	6.93	8.59	7.75	7.16
21	佛山市顺德区杏坛镇马东村	6.04	3.41	5.85	4.09	3.79	6.33	5.17
22	佛山市三水区白坭镇岗头村	6.02	5.22	6.43	5.04	8.07	7.83	6.17
23	佛山市三水区芦苞镇长岐村	5.00	6.80	5.73	4.69	6.18	8.20	5.63

续表

序号	传统村落名称	道路交通设施	给水设施	排水设施	综合防灾设施	环卫设施	能源与通信设施	总得分
24	佛山市高明区明城镇深水村	7.42	3.71	5.41	3.01	7.13	7.54	5.07
25	深圳市龙岗区大鹏镇鹏城村	7.16	5.12	7.02	6.93	8.16	8.04	7.09
26	东莞市寮步镇西溪村	5.19	3.65	4.88	6.13	6.06	5.63	5.51
27	东莞市石排镇塘尾村	6.51	4.56	5.89	6.73	6.41	6.29	6.29
28	东莞市茶山镇超朗村	6.37	4.21	5.26	5.69	6.52	7.21	5.87
29	东莞市塘厦镇龙背岭村	4.46	4.15	3.89	4.87	6.87	4.42	4.89
30	东莞市茶山镇南社村	6.78	5.22	6.43	6.23	7.67	7.29	6.62
31	东莞市企石镇江边村	6.37	5.58	4.99	5.20	6.95	7.95	5.86
32	中山市南朗镇翠亨村	4.88	4.32	4.42	5.00	4.48	4.92	4.91
33	中山市三乡镇古鹤村	7.09	5.76	7.21	5.07	7.30	8.71	6.47
34	惠州市博罗县龙华镇旭日村	5.35	4.91	6.14	4.48	5.06	5.34	5.48
35	惠州市惠城区横沥镇墨园村	5.40	5.35	4.34	5.05	5.30	4.25	5.19
36	惠州市惠阳区秋长街道茶园村	5.06	3.73	5.50	4.73	7.88	5.46	5.30
37	惠州市惠阳区秋长街道周田村	6.14	4.86	6.10	6.06	6.77	5.84	6.22
38	惠州市惠东县铁涌镇溪美村	5.40	4.16	5.54	5.71	6.53	4.88	5.72
39	肇庆市端州区黄岗街道白石村	5.90	4.68	4.52	5.23	7.13	7.67	5.51
40	肇庆市高要区回龙镇黎槎村	5.58	3.69	4.77	6.76	6.09	3.38	5.61
41	江门市蓬江区棠下镇良溪村	5.46	4.33	5.31	3.07	5.70	6.67	4.79
42	江门市开平市塘口镇自力村	6.18	2.86	4.90	3.85	5.39	3.95	4.83
43	江门市台山市斗山镇浮石村	7.42	3.71	5.41	3.01	7.13	7.54	5.07
44	江门市恩平市圣堂镇歇马村	4.13	3.17	3.62	4.96	5.51	5.79	4.49
45	江门市台山市斗山镇浮月村	4.71	4.55	5.37	3.37	6.77	5.92	4.78
46	江门市开平市百合镇马降龙村	6.76	4.50	6.26	6.93	8.59	7.75	6.71
47	江门市鹤山市鹤城镇田心村	5.66	4.40	5.57	4.37	7.49	6.92	5.43
48	珠海市斗门区斗门镇南门村	5.88	5.10	6.03	5.19	5.97	6.54	5.91
49	珠海市斗门区斗门镇排山村	5.73	4.57	4.43	5.29	5.85	5.79	5.39
	平均得分	5.45	4.37	5.32	5.01	6.22	6.20	5.43

基础设施建设水平较好的传统村落（＞6 分），其各类设施建设较为完善，同时基础设施的供给水平较高，村内具有一定的高价值的传统设施，在满足居民现代化生活方式的同时，也注重了基础设施

与村落的协调性。例如，佛山市顺德区杏坛镇逢简村，作为传统的岭南水乡，经过多年的旅游开发建设，其排水设施、道路交通等设施均处于较高的供给水平，其基础设施建设也秉承了"修旧如旧"的理念，保持了村落原有的尺度与材质，存留了较多的传统设施。特别是其"渗、汇、排、蓄"的"理水"理念具有较高的"生态智慧"："渗"是指村内的道路铺装多采取青石板或青砖、碎石，在铺砌的时候留出一定的空隙而使得雨水进行自然下渗；"汇"是依靠巷道自身或下方、两侧修筑的明沟暗渠，将雨水汇至主街的排水暗渠；"排"则主要依靠村内的河涌水系，村内的河涌既是交通运输通道，同时也承担着村内泄洪排水的主要功能；最后，依靠河涌将雨水排入村落周边的基塘，进行调"蓄"，将雨水进行收集储存，用以进行农业生产（图2）。

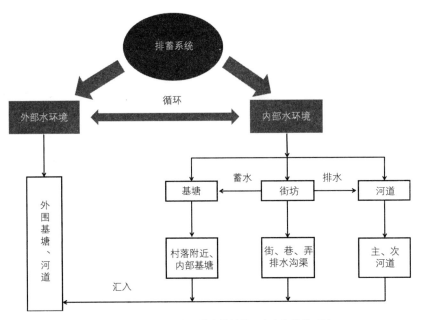

图2　佛山市顺德区杏坛镇逢简村的"生态"排蓄系统

对于基础设施水平一般的传统村落（5～6分），往往其某类基础设施系统供给不足，部分无法满足居民的生活需求，或基础设施过于现代化，仅满足了居民的需求，却破坏了原有的传统基础设施，使得其历史文化价值逐步衰退。例如，广州增城区正果镇新围村，村民以外出打工为主，整体空心化较为严重，使得村落整体的基础设施建设相对滞后，缺乏防灾、环卫设施的建设。但是新围村在给排水设施的建设水平上则相对较高，村落构筑了完整的给排水体系，通过水圳建设引水灌溉的同时，还建设了生态型的污水处理设施，从而在一定程度上保障了村落的水系环境。

基础设施水平不佳的传统村落（＜5分），通常在多个设施供给成效、历史文化价值与协调度等方面存在一定的问题。这类传统村落多表现为基础设施的历史文化价值本就不高，又由于村落的"空心化"或"过度开发"而造成基础设施的持续性衰败与建设性破坏。例如，江门市恩平市圣堂镇歇马村，除碉楼保存较好外，村子基础设施的保护情况不佳，在缺乏专业人士的指导下，政府下拨的建设资金被用于修建过于"城市型"的公园和水泥道路，原有的街巷尺度、材质均遭到了一定的破坏。

6 结语

传统村落有别于城镇与一般农村，带有明显的乡土性与历史文化遗产属性，既有的针对城镇或农村地区的基础设施评价体系具有明显的不适用性。缺乏对传统村落基础设施现状的合理判断，其改善难免陷入针对性不强或"用力过猛"造成建设性破坏的窘境，从而与传统村落的现实条件和需求脱节，为传统村落基础设施的传承与发展带来极大的挑战。因此，建立合宜的传统村落基础设施综合评价体系尤为重要。

本文以"生态适用性""地域价值性"以及"活态性"作为传统村落基础设施评判的价值理念，以是否满足使用要求、是否具有重要价值以及能否满足持续利用为主要评价内容，由于中国传统村落量大面广，较大的地域差异也使不同地域传统村落的基础设施特性、评价的侧重点也有所不同。本文基于对珠三角地区传统村落基础设施特征的理解与大量的调研，通过对传统村落六大类基础设施的工程技术条件、历史文化价值与发展存续条件的评价，构建了珠三角传统村落基础设施的综合评价体系，并对珠三角 49 个中国传统村落的基础设施进行了测度，希冀能够通过对基础设施现状的科学评价，为后续基础设施的改善提供必要的参考与依据。

致谢

"十二五"国家科技支撑计划课题"传统村落基础设施完善与使用功能拓展关键技术研究与示范"（No. 2014BAL06B02）项目资助成果。

参考文献

[1] 冯骥才. 传统村落的困境与出路——兼谈传统村落是另一类文化遗产 [J]. 民间文化论坛, 2013, (1)：7-12.

[2] 黄家平, 肖大威, 贺大东, 等. 历史文化村镇保护规划基础数据指标体系研究 [J]. 城市规划学刊, 2011, (6)：104-108.

[3] 黄金川, 黄武强, 张煜. 中国地级以上城市基础设施评价研究 [J]. 经济地理, 2011, (1)：47-54.

[4] 林祖锐, 马涛, 常江, 等. 传统村落基础设施协调发展评价研究 [J]. 工业建筑, 2015, (10)：53-60.

[5] 刘剑锋. 城市基础设施水平综合评价的理论和方法研究 [D]. 北京：清华大学, 2007.

[6] 刘沛林. 古村落——独特的人居文化空间 [J]. 人文地理, 1998, (1)：34-37.

[7] 马昕, 李慧民, 李潘武, 等. 农村基础设施可持续建设评价研究 [J]. 西安建筑科技大学学报（自然科学版）, 2011, (2)：277-280.

[8] 乔迅翔. 乡土建筑文化价值的探索——以深圳大鹏半岛传统村落为例 [J]. 建筑学报, 2011, (4)：16-18.

[9] 单霁翔. 乡土建筑遗产保护理念与方法研究（下）[J]. 城市规划，2009，(1)：57-66＋79.

[10] 邵甬，付娟娟. 以价值为基础的历史文化村镇综合评价研究 [J]. 城市规划，2012a，(2)：82-88.

[11] 邵甬，付娟娟. 历史文化村镇价值评价的意义与方法 [J]. 西安建筑科技大学学报（自然科学版），2012b，
    (5)：644-650＋65.

[12] 孙海龙. 基于遗产保护的历史文化名村基础设施更新策略研究——以太行山区历史文化名村为例 [D]. 江苏：
    中国矿业大学硕士学位论文，2014.

[13] 谭啸，李慧民，樊胜军，等. 农村基础设施现状评价研究 [J]. 陕西建筑，2010，(5)：1-4.

[14] 魏成，苗凯，肖大威，等. 中国传统村落基础设施特征区划及其保护思考 [J]. 现代城市研究，2017，(11)：
    2-9.

[15] 吴晓，陈薇，王承慧，等. 历史文化资源评估的总体思路与案例借鉴 [J]. 城市规划，2012，(2)：89-96.

[16] 邢海峰，李倩，张晓军，等. 城市基础设施综合绩效评价指标体系构建研究——以青岛市为例 [J]. 城市发展
    研究，2007，(4)：42-45＋53.

[17] 严盛虎，李宇，董锁成，等. 中国城市市政基础设施水平综合评价 [J]. 城市规划，2014，(4)：23-27.

[18] 杨剑. 基于 RS 与 GIS 的珠三角地区土地利用变化研究 [A]. 第二届"测绘科学前沿技术论坛"论文精选 [C].
    北京：测绘出版社，2010.

[19] 赵勇，张捷，章锦河. 我国历史文化村镇保护的内容与方法研究 [J]. 人文地理，2005，(1)：68-74.

[20] 赵勇，张捷，李娜，等. 历史文化村镇保护评价体系及方法研究——以中国首批历史文化名镇（村）为例
    [J]. 地理科学，2006，(4)：4497-4505.

[21] 周铁军，黄一涛. 西南地区历史文化村镇保护评价体系研究 [J]. 城市规划学刊，2011，(6)：109-116.

基于智慧治理的村域规划支持平台研究

周 恺 何 婧 陈继军

The Development of Village Planning Support System Based on Smart Governance

ZHOU Kai[1], HE Jing[2], Chen Jijun[3]
(1. School of Architecture, Hunan University, Hunan 410082, China; 2. Central South University of Forestry and Technology, Hunan 410004, China; 3. China Architecture Design Group, Beijing 100044, China)

Abstract Due to a lack of professional planners and technical support, it is difficult for the village-level administrative units in China to formulate development plans efficiently and in high quality. This study attempts to use the ICT to develop a village planning support system, using computer technology to input the existing planning procedures into a simple and user-friendly online planning platform, so as to lower the threshold of planning and to facilitate village administrative staff to make plans independently. At the same time, guided by the concept of digitalized urban-rural management of smart governance, thevillage planning support system hopes to use a variety of digital technology and data and couple with multiple-agent participation to explore a new "crowed-sourcing" planning compilation mechanism. Through the design, development, and implementation of the planning support system, this paper summarizes the advantages and obstacles of the application of this system in the future development.

Keywords smart governance; village planning; planning support system

---

作者简介

周恺,湖南大学建筑学院;何婧,中南林业科技大学;陈继军,中国建筑设计院有限公司。

摘 要 我国村级行政单元常由于缺乏专业的规划人员和技术指导,难以高效率、高质量地完成村域规划编制工作。本研究尝试利用互联网技术开发村域规划支持平台,运用计算机技术将既有规划程序和内容制作成操作简单、界面友好的线上规划平台,以降低规划编制门槛,便于村级管理人员自主进行规划编制。同时,从智慧治理的数字化城乡管理理念出发,本研究开发的村域规划支持系统希望运用多样数字技术、融汇多种数据、耦合多方参与主体,探索"众筹/众创式"的规划编制新机制。本文通过案例平台的设计、开发和试用,总结智慧治理理念下村域规划支持平台的应用优势和阻碍。

关键词 智慧治理;村域规划;规划支持系统;

"智慧治理"(Smart Governance)是基于大数据的城乡数字化管理理念,倡导以现代信息技术为基础,探索由政府主导的多元主体协同治理体制(张春艳,2014)。我国当前城乡规划编制主体多元化和数据多样化,利用数字技术来"整合规划数据"和"耦合编制主体"的契机已经出现,一个服务于规划编制的智慧治理框架呼之欲出。其主要价值包括:①构建跨学科、跨部门、跨组织的信息共享平台,实现智能管理、分析和共享数据;②推进智能决策支持系统、严格监管措施、动态运营管理、在线公众参与的革新;③实现合作式规划,利用多方资源形成"众筹/众创式"规划编制新方式(巫细波、杨再高,2010;甄峰、秦萧,2014)。基于此,本研究尝试在村域规划中利用互联网技术开发规划支持平台,利用计算机程序将既有规划程序和内容转化为半自动的网页操作,以简化规划编制难度,降低设计的技术门槛。

1 村域规划与智慧治理

大数据和信息技术的整合，可推动村域规划从"静态、蓝图式"到"动态、过程式"的编制方法转变（叶宇等，2014；陈述彭，2002）。首先，智慧的村域规划需要构建一个集成数据信息的"空间数据库"，将多种来源、类型和格式的数据整合保存，提供一个全面系统、安全高效、实时共享且动态更新的数据源，为规划编制、实施、评估与修改提供依据。其次，治理视角下的村域规划需要提炼出村域规划目标、技术、措施和监督等方面的控制要点，建立定位清晰、上下衔接、层次分明、智慧高效的规划流程，从而构建涵盖全过程和全内容的公共平台。

村域规划需要耦合多方治理主体的智慧及能力。过去，大部分规划编制工作都基于"自上而下"的专业角度。而智慧治理则提倡政府机构、规划部门、科研单位和个人都充分发挥作用，让村域规划形成"上下结合"的组织决策体制。政府部门所扮演的角色需要从单一的管理主体转变成协同多方实践的综合平台（Correia，2011）。数字技术研发机构可协助政府管理者发掘有益信息。规划设计单位应当辅助管理者进行决策和生成规范的表达（胡明星、金超，2012）。

2 村域规划支持平台设计

基于以上设想，本研究通过案例系统开发和试用，探索智慧治理理念在村域规划中的可能应用。平台构建设计的主要内容包括两个方面。

2.1 村域规划内容与程序

本研究案例系统开发中涉及的村域规划内容与程序，引自《县镇乡村域规划编制手册》（顾朝林，2016）。《手册》建议根据"村域规划目的"（美丽乡村、魅力乡村、富裕乡村）和"村庄类型"（城镇化地区、城乡过渡地区、永久性农村地区），确定"村域规划编制内容"（产业发展、文化传承、生态环境保护、空间布局、服务设施、综合防灾）（表1）。《手册》提出的村域规划编制程序共包括三个步骤：①村域规划思路、定位与目标；②村域规划；③村域规划管理与实施（图1）。村域规划支持系统的功能开发依据《手册》建议的内容与程序进行。

2.2 系统框架设计

村域规划支持系统采用 C-S 框架。①服务器端（Server Side）采用 Ubuntu Linux desktop 12.04 操作系统、Apache 2.2.22 网络服务器、MySQL 5.5.24 数据库，服务器端使用 PHP 5.2 开发语言，网络 GIS 采用 Leaflet 开源网络地图服务。②用户端（Clint Side）基于 HTML5 技术的互动网页开发，利用 Javacript 进行 Ajax 数据交互传输，并调用 Googlemaps API 进行地图交互操作。服务器与用户端之间的文本数据传输采用 XML 格式，空间数据传输采用 GeoJSON 格式。利用网络服务器作为数据存

表 1　村域规划编制内容

规划目的	村庄类型	建议编制内容					
		产业发展	文化传承	生态环境保护	空间布局	服务设施	综合防灾
美丽乡村	城镇化地区	▲	▲	●	●	●	●
	城乡过渡地区	▲	▲	●	▲	▲	●
	永久农村地区	□	▲	●	▲	▲	●
魅力乡村 （传统村落、特色 历史文化村寨）	城镇化地区	▲	●	▲	▲	▲	▲
	城乡过渡地区	▲	●	●	▲	▲	▲
	永久农村地区	□	●	●	▲	▲	▲
富裕乡村 （一村一品、农村 土地适度规模 经营、乡村旅游）	城镇化地区	▲	▲	●	●	▲	▲
	城乡过渡地区	●	▲	●	●	●	▲
	永久农村地区	●	●	●	●	●	●

注：●必须编制的规划内容；▲建议编制的规划内容；□可选编制的规划内容。
资料来源：顾朝林，2016。

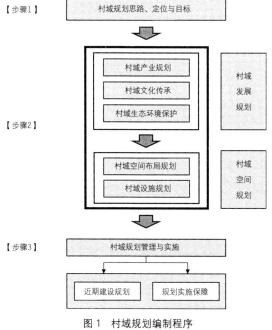

图 1　村域规划编制程序
资料来源：顾朝林，2016。

储和交互的处理器，通过互联网作为媒介，以用户电脑/手机的网络浏览器作为用户输入、输出端口。系统发布地址：http：//www. archlabs. cn/csx/。用户通过电脑和手机均可以进行操作，实现了多平台功能一致。村域规划支持平台系统框架如图2所示。

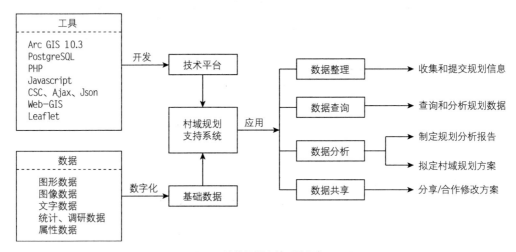

图2 村域规划支持系统框架

根据实际调研及数据条件，本研究选取湖南省长沙县春华镇作为系统开发对象，研究组收集了长沙县和春华镇相关的规划成果、政策文件和统计数据，以该镇14个行政村的村域规划作为系统开发的主要任务。平台收集的基础"空间数据库"包括"表格数据"和"图形图像数据"两大类。

（1）"表格数据"以文本、数字和字符串为主，并以关系表的形式存于 MySQL 数据库中（表2）。

表2 MySQL 数据库关系数据表格

关系表名	内容	内容说明
Admin	行政区划信息	储存县域镇、村的编号、代码、名称和经纬度信息
GHLIST	现有规划成果索引	县域内已编制的规划成果和编制尺度（县/镇/村）
GH＿PT	基础统计数据	各村发展和建设的基础统计数据
GH＿Xyth	长沙县一体化规划成果	长沙县一体化规划成果数据汇总
GH＿Zchzg	春华镇总体规划成果	春华镇总体规划成果数据汇总
GH＿Zjbzg	江背镇总体规划成果	江背镇总体规划成果数据汇总
GH＿ZZG	各镇总体规划成果汇总	各镇总体规划核心成果数据汇总
GJSON＿Admin	行政边界数据	县、镇、村边界的 GeoJSON 数据

关系表名	内容	内容说明
P010100	各类型、各目标村域规划编制主要内容一览表	各类型、各目标村域规划编制主要内容一览表
P010300	各类型、各目标村域规划发展问题和目标备选项	各类型、各目标村域规划发展问题和目标备选项
PJ _ Content	互动规划项目库	用户建立的互动规划项目内容
TJ _ Xrj	统计数据——长沙县	统计数据——长沙县
TJ _ Zchrj	统计数据——春华镇	统计数据——春华镇

（2）"图形图像数据"包括矢量和栅格两大类。首先，用户通过网络地图平台可绘制点、线、面等各种空间矢量图形。平台使用了 GeoJSON 代码语言，将图形转化为具有空间信息的文本数据进行储存。其次，对于地图底图和规划图纸等栅格图像数据，平台采用瓦片（tiles）格式进行储存（表3）。利用 Leaflet 的瓦片叠加端口，将图片瓦片进行定位显示。

表3　春华镇村域规划图形图像数据库

序号	关系表名	序号	关系表名
1	春华镇卫星遥感影像图	9	春华镇总体规划：镇域规划结构图
2	春华镇地形高程图	10	春华镇总体规划：镇域土地利用规划图
3	春华镇土地利用总体规划图	11	春华镇总体规划：镇区土地利用规划图
4	春华镇总体规划：用地评价图	12	春华镇总体规划：镇域道路交通规划图
5	春华镇总体规划：土地利用现状图	13	春华镇总体规划：镇域公共服务设施图
6	春华镇总体规划：城镇体系规划图	14	用户绘制图层
7	春华镇总体规划：空间管制规划图	15	村行政边界
8	春华镇总体规划：产业布局规划图		

3　村域规划支持功能开发

根据《手册》建议的村域规划编制内容，规划支持平台需要完成三类功能开发：规划信息采集与整理、规划数据查询与调用、多方交互合作参与编制。

3.1　规划信息采集与整理

村域规划支持平台需要将村级管理人员对于村庄发展的现状、资源评价、规划意愿进行收集和整理，作为规划成果编制的内容和依据。平台采集的信息内容主要可以分为以下三类。

(1) 菜单选择型信息：规划编制中有部分内容可以设计为备选菜单储存在平台数据库中，使用者只需要在有限的选择中找到最适合的项。例如，表 1 中的"村域规划目的"和"村庄类型"即可作为菜单项供用户选择，从而确定规划编制的具体内容。此外，在"村域规划思路、定位与目标"中，也可以在系统中预设常见的"发展问题"，以下拉菜单的形式供用户选择，并给出问题对应的可能"发展战略"供使用者调用。

(2) 开放输入型信息：并不是所有村域规划内容都有预选项，很多内容仍然需要以文字输入的形式给出建议，例如，"规划目标""发展定位""现状""发展愿景"等内容。对开放性规划意图与理解，系统提供相应文字采集、整理和储存功能。例如，用户可将自身对"村域发展定位""产业定位与发展策略"的理解组织成文，输入平台并保存。

(3) 图形图像信息：规划编制不可避免需要绘制图纸。平台提供了互动式绘图功能，用户可以直接在网页提供的地图界面中，制作各种"村域规划图"。规划图涉及的绘图要素一般包括"点要素"（如村域公共服务设施规划）、"线要素"（如村域道路交通规划）、"面要素"（如村域产业用地布局规划）。平台分"现状"和"规划"两个部分手机图形要素。此外，平台采用空间数据和属性数据相关联的结构，要求用户对每个地图要素输入具体文字说明（例如规划建设内容）（图3）。

3.2 规划数据查询与调用

用户在编制规划信息的同时，需要即时调用村域规划底图数据库（表 3）作为绘制依据。平台将规划底图与新绘制的图纸在同一个界面叠加显示（图4），协助用户对多种规划内容进行参考，实现多规合一（徐建刚等，2005）。此外，平台还提供了相关统计数据分析结果（常住人口、人均 GDP、地方生产总值增速、城镇化率等），用户可根据规划编制需要，对县域、镇域内各村的发展指标进行横向对比，便于判读基本发展条件。

3.3 多方交互合作参与编制

村域规划支持系统希望探索"村级管理人员""专业规划师""上级（县级）规划管理部门"之间的合作式规划机制（图5）。首先，由村级管理者在平台上发起村域规划编制项目（获得项目代码）。然后，通过 3.1 和 3.2 部分介绍的平台功能将现状条件与规划设想输入规划平台，形成初步成果。接下来，他可（通过分享项目代码的形式）邀请专业规划师以志愿者形式对初步成果进行补充完善。最后，平台将经过多轮补充、修改的项目内容生成具有固定格式的规划成果，提交给村级或上级管理部门。平台在设计之初，技术开发人员与上级规划管理部门协商确定规划程序和内容。同时，在平台建立时必需的上位规划、统计数据和政策文件内置到平台数据库中，以备平台使用者调用和参考。最终，围绕村域规划支持系统，多方人员和技术力量将各自实际需求、知识技术、管理要求融合，共同完成编制过程。

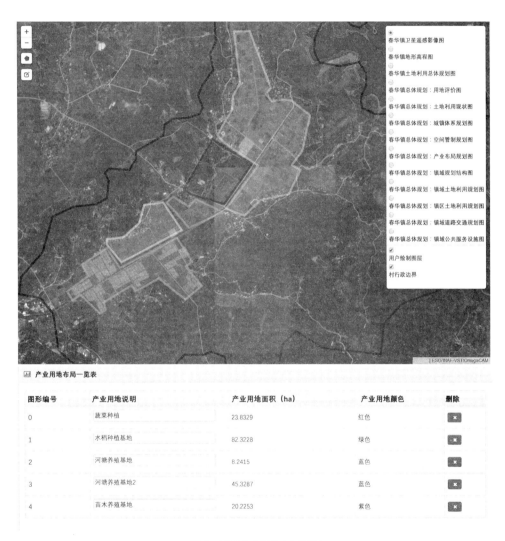

图 3 村域产业用地布局规划

4 结论与讨论

通过示例系统的研究、开发和试用，本研究发现利用自动化的规划支持平台开展村域规划有以下
优势。①有助于相关规划成果和统计信息的汇总和使用。规划系统可以集成土地利用总体规划、城市
总体规划成果，有利于进行多种规划的协调；平台也可以集中各尺度下的统计数据，提供给数据资源

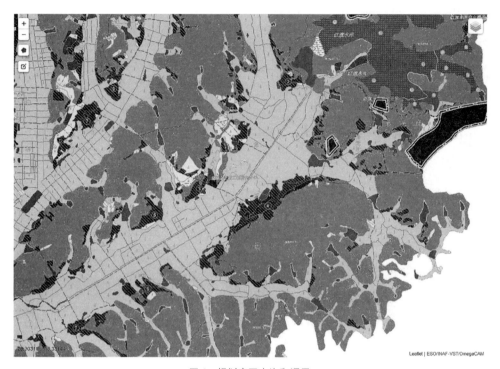

图4 规划底图查询和调用

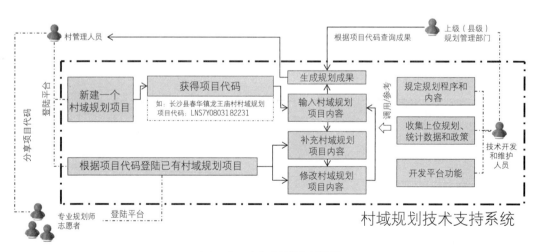

图5 交互合作式村域规划编制

并不丰富的乡镇和村进行规划参考。②信息平台在进行规划前期的现状情况调查时具有较大作用。电子地图界面与便捷的交互制图操作可以高效高质地从村级管理人员处收集现状情况和规划意图。③信息平台有利于县级政府对村级建设活动进行管理。当前，村的建设资金来源于县的各个管理口，县级单位需要一个综合管理信息平台，整合来自各个口径支援村级建设的资金和项目投入。

同时，本研究也发现平台的应用推广过程中仍存在制度壁垒。项目通过案例示范发现，相关各级的管理部门对利用平台进行规划编制的积极性不高。其主要原因包括三个方面。①虽然互联网已经基本普及到村，但在管理工作中的应用还有限。大部分村级管理人员，还不习惯或不接受利用网络平台和计算机工具来进行规划决策，这是影响平台应用的主要原因。②当前村级规划编制的驱动力不足。普通的村级行政单元的开发建设活动有限，因此编制综合性村域规划的需求不大。管理者更加习惯就事论事型的临时决策。③在当前情况下，信息平台的应用只有在县级政府的大力支持下，才能向乡镇和村级普及。但是，在我们调研的两个案例县（湖南省长沙县、河南省曲周县）中，县级政府对乡镇和村级政府在规划事务上的指导并不多。没有直接的管理事务进行依托，平台的应用因此受到了阻碍。

致谢

本文为国家科技支撑项目（2014BAL04B01）、湖南省科技计划项目（2016SK2011）、中南林业科技大学校青年基金项目（QJ201507）资助成果。

参考文献

[1] Correia, L. M. 2011. Smart Cities Application and Requirements. White Paper on European Technology Platform.

[2] 陈述彭. 地理信息系统导论 [M]. 北京：科学出版社，2002.

[3] 顾朝林. 县镇乡村域规划编制手册 [M]. 北京：清华大学出版社，2016.

[4] 胡明星，金超. 基于 GIS 的历史文化名城保护体系应用研究 [M]. 南京：东南大学出版社，2012.

[5] 巫细波，杨再高. 智慧城市理念与未来城市发展 [J]. 城市发展研究，2010，17（11）：56-60.

[6] 徐建刚，何郑莹，王桂圆，等. 名城保护规划中的空间信息整合与应用——以福建长汀为例 [J]. 遥感信息技术，2005，(3)：24-27.

[7] 叶宇，魏宗财，王海军. 大数据时代的城市规划响应 [J]. 规划师，2014，(8)：5-11.

[8] 张春艳. 大数据时代的公共安全治理 [J]. 国家行政学院学报，2014，(5)：100-104

[9] 甄峰，秦萧. 大数据在智慧城市研究与规划中的应用 [J]. 国际城市规划，2014，29（6）：44-50.

论多源大数据与城市总体规划编制问题

秦萧 甄峰

On Multi-Source Big Data and Compilation of Urban Master Planning

QIN Xiao, ZHEN Feng
(School of Architecture and Urban Planning, Nanjing University, Jiangsu 210093, China)

Abstract Application of multi-source big data in urban planning has become an inevitable trend for the scientific and sustainable urban development in the information era. This paper takes the compilation of urban master planning as the research object, and puts forward general ideas, detailed compilation method frameworks and related empirical cases of the application of multi-source big data in the analysis on urban development status, positioning of urban development strategy and objective setting, delineation of urban development boundary, prediction of urban size, planning of urban spatial structure, urban functional zoning, and urban land use planning respectively. The results of this paper can help to change the traditional compilation method of urban master planning that is governments′ objective- and planners′ empiricism-oriented, so as to improve the scientificity of planning compilation, which is also beneficial to the people-oriented development of new urbanization and the construction of urban human settlements.
Keywords multi-source big data; urban master planning; compilation framework; compilation method

摘　要　多源大数据在城市规划中的应用已经成为信息时代城市科学、可持续发展的必然趋势。本文以城市总体规划编制为研究对象，在回顾国内外现有大数据应用研究基础上，从城市发展现状分析、城市战略定位及目标、城市发展边界划定、城市规模预测、城市空间结构规划、城市功能分区、城市土地利用规划七个方面提出了多源大数据应用的总体思路、具体编制方法框架及相关实证案例。研究成果有利于改变传统以政府目标和规划师经验主义为导向的城市总体规划编制手段，提升规划编制科学性，对于"以人为本"的新型城镇化发展和城市人居环境建设具有一定的促进意义。

关键词　多源大数据；城市总体规划；编制思路；编制方法

1　引言

　　2014年中共中央、国务院颁布了《国家新型城镇化规划（2014～2020）》，规划在城市空间层面强调了"协调中心城区与新城（或新区）的关系，合理确定中心城区规模和结构，完善中心城区功能组合，推动中心城区土地综合利用开发"等多方面建设要求。这是对国家"以人为本"新型城镇化战略方向的进一步细化，倡导未来的城市建设由"粗放式的物质空间扩张"转向"精细化的人本空间营造"。同时，2016年在厄瓜多尔举行的联合国第三次住房和城市可持续发展大会（简称"人居三"）也发布了《新城市议程》。它强调"所有人的城市"这一基本理念，即为

作者简介
秦萧、甄峰，南京大学建筑与城市规划学院。

了建设更为包容、安全的城市，一是必须系统地研究城市发展面临的问题和挑战，采取综合规划的手段，改变部门规划的思路，开展城市与区域规划，要为所有人、特别是弱势人群提供住房、基本公共服务和城市基础设施；二是要积极开展不同层面的互动与合作，实现良好的社会治理；三是要提高决策者和领导人对于城市问题的认识水平与责任感，积极推动创新和改革；四是强化监测与监督，建立数据系统，推动社会参与城市规划和管理。可以看出，上述两个文件共同指出了：未来的城市规划，特别是最为重要的城市总体规划，一定是"以人为本"的规划，需要系统挖掘城市问题与挑战，考虑到城市所有居民的需求，鼓励全民参与，科学平衡城市规模、空间结构及功能设施，提高城市空间宜居性，其中通过城市数据分析来促进居民全面参与城市规划成为重要倡导方向。本文基于多源大数据进行城市总体规划编制思路与方法探讨。

2　多源大数据及其在城市总体规划中的应用现状

国内现有的城市总体规划主要是基于社会经济统计资料、问卷调查或访谈、基础地理信息资料等数据，存在时效、精度、样本、成本、经验性等诸多缺陷，且更多是对城市空间社会经济效益进行的宏观评价，较难反映城市所有居民日常生活信息和城市人文社会环境发展状态，使得城市问题和居民需求的准确挖掘、空间功能的科学优化与宜居性营造等目标受到较大限制。随着信息技术的快速发展和广泛使用，互联网站时刻记录着政府、企业及居民的位置、图像、文本、视频等信息，智能手机实时采集用户的位置、通话及上网信息，智能卡（公交卡、门禁卡等）具有持卡人属性、刷卡时间、刷卡站点等数据，GPS 设备则记录了个体的实时位置和时间数据，视频设备也捕获着周边环境的图像信息等等，这些都为城市总体规划提供了大量、详细、实时的微观个体多源异构数据，传统的规划编制方法变革迎来了历史性机遇。另外，信息技术本身也加速了知识、技术、人才、资金等的时空交换，使得城市生产与居民活动范围持续扩大、类型更加复杂，并促进了产业重构和空间重组，进而改变着城市的空间格局与功能，例如联合办公空间、众创空间、智慧空间等新空间的出现，这些也需要城市总体规划编制方法进行转变来适应新的空间形态变化。

目前，有关大数据应用于城市总体规划的研究主要集中在六个方面。在城市联系方面，Krings 等（2009）利用 2 500 万个用户手机通话信息，结合重力模型得到比利时城市之间的通信联系和等级体系；Kang 等（2013）利用 19 亿个手机通话数据和重力模型，构建了黑龙江省和国家两个层面的通信联系局域网络；甄峰等（2012）在选取 1 020 个微博用户好友关系数据基础上，借鉴世界城市网络研究方法分析了网络社会空间中的中国城市网络体系。在城市人口变化方面，Becker 等（2011）获取美国莫利斯顿市 2 万个居民手机通话详细记录，并通过统计和制图分析来揭示城市人口流动与变化；包婷等（2015）利用手机信令数据，分析了城市人口流动情况，建立了多个人口判别模型：区域人口流动行为分析模型、进出城市的人口流动行为分析模型、居民工作地/居住地人口分析模型。在城市边界方面，Zhen 等（2017）利用微博签到数据，结合强度公式、核密度分析、社会网络分析方法，对长三角城市群和三大都市圈进行了边界界定；Long 等（2015）利用公交卡数据和出租车数据识别了北京城区的职住关系、各组团联系程度，进而检验城市增长边界流动效率、科学性。在城市空间结构方面，Malleson 和 Birkin（2012）挖掘了英国利兹城 40 万用户 Twitter 数据，根据特定用户在不同地方发布信息的密度或频次来判断城市的空间结构；钮心毅等（2014）利用移动基站位置和手机信令数据模拟用户手机不同时间段的活动密度分布、利用模式，进而得到上海市城市空间结构和中心体系；王波（2013）通过爬取 1 个月 40 多万条新浪微博签到数据，结合 3D 核密度分析等工具模拟了南京市域居民活动的时空间特征，并根据活动强度和类型综合判别了南京城市"单核多心"的空间结构。在城市功能区界定方面，王波等（2015）利用 40 多万条新浪微博签到数据，将南京城区划分为就业活动区、居住活动区、休闲活动区、夜生活活动区、综合活动区五种类型；Lüscher 和 Weibel（2013）在地形图数据库基础上，增加了包含居民情感和经验的 Flikr 图片、全景网站照片及网络日志等多源大数据，综合界定了英国利兹城的中心区；Hollenstein 和 Purves（2013）通过获取 800 万个 Flikr 位置与图像信息来确定伦敦和芝加哥都市区的中心区边界；王德等（2015）则利用手机信令数据对上海不同等级商圈影响范围进行了划定与比较；王芳等（2015）获取兴趣点（POI）数据和城市路网数据，利用基本单元的划分、商业活动量的计算和街区的合并三个基本步骤完成北京商业区的空间识别，并通过 K-means 聚类和自然断裂点分类法对商业区进行功能类型的划分。在城市土地利用方面，Toole 等（2012）利用 300 万个手机信令数据，通过时间序列分析、核密度分析、随机树活动判别模型的方法，判别了美国波士顿城区的土地利用类型和范围；陈映雪和甄峰（2014）通过挖掘新浪微博签到与文本数据，借助文本分析、泰森多边形、频率统计等方法综合判别了南京主城和郊区两个街道的实际土地利用类型与范围；池娇等（2016）获取武汉市 51 万条 POI 数据，通过建立土地利用性质识别公式和频率统计等方法，重新界定和可视化了武汉城区的实际土地利用情况；Hu 等（2016）则通过多时间段遥感图像和 POI 数据识别了北京市的土地利用。

总体来看，国内外大数据应用研究相对较多，数据类型和研究方法也较为多样。但是，现有的研究较为零散，更多是学者利用单一数据对城市总体规划某一环节内容的现状分析和评估，缺乏体系化的基于多源大数据的城市总体规划编制思路与方法的探讨，以及利用大数据在现状分析基础上对未来城市发展的预测研究。实质上，城市总体规划是城市规划中最为综合、最具指导性的规划类型，需要在传统政府目标导向下的编制方法基础上，通过增加体现城市人本需求的多源大数据分析与预测方法来科学安排城市未来空间发展思路与布局，这也是城乡规划创新的重要方向。

3 多源大数据与城市总体规划编制

目前，我国的城市总体规划主要包含七个方面编制内容：城市发展现状分析、城市战略定位、城市发展边界划定、城市规模预测、城市空间结构规划、城市功能分区及城市土地利用规划（由于种类较多，本文没对城市专项规划进行一一列举研究）。对城市发展现状的分析，现有编制思路主要是利用统计年鉴或资料数据对城市社会经济基本概况进行描述性统计，并结合对政府访谈和实地调查来总结城市发展所存在的社会、经济及生态等较为宏观的问题。但是，现有手段较难准确把握城市居民日常生活、企业生产亟须解决的问题或需求。需要借助手机信令、微信热力、微博签到与文本、百度POI、专题网站（大众点评、淘宝、58同城、搜房网、招聘网等）等大数据，全面分析城市在空间布局、公共服务效率、社会空间分异、生态环境保护、产业发展、交通出行等方面所存在的区域共性或城市特有的问题。

（1）城市战略定位。除了需要借助统计资料或定性分析城市区位与资源条件优势、发展劣势和瓶颈、国家或区域重大政策机遇、要素转移或技术创新等面临的挑战，并参考国内外同等级别城市发展案例，更需要利用交通客运时刻表、搜索引擎、淘宝物流、金融机构或资本等反映各生产要素的流数据，来判断城市在区域要素流动网络中的地位，利用文本或搜索引擎大数据评估城市对区域居民吸引能力和自身对外开放程度，进而科学把握城市定位、制定发展战略、提出具体发展目标。

（2）城市发展边界划定。根据社会经济与规模指标、距离远近及政府目标导向等，中心城市往往会在新一轮总规调整中将周边县市或重点镇划入都市区范围。但是，现有方法更多是为满足政府目标和行政管理需求，对都市区的划定缺乏基于城市间真实活动联系的评估，利用手机信令、微博签到、公交刷卡等多源活动大数据可以测度一定范围内各城市的活动强度等级、城市间活动邻近性、城市间活动联系，有助于对中心城区腹地进行甄别，进而支撑都市区未来整合范围划定。

（3）城市规模预测。通常利用历年人口统计数据，结合政府城镇化发展目标，运用自然增长法、产业集聚、区位法、环境容量法等多种模型预测未来城市人口规模，并根据人口与用地配比标准确定城市未来建设用地规模。但这些手段主要是在统计规模基础上的模拟，缺乏对反映人口真实分布大数据（手机信令或微信热力）的分析和历年人口动态变化规律的把握，且用地规模或增长边界的确定也应在"多规合一"（需要利用居民活动大数据对城市用地效率进行测度，科学制定多规协调规则）和上轮边界的大数据（手机信令、微信热力、公交刷卡等）评估基础上进行预测。

（4）城市空间结构规划。过去往往基于城市现状空间发展体系、上位和上轮规划、城市政府发展意愿、新的发展条件或机遇等因素进行经验性的判断，缺乏对城市内部居民活动和需求进行深入数据分析，即利用手机信令、微信热力、微博签到、出租车GPS、公交刷卡等掌握城市居民日常流动网络、活动的时空分布及多年份历史变化规律，利用微博、论坛网站文本或照片数据挖掘居民对城市中心体系的认知，并以此为基础进行未来城市空间体系的综合安排。

（5）城市功能分区。通常是在城市空间结构体系基础上，根据各组团用地功能现状，结合城市政府空间发展意愿和规划师经验，划定城市商业、居住、工业、绿地景观、文化保护等多类型的功能区具体范围，且各组团功能较为单一。实质上，城市的功能与居民"吃、住、游、购、行"的日常活动息息相关，并不是纯粹的物质空间的功能划分，需要利用手机信令、微信热力、百度POI、微博签到与文本等数据，来识别城市居民各种活动类型及集聚规律，重新评估城市功能类型、划定具体范围。

（6）城市土地利用规划。现有手段主要是按照国家或地方各类城乡规划编制办法或技术导则，对各功能组团的现状土地利用进行调整，经验性的协调土地利用与规划期末人口规模、用地规模的关系以及不同土地利用类型的比例关系，最终确定土地利用平衡表。但是，还需要利用手机信令、微信热力、微博签到与文本等对土地之上居民活动类型与范围、居民使用强度进行识别与分析，并在调整优化现状用地基础上，通过同类用地经验参数的总结来指导城市新拓展区域的用地布局。

4　基于多源大数据的城市总体规划研究领域

可以看出，大数据的出现为城市总体规划编制带来了新的机遇。一方面可以验证传统手段分析结果或经验判断的科学性；另一方面更有效地补充传统数据或手段在城市问题挖掘、城市联系分析、城市结构判断、功能用地识别及强度测算方面的缺陷，科学评估城市历年发展状况、把握规律，并充分挖掘政府、企业及居民的需求指导城市未来空间布局（图1）。

5　基于多源大数据的城市总体规划专题研究

5.1　城市问题挖掘

城市问题挖掘大数据应用研究主要包括两个方面：一方面集中在利用手机信令、微博签到、微信热力、公交刷卡等居民活动位置大数据对城市空间结构或功能、公共服务、生态环境、产业发展、交通出行等方面进行评估；另一方面利用网络论坛、微博、点评网站、图片网站等直接挖掘居民对城市各类问题反馈或评价态度，找出区域共性问题或城市居民反映最为强烈的特有问题（图2）。目前，对于居民活动位置大数据分析的研究较多（可参见下文或相关学者研究），而利用网络文本或图像数据直接分析城市问题的研究还不多见。

后者的研究方法关键在于文本关键词的选择，在针对特定城市问题上（例如环境问题），需要确定若干个与主题词相关的词汇（例如"环境差""雾霾""污水""空气差"），还需要选择居民日常使用的相关词汇，避免过于专业，进而统计带有该关键词的语句中所涉及城市的词频，判断某个区域针对同一城市问题各城市的严重等级。例如，在雾霾问题上，我们通过对长三角微博文本进行词频分析可以发现，南京雾霾问题的严重性在长三角地区仅次于上海、杭州及宁波（图3）。同时，还可以将带有空间坐标信息的关键词（微博文本数据）进行GIS空间可视化，找出某一问题经常在特定城市发生的空间位置。例如，利用南京微博文本数据，以"堵"为关键词搜索研究南京市交通状况，可以发现某个时间点龙蟠路为南京最为拥堵的道路（图4）。可以看出，通过对文本词频的分析有助于从区域和城市内部两个尺度对具体问题进行把握，对城市总体规划中的现状概况描述、SWOT分析、战略定位、空间布局及专项规划都具有一定的支撑或补充作用。

但是，由于受居民日常生活与城市规划编制需求不匹配的影响，目前文本词频分析方法还存在有效样本较少的明显缺陷，未来还需要通过对文本语义的深入分析来最大化挖掘文本数据在城市问题发

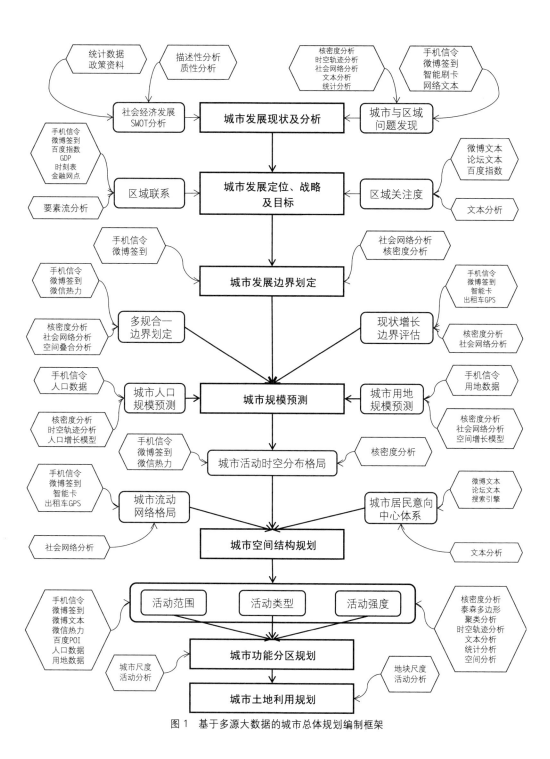

图 1　基于多源大数据的城市总体规划编制框架

现中的巨大价值（增加特定问题分析的有效样本、增加城市问题发现的种类、提取居民对于具体问题的情感信息）。同时，关于图像或照片分析技术在城市问题发现中的研究还处于相对空白阶段，该技术应该能够在生态环境污染、交通拥堵、公共服务设施利用等方面发挥较大作用。

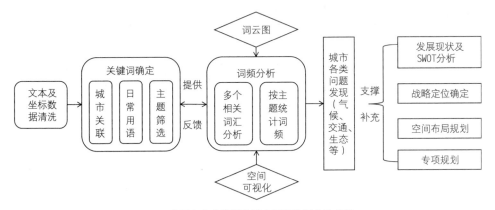

图2　基于文本大数据的城市问题挖掘方法框架

图3　长三角城市雾霾污染词频等级

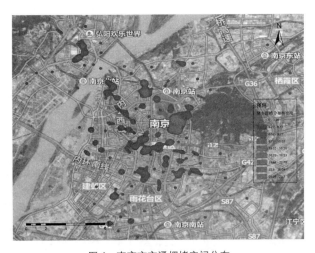

图4　南京市交通拥堵空间分布

5.2　城市战略定位

城市战略定位中大数据应用关键在于对城市网络联系的分析，传统关于城市联系研究大部分利用GDP、企业总部与分支机构数量等统计数据，结合重力模型进行城市间相对势能或影响力的分析，但是受数据限制较难对区域城市间真实动态联系进行把握。大数据的出现，可以通过车辆GPS定位、抓取携程网交通客运时刻表、获取手机信令等方式掌握城市间交通或人流情况，利用百度等搜索引擎居民搜索指数或微博用户相互关注度来获取城市间的信息联系，利用实时银行网络支付方式来了解城市间资本流动等等，进而通过社会网络分析方法模拟城市间交通、信息、资本联系网络，并与城市经济流、金融流等传统方法计算结果进行聚类、分层及赋值叠加，找出城市在区域综合联系中的地位、新政策导向下城市在区域发展中存在的问题，进而提出提升城市网络地位的战略（图5）。例如，常州市在最新一轮《长江三角洲城市群规划》和《扬子江城市群规划》中的地位都作为区域中心城市，但是我们通过对常州市对外要素综合联系（经济流、交通流、信息流）分析发现，常州具有明显的与上海、苏州及无锡密切联系的东向联系轴，与省会南京、浙江及江北地区（扬州、泰州与盐城）的联系都较弱。这就需要常州在新的一轮总体规划中，一方面着力打造杭州都市圈和杨—泰—盐地区南北向中枢地位；另一方面加强西向联系，发挥苏锡常城市群对接南京都市圈（扬子江城市群核心城市）的门户城市作用（图6）。

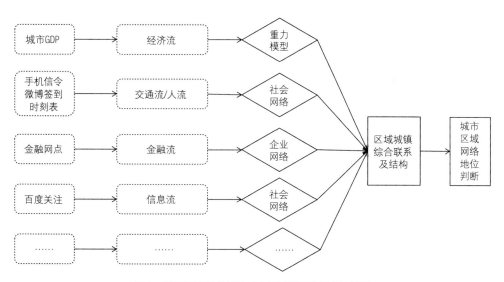

图5　基于要素流数据的城市区域联系分析方法框架

同时，战略定位还需要关注城市在区域居民意向中的整体地位或评价（抑或是交通、旅游、文化等某一方面），发现城市社会或精神层面的吸引能力。可以利用微博用户关注度或百度搜索指数数据，借助词频分析工具找出某一城市被区域其他城市居民关注程度和该城市居民关注其他城市的能力，并通过二者的对比来判断城市在区域居民意向中的地位，进而提出城市内在层面的发展战略。例如，利用百度搜索指数数据分析，可以发现常州市居民对长三角其他城市搜索总量远远小于常州市被长三角其他城市居民搜索总量，呈现负的净搜索量（图7）。这在一定程度上说明，虽然常州市城市综合实力

图6 常州市区域综合联系

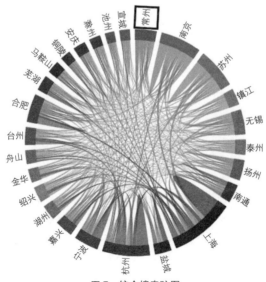

图7 综合搜索弦图

较强，但是其对外开放程度不足（这可能与以苏南民营企业为代表的"小富即安"的城市心态有关），可能需要在新一轮总体规划中提出加强开放性方面的战略措施。

5.3 城市发展边界划定

区别于传统综合指标体系、等时交通圈、断裂点、反磁力模型等界定方法，基于大数据的城市发展边界划定重点关注中心城市与周边区域的活动联系。首先，获取手机信令、微博签到、微信热力及公交刷卡等反映居民活动位置及活动轨迹的大数据；其次，利用强度公式（活动总量与建成区面积的比值）分别计算中心城区与周边居民活动强度及等级，利用核密度分析工具判别中心城区与周边区域居民活动的邻近性（活动越邻近，越有机会进行同城化发展），利用社会网络分析方法可视化中心城区与周边区域的居民活动联系，找出联系最为紧密区域；最后，利用聚类法分别将三种活动指标值进行分层并赋权重，重新打分，在各城市综合得分基础上进一步聚类分层，进而得到与中心城市整合发展区域的具体范围（图8）。实际上，该方法不仅可以用于对城市都市区范围的界定，还可以应用于对城市群范围的界定。当然，仅靠活动层面的分析并不能保证都市区范围划定的合理性，还需要利用基于城市经济、人口、用地规模等的社会经济指标和政策导向的传统方法分析结果进行修正。例如，Zhen 等（2017）利用微博签到数据对长江三角洲城市群实际边界进行界定，通过活动强度、活动邻近性及活动联系的综合分析可以发现，长三角城市群的实际边界远远小于公认的"两省一市"的行政范围。

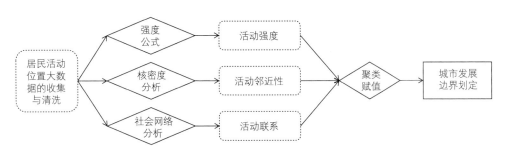

图8 基于活动位置大数据的城市发展边界划定方法框架

5.4 城市规模预测

城市规模包括人口规模和用地规模，也是城市总体规划编制的重点和难点。在人口规模预测方面，当前的研究还不多见，尚未有相对成熟的基于大数据的城市人口规模预测模型。从数据源来讲，精确定位到每一位居民的手机信令数据应该是人口规模预测的最佳选择。在采集某一城市多时间段（不同年、月、周进行抽样）手机信令数据并清洗基础上，利用统计分析方法把握城市居民活动的时间模式，利用时空棱柱等空间分析手段摸清居民的活动空间轨迹，并设立包括职住活动识别、城市枢纽区域（火车站等城市对外联系区域）基站监测、边界区域基站监测三个方面的人流监控机制，一方面判别城市常住人口分布及多时段变化，另一方面分别找出城市短期流动人口和中长期流动人口的分布及多时段变化。再者，在人口识别和多时间段人流变化基础之上，总结城市不同类型人口流动变化参数，并在全国最新人口普查数据支撑下，利用人口增长模型对城市规划期末人口进行估算，并与自然增长法、产业集聚、区位法、环境容量法等传统方法预测结果进行对比修正（图9）。

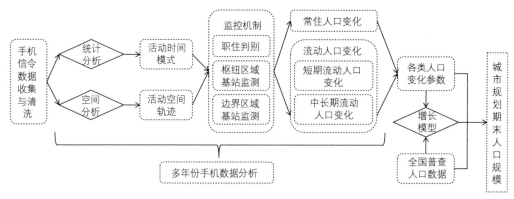

图 9　基于手机信令数据的城市人口规模预测方法框架

　　城市用地规模预测方面，现有的研究集中在利用手机信令、公交刷卡、出租车 GPS 数据对城市现状增长边界的评估，对城市未来用地预测的相关研究较为少见。在获取手机信令等位置大数据基础上，利用社会网络分析模拟城市现状各组团的居民活动联系，利用核密度分析方法找出城市空间活动集聚程度，与城市现状建成区和城市各组团人口现状规模数据进行叠合分析，找出城市各组团实际

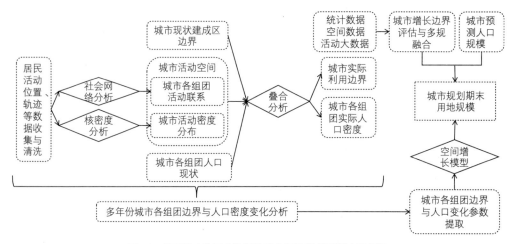

图 10　基于活动位置大数据的城市用地规模预测方法框架

利用边界和实际人口密度。通过多年份的数据分析，可以提取城市各组团边界范围与人口密度变化参数，结合基于大数据的城市人口规模预测结果、城市未来重点建设项目或政策机遇，利用城市空间增长模型预测规划期末可能的增长边界，并通过基于活动大数据的上轮城市增长边界评估结果和对主体功能区规划、十三五规划、国土规划、城乡规划、生态环境保护规划等"多规合一"划定边界来综合修正城市用地规模预测结果（图10）。

5.5 城市空间结构规划

城市空间结构规划大数据应用主要从居民活动分布、居民活动联系及居民意向体系三个方面进行分析。首先，获取手机信令、微信热力、微博签到等居民位置大数据，利用统计分析方法把握城市居民活动的时间模式，利用核密度方法找出居民活动的空间密度分布，进而找出城市居民活动的时空分布格局。其次，利用手机信令或微博签到数据，结合社会网络分析方法找出城市各组团之间实时的活动联系（流入与流出），判断各组团在城市居民流动网络中的地位（节点或枢纽）。第三，通过网络论坛或微博文本等数据，利用关键词分析工具挖掘城市居民对于商业中心的认知，找出居民意向中的城市中心体系格局。再者，通过对居民活动分布、活动联系及意向体系的叠合分析来判断城市现状空间结构。最终，通过对不同年份城市空间结构变化和各组团活动变化规律的把握，结合城市未来可预见性的政策导向或机遇、重大交通设施建设等，综合考虑城市规划期末空间结构（图11）。

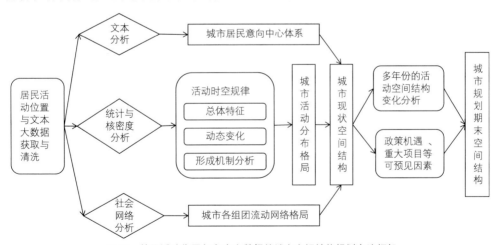

图11 基于活动位置与文本大数据的城市空间结构规划方法框架

在常州中心城区空间格局研究中，利用微信热力图数据和核密度分析方法可以找出中心城区居民时空活动分布格局，利用微博签到数据和社会网络分析方法可以研究中心城区各街道间的居民活动联系网络，进而通过两者的叠合分析对常州中心城区上一轮总体规划中所确定的"一主两副多组团"结构进行调整（图12）。在南京市城市空间结构分析中，利用微博签到数据一方面可以分析南京市居民

 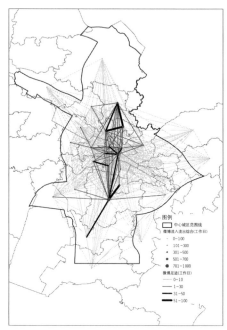

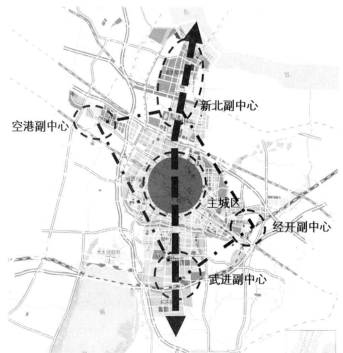

图 12　基于微信热力和微博签到大数据的常州中心城区空间结构判断

活动空间分布格局，另一方面可以找出南京市各组团之间的活动联系网络；利用微博文本数据可以发现南京市居民意向中心体系，进而可以综合判断南京市"一心多点"的现状空间格局（图13）。

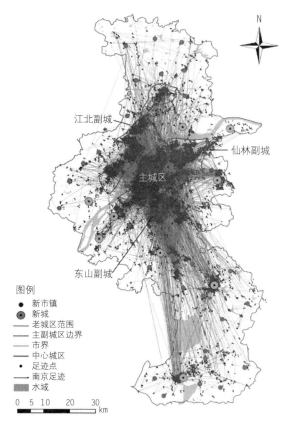

图 13 　基于微博签到与文本大数据的南京中心城区空间结构判断

5.6　城市功能分区

城市功能分区大数据应用需要重点考虑两个方面的内容：居民活动类型的识别和不同类型居民活动范围的界定。关于居民活动类型的识别，可以利用手机信令、微博签到数据、微信热力、出租车GPS等位置数据，通过对居民不同类型活动时间模式的把握进行判别（例如，工作活动一般为工作日早9：00～12：00，居住活动为晚10：00～次日6：00）；也可以利用微博签到与文本数据，通过文本语义挖掘或关键词提取来判别活动微博签到点的具体活动类型；还可以利用百度POI数据，直接分析不同类型POI位置分布及集聚情况。关于活动范围的界定，需要在不同活动类型判别基础上，利用聚类（K-means 等）、泰森多边形等方法对同一类型活动进行聚类、划界。然后，按照城市居民日常活动类型，将城市空间划分为若干个功能区，包括就业活动区、居住活动区、休闲活动区、混合活动区等等，并与城市现状功能区进行叠合优化分析，确定最终的城市现状功能分区类型及范围。此外，还需要通过多年份居民活动类型与范围变化规律分析，结合基于居民活动的城市规划期末空间结构，进一步界定城市未来的功能分区（图14）。例如，王波等（2015）根据微博签到的空间位置，利用

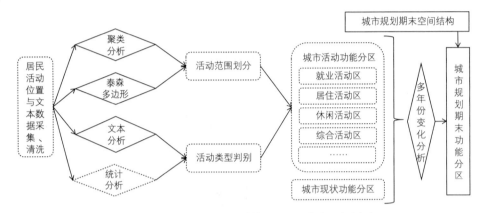

图14 基于活动位置与文本大数据的城市功能分区方法框架

图15 基于微博签到数据的南京市功能区划分

资料来源：王波等，2015。

K-means 聚类和泰森多边形方法将整个南京市区划分成若干活动区域，作为识别区域内活动模式特征的基础，并选取出活动频度大的活动区域（大于 50 次/平方公里，共 49 个），按照居住活动、购物与餐饮活动、就业活动、游憩活动、学习活动、综合活动六种主要的活动模式来界定活动功能区域（图 15）。

5.7 城市土地利用规划

目前，利用大数据对城市土地利用研究总体不多，集中在利用手机信令数据和居民时间活动模式对城市用地类型、地块大小进行识别，利用百度 POI 数据、频数密度公式、类型比例公式等方法来识别各格网内用地类型，并没有体系化提出基于大数据的城市土地利用规划方法框架。具体来讲，一方面获取城市人口、地块、POI 及相关统计数据，通过空间统计分析方法测算出城市每一块用地的现状范围、类型及容积率；另一方面获取手机信令、微信热力、微博签到与文本等数据，利用核密度分析和强度公式对居民活动密度、强度分布进行判断，利用时间活动模式或文本挖掘方法对居民活动类型进行判断，利用聚类和泰森多边形方法划定不同类型活动集聚范围（或利用频数密度和类型比例公式来测算单位格网内的主体活动类型）。再者，将基于居民活动界定的城市用地与城市现状用地进行叠合分析（主要包括类型、范围及强度三方面指标），结合城市用地计划或政策、重点建设项目等对城市现状用地进行优化，并找出各类用地指标与居民活动指标之间的比例关系，进而指导城市新开发地块的用地布局（图 16）。

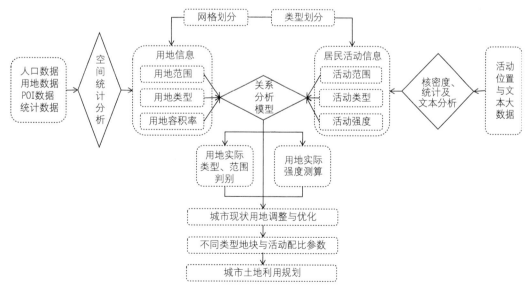

图 16 基于活动位置与文本大数据的城市土地利用规划方法框架

例如，陈映雪、甄峰（2014）在南京市土地利用优化研究中，获取主城和郊区两个街道微博签到及文本数据，利用频数密度公式分析了两个街道微博签到活动强度空间分布状态，利用文本词频工具得到街区各类型活动分布，利用泰森多边形和 K-Nearest 空间聚类方法划定街道尺度的城市各类用地具体范围。朱寿佳（2015）在对南京大学校园空间利用研究中，开发基于智能手机的活动调研 APP，获取调查样本的活动位置、活动类型及活动情感信息，利用强度公式分析了南京大学活动强度分布，利用手机 APP 直接获取样本活动内容，利用泰森多边形和 K-Nearest 空间聚类方法分析了南京大学校园空间利用情况。

6 结论与讨论

本文在总结国内外现有大数据应用于城市总体规划相关研究基础上，从城市发展现状分析、城市战略定位及目标、城市发展边界划定、城市规模预测、城市空间结构规划、城市功能分区、城市土地利用规划七个城市总体规划编制内容入手，重点介绍了手机信令、微信热力、微博签到与文本、公交刷卡、出租车 GPS、各类主题网站等多源大数据在编制思路变革中的重要作用，并提出了具体编制方法框架及相关实证案例。

然而，在实证研究中，除了大数据具有冗余处理技术、涉及个人隐私等方面挑战外（宋小冬等，2015），其应用还存在诸多问题。首先，大数据往往很难代表全样本，特别是网络数据的应用更倾向于年轻、较高学历群体，对这些特定群体的分析与研究并不能十分准确反映城市真实现象（Calabrese et al.，2013；城市规划学刊编辑部，2015；丁亮等，2015；Liu et al.，2015）；其次，大数据样本识别的有效性不高，研究者只能以一般行为规律为依据，识别行为目的，以试图挖掘数据隐藏的信息（Ahas et al.，2010）；再者，大数据并非全部共享数据，诸如手机、智能卡、视频传感设备等数据涉及个人隐私、商业机密、城市安全，很难被研究者所获得或共享（唐文方，2015）；最后，大数据之所以引起研究热潮，因其可以发现传统统计手段无法精确预测的城市现象间的相关关系，但是却难以说明这些现象间的因果关系，即形成机制问题，例如通过手机通话数据分析，研究者能够知道城市居民的时空活动变化，却很难明白居民为什么聚集到某个城市空间、如何聚集、哪一类群体更容易聚集等问题（甄峰、王波，2015；丁亮等，2015）。因此，无论是传统数据、还是大数据，都同时存在着诸多优势和不足，这就需要将多源数据进行融合（不仅仅是多源大数据混合使用）来支撑科学的空间状态评估、预测及公共治理制定。也就是说，多源大数据在城市总体规划中的应用并不是要抛弃传统规划编制数据和方法，而是在此基础上改变以政府目标为导向、规划师经验为支撑的传统规划编制思维，倡导数据驱动的城市总体规划编制方法创新。一方面，通过多源大数据的分析来验证传统经验式的规划编制结论，使城市战略和具体规划方案更具说服力；另一方面，补充传统数据在时效性、统计口径、关注对象、样本等方面缺陷，通过实时、关注微观个体、大样本的多源大数据深入挖掘城市问题和居民需求、把握城市空间发展规律，进而进行科学预测。

　　目前，学者们虽然已经意识到了大数据与传统数据、大数据与大数据之间融合的必要性，但已有的相关研究仍较为少见（Kwan，2004；朱炜，2012；龙瀛等，2012；王筱州，2014），且研究主题较为分散、方法与技术尚未成熟应用，更缺乏体系化的基于多源数据融合的城市总体规划编制方法框架和实证案例。同时，以居民行为活动信息为主体的城市大数据涉及计算机、社会学、心理学、新闻传播学、管理学等诸多学科，如何突破多源数据融合的技术瓶颈，还需要对交叉学科方法与技术的深入吸收和应用（例如机器学习等人工智能方法或技术）。

　　此外，由于受文章篇幅所限，本文并没有深入探讨城市商业空间、综合交通、绿地景观、公共服务设施、市政设施等专项规划中大数据应用方法路径，除了手机信令、微信热力、微博签到等，诸如高德地图、大众点评、58同城、智联招聘、淘宝、搜房网等各类专业性网站统计、文本或图像数据都能为城市专项规划提供较好的数据获取途径，进而在具体编制中给予选线或选址、配置数量、规模确定、内部设计等方面的支撑，这些还需要在未来研究中进一步给予说明。

致谢

　　本文为国家自然科学基金（51708276、41571146）、中央高校基本科研业务费专项资金（090214380012）、中国博士后科学基金（2017M611781）项目资助成果。

参考文献

[1] Ahas, R., Silm, S., Jarv, O. et al. 2010. "Using mobile positioning data to model locations meaningful to users of mobile phones," Journal of Urban Technology, 17 (1): 3-27.

[2] Becker, R. A., Caceres, R., Hanson, K. et al. 2011. "A tale of one city: Using cellular network data for urban planning," IEEE Pervasive Computing, 10 (4): 18-26.

[3] Calabrese, F., Diao, M., Di, L. G. 2013. "Understanding individual mobility patterns from urban sensing data: A mobile phone trace example," Transportation Research Part C-Emerging Technologies, 26 (1): 301-313.

[4] Hollenstein, L., Purves, R. 2013. "Exploring place through user-generated content: Using flickr tags to describe city cores," Journal of Spatial Information Science, (1): 21-48.

[5] Hu, T., Yang, J., Li, X. et al. 2016. " Mapping urban land use by using landsat images and open social data," Remote Sensing, 8 (2): 151.

[6] Kang, C., Zhang, Y., Ma, X. et al. 2013. "Inferring properties and revealing geographical impacts of intercity mobile communication network of China using a subnet data set," International Journal of Geographical Information Science (ahead-of-print) , 27 (3): 431-448.

[7] Krings, G., Calabrese, F., Ratti, C. et al. 2009. "Urban gravity: A model for inter-city telecommunication flows, " Journal of Statistical Mechanics: Theory and Experiment, (7): 1-8.

[8] Kwan, M. P. 2004. "GIS methods in time-geographic research: Geocomputation and geovisualization of human activity patterns," Geografiska Annaler: Series B, Human Geography, 86 (4): 267-280.

［9］Liu, J., Li, J., Li, W. et al. 2016. "Rethinking big data: A review on the data quality and usage issues," Isprs Journal of Photogrammetry & Remote Sensing, 115: 134-142.

［10］Long, Y., Han, H., Tu, Y. et al. 2015. "Evaluating the effectiveness of urban growth boundaries using human mobility and activity records," Cities, 46: 76-84.

［11］Lüscher, P., Weibel, R. 2013. "Exploiting empirical knowledge for automatic delineation of city centes from large-scale topographic databases," Computers, Environment and Urban Systems, 37: 18-34.

［12］Malleson, N., Birkin, M. 2012. "Estimatingindividual behaviour from massive social data for an urban agent-based model," 8th Conference of the European Social Simulation Association (ESSA), Salzburg, September.

［13］Toole, J. L., Ulm, M., González, M. C. et al. 2012. "Inferring land use from mobile phone activity," Proceedings of the ACM SIGKDD International Workshop on Urban Computing, Beijing, August.

［14］Zhen, F., Cao, Y., Qin, X. et al. 2017. "Spatio-temporal characteristics and spatial boundary of residents activity based on sina micro-blog check-in data: A case study of the Yangtze River Delta Region," Cities, (60): 180-191.

［15］包婷，章志刚，金澈清．基于手机大数据的城市人口流动分析系统［J］．华东师范大学学报（自然科学版），2015，(5)：162-171.

［16］陈映雪，甄峰．基于居民活动数据的城市空间功能组织再探究——以南京市为例［J］．城市规划学刊，2014，5：72-78.

［17］城市规划学刊编辑部．"大数据热背后的冷思考"学术笔谈［J］．城市规划学刊，2015，(3)：1-8.

［18］池娇，焦利民，董婷，等．基于POI数据的城市功能区定量识别及其可视化［J］．测绘地理信息，2016，41(2)：68-73.

［19］丁亮，钮心毅，宋小冬．基于移动定位大数据的城市空间研究进展［J］．国际城市规划，2015，30(4)：53-58.

［20］龙瀛，张宇，崔承印．利用公交刷卡数据分析北京职住关系和通勤出行［J］．地理学报，2012，67(10)：1339-1352.

［21］钮心毅，丁亮，宋小冬．基于手机数据识别上海中心城的城市空间结构［J］．城市规划学刊，2014，6：61-67.

［22］宋小冬，丁亮，钮心毅．"大数据"对城市规划的影响：观察与展望［J］．城市规划，2015，39(4)：15-18.

［23］唐文方．大数据与小数据：社会科学研究方法的探讨［J］．中山大学学报（社会科学版），2015，55(6)：141-146.

［24］王波．基于位置服务数据的城市活动空间研究［D］．南京：南京大学，2013.

［25］王波，甄峰，张浩．基于签到数据的城市活动时空间动态变化及区划研究［J］．地理科学，2015，35(2：151-160.

［26］王德，王灿，谢栋灿，等．基于手机信令数据的上海市不同等级商业中心商圈的比较——以南京东路、五角场、鞍山路为例［J］．城市规划学刊，2015，(3)：50-60.

［27］王芳，高晓路，许泽宁．基于街区尺度的城市商业区识别与分类及其空间分布格局——以北京为例［J］．地理研究，2015，34(6)：1125-1134.

［28］王筱洲．大数据与PSPL调研法相结合的美国城市主街区公共空间调查与研究［D］．广州：华南理工大

学，2014.

[29] 甄峰，王波，陈映雪. 基于网络社会空间的中国城市网络特征——以新浪微博为例 [J]. 地理学报，2012，67 (8)：1031-1043.

[30] 甄峰，王波. "大数据" 热潮下人文地理学研究的思考 [J]. 地理研究，2015，34 (5)：803-811.

[31] 朱寿佳. 基于智能手机移动调查的校园活动空间评价及更新策略 [D]. 南京：南京大学，2015.

[32] 朱玮，庞宇琦，王德，等. 公共自行车系统影响下居民出行的变化与机制研究——以上海闵行区为例 [J]. 城市规划学刊，2012，(5)：76-81.

基于实时交通出行数据的居民生活便利性评价
——以武汉主城区为例

顾 江 张晓宇 萧俊瑶

Evaluation on Resident Living Index Based On Real-Time Traffic Travelling Data: A Case Study on the Central City of Wuhan

GU Jiang[1], ZHANG Xiaoyu[1], XIAO Junyao[2]
(1. College of Urban and Environmental Sciences, Central China Normal University, Hubei 430079, China; 2. School of Urban Design, Wuhan University, Hubei 430072, China)

Abstract Resident living convenience index is a core factor in the evaluation on a livable city. Using real-time travelling data and taking the residents' actual travelling behavior into consideration, this study integrates the theory of living sphere, accessibility method, and big-data approach to improve the evaluation system of urban physical environment. The study takes the spatial differentiation of living index of the residents in the central city of Wuhan as the research object, reveals the overall characteristics and the deficiency of the infrastructure layout, and evaluates the living index of each street based on the division of streets. Results show that the resident living index of the central city of Wuhan has a significant spatial feature of high-value clustering and low-value dispersal; the living index of a certain area highly corresponds to the economic development level

摘 要 居民生活便利性是评价宜居城市最核心的方面。本文基于实时交通出行数据,将居民的现实出行状况纳入研究,并整合生活圈理论、可达性方法和大数据手段,以期完善城市物质空间环境的评价体系。本文以武汉市主城区居民生活便利性的空间差异为研究对象,着重揭示其整体特征和基础设施布局存在的短板,并基于街道划分对各个街道的生活便利性进行评价。研究结果表明,武汉市主城区居民生活便利性呈现显著的高值聚类、低值分散的空间特征;片区生活便利性与其经济发展水平存在显著一致性,不同类型生活便利度高值区的空间分布基本一致;交通因子存在显著的低值聚类。居民生活便利性内在地反映了一定片区各类设施的分布状况,本文指出武汉市主城区居民生活便利度的高值区域和低值区域,进而揭示武汉市主城区基础设施空间分布不均等的结构现实。

关键词 生活便利度;生活圈;POI数据;实时交通出行数据;空间自相关分析;高/低值聚类分析;聚类和异常值分析

1 引言

居民的生活便利性指居民在其日常生活中利用各种设施的方便程度 (张文忠,2007)。生活便利是城市居民的基本诉求和重要的满意指标,因此对于居民生活便利性的研究也是国内外城市人居环境研究的重要主题。城市便利性理论认为便利性决定城市地区的生活质量 (吴文钰,2010),基于此理论,相关学者进行了大量实证研究,表明

作者简介
顾江、张晓宇,华中师范大学城市与环境科学学院;萧俊瑶,武汉大学城市设计学院。

of that area, and the spatial distribution of different types of living index high-value areas is basically consistent; and the transportation factor shows a significant low-value clustering. Resident living index itself indicates the distribution condition of various kinds of infrastructure in an area. Therefore, by identifying the high-value area and low-value area of the resident living index, this study further reveals the structural reality of uneven spatial distribution of infrastructure in the central city of Wuhan.

Keywords　resident living index; living sphere; POI data; real-time traffic travelling data; Global Moran's I; Getis-Ord General G; Anselin Local Moran's I

生活便利性越来越成为居民选择居住地的重要因素（Rappaport，2008；Allen，2015）。便利的生活及其带来的生活质量的提高，有助于推动城市和经济的发展（Blomquist et al.，1988；Deller et al.，2001；Mulligan and Carruthers，2011）。同时，居民生活便利性也是评价宜居城市的重要维度。中国《宜居城市科学评价标准》将社会文明、经济富裕、环境优美、资源承载、生活便宜和公共安全作为宜居城市的衡量标准，并指出生活便利是其中重要的影响因素（顾文选、罗亚蒙，2007）。近年来，国内众多学者针对不同城市进行了宜居性研究。在这些研究中，生活便利性也都是重要评价标准（任学慧等，2008；孟斌等，2009；张志斌等，2014；湛东升等，2016；邹利林，2016）。

然而，由于不同城市空间发展水平不同，各类日常生活设施的分布差异明显，因而存在居民生活便利性不均等的现实。国内外学者对于公共服务设施的空间不均等做了大量研究（Talen and Anselin，1998；Talen，2001；Tsou et al.，2005；Chang and Liao，2011；Su et al.，2017；Xu et al.，2017）。许多研究表明对于空间资源的获取能力与居民的健康水平和社区剥夺指数存在关联（Pearce et al.，2006；Pearce et al.，2007；王兴中等，2008；Key，2011）。

另外，实现城市空间资源分配的公平性是规划师的责任。规划师应该通过规划提升城市空间生活质量，实现社区规划的"人本化"（王兴中等，2008）。因此，研究居民生活便利性的空间不均等不仅有助于理解相关城市问题，也可以为使用规划手段引导保障社区和城市空间的公平提供参考。

随着互联网时代的到来，大数据方法被越来越多地应用于城市研究中，突破以往研究数据样本量小、实效性较差的局限成为可能。本研究将大数据方法应用于城市空间环境评价中，采用实时出行数据评价武汉市主城区生活便利性的空间不均等，以期为相关城市研究和规划提供依据和借鉴。

2 文献综述

2.1 居民生活便利性

国内外不同学者都对居民生活便利性作了界定。其中，Gottlieb 认为便利性是地方特有的、不能出口的、为当地居民提供的商品或服务（Gottlieb，1995；吴文钰，2010）；Smith 则将生活便利性定义为某地特有的能够让人感到舒适、愉悦而吸引人们在其周围居住和工作的各种设施、环境条件等（Smith，1977；吴文钰，2010）。这些定义强调了客观设施环境的重要性，但一定程度上忽视了居民使用各种设施的方便程度。张文忠提出了较完善的定义，认为居民生活方便性是指居民在其日常生活中利用各种设施的方便程度，包括居住区和周边地区各种设施的数量和质量（张文忠，2007）。因此，居民生活便利性的评价应考虑三个核心方面：①居民的日常生活范围；②居民使用各类设施的方便程度；③设施的种类和数量。本文将从这三个部分进行研究：①以日常生活圈衡量居民日常生活范围；②以居民到各种设施的可达性衡量居民使用各类设施的方便程度；③讨论涉及的设施种类及权重，并提出居民生活便利性的评价体系。

2.2 日常生活圈

生活圈是个体居民与空间设施在时间、空间上互动形成的空间范围（肖作鹏等，2014）。目前，国内学者对于生活圈理论的研究日益深入。总体来看，其研究的空间尺度主要集中于城市内部层面和区域层面，其研究内容主要包括生活圈内涵和生活圈的层次划分等方面，其实证应用主要涉及城市宜居性评价、居民行为空间研究和区域公共服务设施配置等领域（孙德芳等，2012；柴彦威等，2015；何浪，2015）。

生活圈具有层次性。关于生活圈层次的划分，由于城市差异和研究角度不同，目前尚无统一的划分标准。在众多划分标准中，日常生活圈是指居民以个人住宅为中心，开展各类日常活动（包括购物、社交和医疗等）所形成的空间范围（柴彦威等，2015）。本文将以居民的日常生活圈作为居民日常生活的范围，以该范围内的设施评价居民点的生活便利性。

2.3 可达性的测度

作为理解地理事物相互联系的重要工具，可达性被广泛应用于城市研究中。其主要应用领域包括城市土地利用模式、社会服务设施布局、边缘区或弱势群体研究、城市交通问题等（李平华、陆玉麒，2005）。由于研究方向和研究尺度的区别，学界对于可达性有不同定义。一般来讲，可达性是指利用一种特定的交通系统从某一给定区位到达活动地点的便利程度（李平华、陆玉麒，2005），通常使用时间成本或者距离成本来代表。目前常用的可达性度量方法有：拓扑法、距离法、累积机会法、等值线法、重力模型法、平衡系数法、时空法、效用法等（陈洁等，2007）。

本研究中的可达性是指从居民点到各类日常设施点的便利程度，用居民的实时出行时间来测度。学者进行了大量关于设施可达性的研究（Hewko et al.，2002；Tsou et al.，2005；宋正娜等，2010；Tannier et al.，2012），这些研究在研究视角和可达性度量方法等方面为后续研究提供了有价值的借鉴。然而，现有研究主要存在两方面的不足。①基本研究尺度方面，多数研究采用人口统计单元（通常是行政单元）或者以出行点为中心人为划定一定范围作为居民活动范围。前者的不足在于行政单元的大小对于研究结果的影响很大，面积大的行政单元很可能包含更多的设施点，而且将居民的行动限定于此范围内与实际情况差别很大（Xu et al.，2017）。后者的不足在于范围的确定较理想和均质，且范围的边界很难合适地确定。②成本的界定方面，多数使用静态的数据和方法，通常忽视了实际的交通状况（Xu et al.，2017）。目前，利用大数据手段，考虑居民实时的出行情况的研究尚不多。本文立足于现有研究的方法，使用居民的实时出行数据，并从中提取居民日常生活圈，从而提高测算的准确性。

2.4　日常生活设施及权重

日常生活设施的种类及不同设施类型对于居民生活便利性的影响权重是评价居民生活便利性的基础。对此国内外学者已进行大量研究，总体的趋势是对各类日常设施的覆盖日益全面。Glaeser 等将城市便利性划分为四个层面，分别是充实的商品市场及服务、艺术和自然环境、良好的公共服务、便捷的交通及通讯基础设施（Glaeser et al.，2000；吴文钰，2010）；国内学者如张文忠、邹利林等的研究中，以教育设施、商业设施、医疗设施、交通设施、文体设施、市政设施、环境设施等构建城市生活便利性评价框架（张文忠，2007；邹利林，2016）；崔真真等提出了较完整的指标体系，将社区生活必需的公共服务设施分解为八大类，包括日常购物、教育设施、餐饮设施、交通设施、医疗设施便民服务、金融服务和休闲娱乐，并采用特尔斐法为不同设施赋予了权重（崔真真等，2016）。本文在现有研究的基础上，整合生活圈理论、可达性方法和大数据手段，以期更准确地把握武汉市主城区居民生活便利性的空间特征，并完善城市物质空间环境的评价方法。

3　研究设计和数据

3.1　研究区域

武汉市地处华中地区，是湖北省省会，国家级中心城市。本研究的空间范围为武汉市主城区。武汉市主城区包括武汉市下辖的江岸区、江汉区、硚口区、汉阳区、武昌区、青山区和洪山区共七个区级单位，研究区域面积约 965 平方公里（图1）。

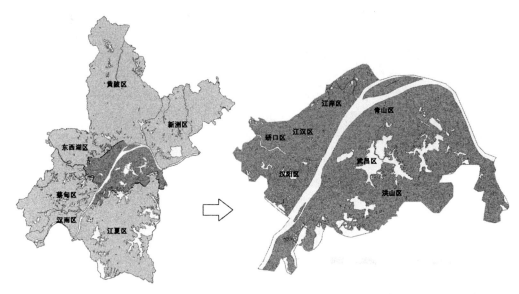

图 1　武汉市主城区

3.2　日常生活圈的测度

本文选取日常生活圈作为研究的基本空间尺度，以居民从其居住地步行半小时所能到达的区域作为其日常生活圈的空间范围。在 GIS 平台中，基于实时交通出行数据，采用反距离插值分析，创建各出行点的出行范围，并从中提取半小时步行圈（图 2）。

城市实时交通出行数据是指各在线地图运营商（高德地图、百度地图、腾讯地图等）根据实时的人流和车流数据提供的出行服务数据，主要数据类型包括各出行方式下的实时出行数据，实时路况数据，热力图数据等。目前实时交通出行数据在城市研究中的应用还不广泛，已有研究主要使用热力图数据，将其应用于城市空间结构研究、职住平衡研究和城市旅游活动时空特征等问题中（李娟等，2016；吴志强、叶锺楠，2016；谭欣等，2016；陈舒婷等，2016）。

基于武汉市行政区数据，创建武汉市主城区 2 000 米×2 000 米渔网，最终得到 194 个采样点，作为采集实时交通出行数据的目标点。基于高德地图，在 2017 年 3 月 5 日（周日）10：00，逐个爬取从各个出行点到各目标点的居民实时步行出行时间数据（部分数据来源于城市数据团）。鉴于数据获取的时间成本较高，数据量有限，所得数据的时间范围明显不足。但是由于步行数据受到实时路况的影响较小，可以较真实地反映居民的现实出行状况，因此本数据具有一定的可信度。

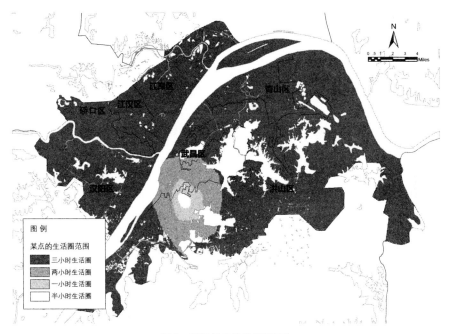

图2 某出行点的出行圈层次

3.3 可达性的测度

本研究以各居民点在其日常生活圈内设施点的种类和数量状况衡量其到日常设施点的可达性，作为评价居民生活便利性的基础。本部分主要借助 GIS 平台和 POI 数据实现。POI（point of interest，兴趣点）数据是一种代表真实地理实体的点状数据，数据主要包含兴趣点的经度、纬度和地址等空间信息以及名称、类型等属性信息。POI 数据具有动态性、巨量性和准确性的特征，在城市研究中的应用日益深入。目前国内学者已将其应用于城市结构分析、城市建成环境评价、城市商业地理等领域中（索超、丁志刚，2015；孙宗耀等，2015；索超、张浩，2015；崔真真等，2016；陈蔚珊等，2016）。

本研究所采用的 POI 数据主要包括居民点 POI 数据和设施点 POI 数据。

居民点 POI 数据。通过互联网爬取 17 450 个商业住宅的 POI 数据，并基于 GIS 的平均中心工具，将所有居民点聚类成为 569 个出行点。武汉市主城区居民点的密集区位于江汉路片区、汉正街片区、街道口片区、徐东片区和光谷广场片区（图3）。

设施点 POI 数据。通过互联网爬取并对所得数据进行清洗，共得到 198 858 条各类设施点数据。其中，购物设施数据 109 236 条，餐饮设施数据 50 929 条，生活服务设施 20 229 条，教育设施 1 536 条，休闲设施数据 7 755 条，医疗设施 5 413 条，交通设施 2 060 条。

图3　武汉市主城区居民点分布密度

3.4　居民生活便利性评价

3.4.1　评价因子层次

在获得出行点到日常设施点的可达性的基础上，本部分进一步考虑设施点的类型对于居民生活便利性的影响。通过参考崔真真等（2016）对于城市生活便利度指标评价体系的研究并做出部分修改，将影响居民生活便利性的设施分为两级评价因子。一级评价因子为日常购物、餐饮设施、便民服务、交通设施、教育设施、医疗设施和休闲娱乐，二级评价因子为各一级评价因子下的具体设施（表1）。借助层次分析法（AHP），以居民生活便利度作为决策目标，以评价居民生活便利度的一级因子和二级因子作为中间层要素，确定各一级因子和二级因子的权重，构建了居民生活便利度评价体系。

表 1　居民生活便利度指标体系

因子	权重	因子	权重	因子	权重	因子	权重
日常购物（一级）	0.225	便民服务（一级）	0.175	交通设施（一级）	0.150	教育设施（一级）	0.125
便利店及普通超市	0.078 8	电讯服务	0.035 0	公交站	0.083 3	幼儿园	0.050 0
各类专卖	0.067 5	快递服务	0.035 0	地铁站	0.050 0	小学	0.037 5
农贸市场	0.056 3	美容美发	0.026 3	火车站	0.008 3	中学	0.037 5
购物中心	0.022 5	维修护理	0.026 3	汽车站	0.008 3		
		金融服务	0.052 5				
餐饮设施（一级）	0.150	医疗设施（一级）	0.125	休闲娱乐（一级）	0.050		
中餐厅	0.075 0	社区医院	0.018 8	娱乐消遣	0.043 8		
休闲餐饮	0.060 0	药店	0.018 8	体育健身	0.006 3		
西餐厅	0.015 0	专科医院	0.037 5				
		综合医院	0.050 0				

3.4.2　居民生活便利度计算方法

单因子生活便利度计算方法：

$$C_i = \sum_{j=1}^{n} W_j \times N_j$$

式中，C_i 表示某一级因子的便利度，j 表示二级因子的种类，n 表示该 i 类一级因子中二级因子的数量，W_j 表示该二级因子的权重，N 表示该二级因子的数量。

综合生活便利度计算方法：

$$C_T = \sum_{i=1}^{n} C_i$$

式中，C_T 表示总生活便利度，i 表示一级因子，n 表示一级因子的数量，C_i 表示某一级因子的便利度。

3.5　数据分析方法

本部分借助 GIS 平台的空间统计工具进行数据分析。空间统计工具在国内外地理学研究中的应用十分广泛，这些研究完整地阐述了该方法的应用方式（王慧等，2014；王帅等，2015；Shaker and Sirodoev，2016；Requia et al.，2017）。本研究首先检验数据能否拒绝零假设，接着通过空间自相关分析研究数据样本整体的聚类状况，再通过高/低聚类分析判断数据整体是高值聚类或是低值聚类，最后通过聚类与异常值分析研究高/低聚类发生的空间位置。

3.5.1　零假设检验和空间自相关分析

在对数据进行空间统计分析之前需要先验证数据能否拒绝零假设。零假设是统计学中的重要概念，是指进行统计检验时预先建立的假设。在空间统计中，零假设意味着预先假设一定区域中的地理事物在该区域中完全随机分布。因此，如果数据可以拒绝零假设，表明数据在一定置信度水平下，不是随机分布，具有空间统计分析价值。数据能够拒绝零假设是进一步进行空间统计分析的基础。

空间自相关工具可以计算得出数据样本的 p 值和 Z 得分来验证数据是否能够拒绝零假设。p 值指的是样本数据呈现的空间分布模式随机生成概率；Z 得分表示标准差的倍数，反映样本数据的离散程度。当 p 值很小而 Z 得分绝对值很大时，意味着所观测到的空间模式在一定置信度水平下不可能产生于随机过程（小概率事件），即数据可以拒绝零假设。

空间自相关分析通常利用 Moran's I 来衡量研究所用数据中某一要素的属性值是否显著地与其相邻空间点上的属性值相关联。若 Moran's I 为正数，则空间呈正相关性，Moran's I 的值越大，空间相关性越明显；若 Moran's I 为负数，则空间呈负相关性，Moran's I 的值越小，空间差异越大；若 Moran's I 为零，则空间呈随机性。因而，空间自相关分析可以判断数据中的要素在空间上的分布模式属于聚类模式、离散模式或者随机模式（ESRI 公司，2013）。

3.5.2　判断整体上的高值聚类和低值聚类

高/低聚类方法可以通过生成 General G 观测值、General G 期望值、p 值和 Z 得分四个参数来判断数据所发生的聚类属于高值聚类还是低值聚类。一般而言，如果 Z 得分为正数，即 General G 观测值大于 General G 期望值，表明所研究属性倾向于在研究区域中发生高值聚类；相反，如果 Z 得分为负数，即 General G 观测值将小于 General G 期望值，表明所研究属性倾向于在研究区域中发生低值聚类 (ESRI 公司，2013)。

3.5.3　判断高值聚类的具体空间位置

聚类和异常值分析工具通过对数据集中的每一个要素和邻近要素进行研究计算，生成 Local Moran's I、Z 得分、p 值和聚类/异常值类型（COType）四个参数。其中，聚类/异常值类型字段可区分 HH（具有统计显著性的高值聚类）、LL（低值聚类）、HL（高值主要由低值围绕的异常值）以及 LH（低值主要由高值围绕的异常值）。聚类和异常值分析工具主要应用于识别具有统计显著性的热点、冷点以及空间异常值。一个要素如果属于具有显著统计学意义的热点（冷点），则意味着要素应具有高值（低值），且被其他同样具有高值（低值区）的要素所包围，因而这一方法避免了异常情况的出现，能够更为准确地识别出居民生活便利度的高值区（低值区）（ESRI 公司，2013）。

4　研究发现

4.1　综合居民生活便利性分析

4.1.1　综合居民生活便利性的总体特征

通过空间自相关分析和计算全局 Moran's I（表 2），并结合表 3，发现：①所有评价因子的 p 值均小于 0.01，因此研究所用数据是随机分布的概率只有 1%（99% 的置信度），即数据拒绝了零假设；②所有评价因子的 Z 得分均大于 2.58，表明数据呈现明显的聚类特征；③所有评价因子的 Moran's I 均为正数，且均处于 0.55～0.80 之间，表示数据空间自正相关性很强。

表 2　全局 Moran's I 指数

类型	全局 Moran's I 指数	p 值	Z 得分
总体状况	0.665 933	0	34.236 94
日常购物	0.659 07	0	33.861 79
餐饮设施	0.639 303	0	32.949 76
便民服务	0.625 613	0	32.199 32
交通设施	0.588 541	0	30.230 69
教育设施	0.803 089	0	41.249 55
医疗设施	0.658 21 6	0	33.877 09
休闲娱乐	0.639 815	0	33.091 6

表 3　不同置信度下未经校正的临界 p 值和临界 Z 得分

Z 得分（标准差）	p 值（概率）	置信度
< -1.65 或 > +1.65	< 0.10	90%
< -1.96 或 > +1.96	< 0.05	95%
< -2.58 或 > +2.58	< 0.01	99%

通过高/低聚类分析，得到数据的全局 General G 指数，汇总如表 4 所示，所有评价因子的 General G 观测值均大于 General G 期望值，可见武汉市主城区的综合居民生活便利性状况呈现高值显著集聚，低值较为分散的分布特征，即生活便利度较高的居民点在空间上明显倾向于集中，而生活便利度较低的居民点的分布则比较分散。

表 4　全局 General G 指数

类型	General G 观测值	General G 期望值	p 值	Z 得分
综合	0.003 627	0.001 761	0	33.765 79
购物	0.003 536	0.001 761	0	33.356 82
餐饮	0.004 073	0.001 761	0	32.649 32
生活	0.003 636	0.001 761	0	31.910 3
交通	0.002 805	0.001 761	0	30.030 9
教育	0.003 363	0.001 761	0	40.230 34
医疗	0.003 889	0.001 761	0	33.486 83
休闲	0.003 956	0.001 761	0	32.739 79

4.1.2 综合居民生活便利性高值区域分析

通过对样本数据进行聚类和异常值分析，发现武汉市主城区总体居民生活便利度较高的居民点主要集中于三级共八个高值区域（图4）：第一级区域（即生活便利度最高的区域）包括江汉路、中山公园及附近地区；第二级区域包括昙华林、黄鹤楼片区，王家湾、十里铺片区，光谷广场；第三级区域包括徐东群星城片区、和平公园片区、双墩地铁站附近片区、古琴台片区。

上述区域均是武汉市经济较为发达的地区，开发程度较高，基础设施相对较为完善。其中，高值集聚最为明显的江汉路、中山公园及附近地区，是武汉最早的经济中心，历史悠久，各项设施完备；昙华林、黄鹤楼片区是武昌老城区；王家湾、十里铺片区是汉阳区主要商圈所在地；光谷广场是洪山区的商业核心之一。可见，武汉市主城区居民生活便利性与历史发展基础和片区经济水平有明显的一致性。经济发展水平较高的区域，居民对于完善的基础设施有更强诉求，而较强的经济实力也保障了基础设施的完善。

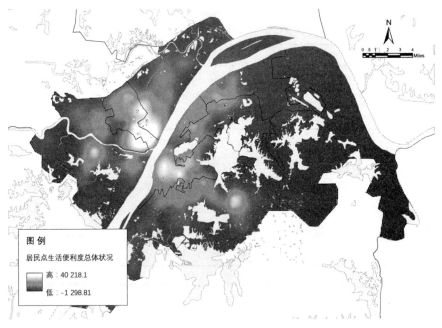

图4　武汉市主城区居民点生活便利度总体状况

4.1.3 基于街道的综合生活便利性评价

基于武汉市主城区综合生活便利性状况，评价不同街道的综合生活便利性。研究发现，综合生活便利性排名前十的街道分别是水塔街、民权街、六角亭街、民意街、前进街、荣华街、中华路街、西马街、车站街和台北街（图5）。其中，中华路街位于武昌，其他街道均位于汉口。

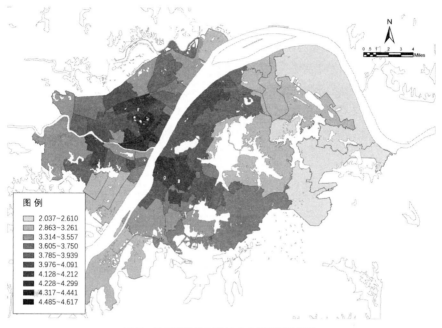

图例

- 2.037~2.610
- 2.863~3.261
- 3.314~3.557
- 3.605~3.750
- 3.785~3.939
- 3.976~4.091
- 4.128~4.212
- 4.228~4.299
- 4.317~4.441
- 4.485~4.617

图 5　基于街道单元的综合生活便利性评价

4.2　单因子生活便利性分析

4.2.1　不同因子生活便利性对比分析

根据对不同一级评价因子进行聚类和异常值分析，发现不同类型的生活便利性状况差异不大，基本都表现出明显的高值聚类趋势。其中，餐饮设施和休闲娱乐设施的高值聚类特征最为明显，交通设施的高值聚类特征最不明显，其原因可能在于交通设施的分布通常呈点状，除重要节点外分布均匀。

就高值区发生的空间位置而言，各类型生活便利度的高值区域在空间分布上呈现出显著的一致性，基本上所有类型的高值聚类均分布于江汉路片区、王家湾片区、黄鹤楼片区、徐东片区和光谷广场片区。可见，经济发展水平对于基础设施的完善作用是全面的，经济水平的发展通常会全面带动基础设施的完善。

4.2.2　交通设施存在较明显的低值聚类

通过对交通因子作聚类和异常值分析，可以发现交通设施存在较明显的低值聚类，聚类位置位于洪山区汤逊湖北岸地区。武汉市主城区内河湖众多，陆地界面相对较为破碎，该片区位于汤逊湖和南湖之间的狭窄地带，这是自然环境对居民生活便利度产生的影响。加之该片区本身地理位置相对比较偏僻，受到周围的经济辐射较弱，因而经济区位不优越，故缺乏交通设施的覆盖。

对其他一级因子做的聚类和异常值分析的结果表明，其他方面的居民生活便利度并不存在显著的低值聚类的区域。

4.2.3 基于街道的单因子生活便利性评价

基于武汉市主城区单因子生活便利性状况，评价不同街道的单因子生活便利性，对各单因子生活便利性排名前十位和后十位的街道进行汇总。

通过对单因子生活便利性排名前十位的街道进行汇总（表5），发现水塔街、民意街、前进街和西马街在各单因子生活便利性评价中都处于前十位，表明这些街道公共服务设施数量和种类都十分完备。

表5　单因子生活便利性排名前十位街道

	街道	街道所在区		街道	街道所在区
日常购物	民权街	江汉区	餐饮服务	水塔街	江汉区
	六角亭街	硚口区		六角亭街	硚口区
	水塔街	江汉区		荣华街	硚口区
	民意街	江汉区		民权街	江汉区
	前进街	江汉区		民意街	江汉区
	中华路街	武昌区		前进街	江汉区
	台北街	江岸区		车站街	江岸区
	荣华街	硚口区		中华路街	武昌区
	花桥街	江岸区		西马街	江岸区
	西马街	江岸区		大智街	江岸区
教育	水塔街	江汉区	交通	水塔街	江汉区
	西马街	江岸区		常青街	江汉区
	台北街	江岸区		台北街	江岸区
	六角亭街	硚口区		钢花村街	青山区
	民权街	江汉区		车站街	江岸区
	民意街	江汉区		西马街	江岸区
	前进街	江汉区		民意街	江汉区
	荣华街	硚口区		前进街	江汉区
	车站街	江岸区		六角亭街	硚口区
	新华街	江汉区		红卫路街	青山区

续表

	街道	街道所在区		街道	街道所在区
医疗	荣华街	硚口区	生活服务	民权街	江汉区
	台北街	江岸区		六角亭街	硚口区
	水塔街	江汉区		水塔街	江汉区
	西马街	江岸区		民意街	江汉区
	黄鹤楼街	武昌区		前进街	江汉区
	六角亭街	硚口区		荣华街	硚口区
	中华路街	武昌区		西马街	江岸区
	宝丰街	硚口区		车站街	江岸区
	民意街	江汉区		台北街	江岸区
	前进街	江汉区		汉正街	硚口区
休闲娱乐	水塔街	江汉区			
	车站街	江岸区			
	西马街	江岸区			
	大智街	江岸区			
	民意街	江汉区			
	前进街	江汉区			
	民权街	江汉区			
	荣华街	硚口区			
	台北街	江岸区			
	一元街	江岸区			

通过对单因子生活便利性排名后十位的街道进行汇总（表6），发现单因子生活便利性排名靠后的街道多位于主城区外围，相较市中心设施布局较不完善。其中，花山街、九峰街和武钢厂区在各单因子生活便利性评价中都处于后十位，表明这些街道公共服务设施数量和种类都亟待改善。

表6 单因子生活便利性排名后十位街道

	街道	街道所在区		街道	街道所在区
日常购物	花山街	武汉东湖新技术开发区	餐饮服务	八吉府街	武汉化学工业区
	八吉府街	武汉化学工业区		花山街	武汉东湖新技术开发区
	武东街	青山区		武东街	青山区
	九峰街	武汉东湖新技术开发区		武钢厂区	青山区
	谌家矶街	江岸区		九峰街	武汉东湖新技术开发区
	洲头街	汉阳区		青山镇街	青山区
	东湖风景区街	武汉市东湖生态旅游风景区		洲头街	汉阳区
	武钢厂区	青山区		白玉山街	青山区
	白玉山街	青山区		厂前街	青山区
	青菱街	洪山区		谌家矶街	江岸区
教育	八吉府街	武汉化学工业区	交通	武东街	青山区
	花山街	武汉东湖新技术开发区		花山街	武汉东湖新技术开发区
	九峰街	武汉东湖新技术开发区		武钢厂区	青山区
	武钢厂区	青山区		洲头街	汉阳区
	青山镇街	青山区		九峰街	武汉东湖新技术开发区
	武东街	青山区		汉水桥街	硚口区
	青菱街	洪山区		青菱街	洪山区
	洲头街	汉阳区		青山镇街	青山区
	厂前街	青山区		东湖风景区街	武汉市东湖生态旅游风景区
	谌家矶街	江岸区		张家湾街	洪山区
医疗	花山街	武汉东湖新技术开发区	生活服务	花山街	武汉东湖新技术开发区
	八吉府街	武汉化学工业区		八吉府街	武汉化学工业区
	九峰街	武汉东湖新技术开发区		武东街	青山区
	青菱街	洪山区		武钢厂区	青山区
	武钢厂区	青山区		九峰街	武汉东湖新技术开发区
	谌家矶街	江岸区		四新地区管委会	汉阳区
	武东街	青山区		谌家矶街	江岸区
	永丰街	汉阳区		江堤街	汉阳区
	厂前街	青山区		东湖风景区街	武汉市东湖生态旅游风景区
	易家街	硚口区		洲头街	汉阳区

续表

街道	街道所在区		街道	街道所在区
武钢厂区	青山区			
八吉府街	武汉化学工业区			
花山街	武汉东湖新技术开发区			
厂前街	青山区			
青山镇街	青山区			
武东街	青山区			
洲头街	汉阳区			
九峰街	武汉东湖新技术开发区			
易家街	硚口			
江堤街	汉阳区			

（休闲娱乐）

5　结论与讨论

5.1　研究结论

本文基于实时交通出行数据，应用评价体系的构建方法，以居民生活便利性作为宜居城市建设的核心内容，探讨居民生活便利度评价体系的构建方法以及大数据手段在城市建成环境评价中的应用。研究结果表明，武汉市主城区居民生活便利性呈现显著的高值聚类，低值分散的空间特征；片区生活便利性与其经济发展水平存在显著一致性，不同类型生活便利度高值区的空间分布基本一致；交通因子存在显著的低值聚类。居民生活便利性内在地反映了一定片区各类设施的分布状况。通过本文研究，不难看出，武汉市主城区居民生活便利度存在空间差异，这种差异主要是基础设施分布空间分布不均造成的。

5.2　生活便利不均等的城市规划启示

党的十九大报告指出，中国特色社会主义进入新时代，我国社会主要矛盾已经转化为人民日益增长的美好生活需要和不平衡、不充分的发展之间的矛盾。"不平衡的发展"问题在城市空间亟待被重新梳理。其中，居民的生活便利性是很重要的指标，其空间差异不仅展现基础设施的物质空间布局，还可以反映区域内经济发展水平的不平衡，应引起规划师们的重视。

武汉等大型城市仍普遍处于快速城市化阶段，城市核心区与城市边缘区开发周期不同，传统老城区与新建城区的公共服务设施差异显著。物质空间的空间不公平也会投射到社会经济层面，加剧包容与二元、流动与固化的社会空间矛盾。快速城市化地区的"空间公平",需要通过重塑空间正义、促进社会融合来逐步解决。通过大数据与空间分析手段,在微观尺度精确定位并判定需要提升的生活便利性的具体方面,有针对性地提出"城市修补"的方案,可以在一定程度上降低更新改造的治理成本,为城市规划工作打造"人本城市"提供数据参考。

致谢

本文受国家自然科学基金青年项目(41601166)、中央高校基本科研业务费专项资金项目(CCNU16A05056)资助;感谢城市数据团对本研究的数据支持。

参考文献

[1] Allen, N. 2015. "Understanding the importance of urban amenities: A case study from Auckland," Buildings, 5 (1): 85-99.

[2] Blomquist, G. C., Berger, M. C., Hoehn, J. P. 1988. "New estimates of quality of life in urban areas," American Economic Review, 78 (1): 89-107.

[3] Chang, H. S., Liao, C. H. 2011. "Exploring an integrated method for measuring the relative spatial equity in public facilities in the context of urban parks," Cities, 28 (5): 361-371.

[4] Deller, S. C., Tsai, T. H., Marcouiller, D. W. et al. 2001. "The role of amenities and quality of life in rural economic growth," American Journal of Agricultural Economics, 83 (2): 352-365.

[5] ESRI 公司. ArcGIS 帮助 10. 1 [K]. 2013.

[6] Glaeser, E. L., Kolko, J., Saiz, A. 2000. Consumer City. Cambridge, MA: National Bureau of Economic Research.

[7] Gottlieb, P. D. 1995. "Residential amenities, firm location and economic development," Urban Studies, 32 (9): 1413-1436.

[8] Hewko, J., Smoyertomic, K. E., Hodgson, M. J. 2002. "Measuring neighbourhood spatial accessibility to urban amenities: Does aggregation error matter?" Environment & Planning A, 34 (7): 1185-1206.

[9] Key, T. J. 2011. "Fruit and vegetables and cancer risk," British Journal of Cancer, 104 (1): 6-11.

[10] Mulligan, G. F., Carruthers, J. I. 2011. "Amenities, quality of life, and regional development," in Investigating Quality of Urban Life, ed. Marans, R. W., Stimson, R. J. Dordrecht: Springer Netherlands.

[11] Pearce, J., Witten, K., Bartie, P. 2006. "Neighbourhoods and health: A GIS approach to measuring community resource accessibility," Journal of Epidemiology & Community Health, 60 (5): 389-395.

[12] Pearce, J., Blakely, T., Witten, K. et al. 2007. "Neighborhood deprivation and access to fast-food retailing: A national study," American Journal of Preventive Medicine, 32 (5): 375-382.

[13] Rappaport, J. 2008. "Consumption amenities and city population density," Regional Science & Urban Economics, 38 (6): 533-552.

[14] Su, S., Li, Z., Xu, M. et al. 2017. "A geo-big data approach to intra-urban food deserts: Transit-varying accessibility, social inequalities, and implications for urban planning," Habitat International, 64: 22-40.

[15] Shaker, R., Sirodoev, I. 2016. "Assessing sustainable development across Moldova using household and property composition indicators," Habitat International, (55): 192-204.

[16] Smith, D. M. 1977. "Human geography: A welfare approach, " Geography, (4): 361.

[17] Talen, E., Anselin, L. 1998. "Assessing spatial equity: An evaluation of measures of accessibility to public playgrounds," Environment & Planning A, 30 (4): 595-613.

[18] Talen, E. 2001. "School, community, and spatial equity: An empirical investigation of access to elementary schools in West Virginia," Annals of the Association of American Geographers, 91 (3): 465-486.

[19] Tannier, C., Vuidel, G., Houot, H. et al. 2012. "Spatial accessibility to amenities in fractal and nonfractal urban patterns," Environment & Planning B Planning & Design, 39 (5): 801-819.

[20] Tsou, K. W., Hung, Y. T., Chang, Y. L. 2005. "An accessibility-based integrated measure of relative spatial equity in urban public facilities," Cities, 22 (6): 424-435.

[21] Requia, W., Dalumpines, R., Adams, M. et al. 2017. "Modeling spatial patterns of link-based PM2. 5 emissions and subsequent human exposure in a large Canadian metropolitan area. " Atmospheric Environment, (158): 172-180.

[22] Xu, M., Xin, J., Su, S. et al. 2017. "Social inequalities of park accessibility in Shenzhen, China: The role of park quality, transport modes, and hierarchical socioeconomic characteristics," Journal of Transport Geography, 62: 38-50.

[23] 柴彦威, 张雪, 孙道胜. 基于时空间行为的城市生活圈规划研究——以北京市为例 [J]. 城市规划学刊, 2015, (3): 61-69.

[24] 陈洁, 陆锋, 程昌秀. 可达性度量方法及应用研究进展评述 [J]. 地理科学进展, 2007, 26 (5): 100-110.

[25] 陈舒婷, 高悦尔, 边经卫. 基于旅游活动的景点周边慢行交通改善研究——以厦门大学—南普陀景点为例 [A]. 中国城市规划学会、沈阳市人民政府. 规划 60 年: 成就与挑战——2016 中国城市规划年会论文集 (05 城市交通规划) [C]. 北京: 中国建筑工业出版社, 2016. 172-182.

[26] 陈蔚珊, 柳林, 梁育填. 基于 POI 数据的广州零售商业中心热点识别与业态集聚特征分析 [J]. 地理研究, 2016, (4): 703-716.

[27] 崔真真, 黄晓春, 何莲娜, 等. 基于 POI 数据的城市生活便利度指数研究 [J]. 地理信息世界, 2016, 23 (3): 27-33.

[28] 顾文选, 罗亚蒙. 宜居城市科学评价标准 [J]. 北京规划建设, 2007 (1): 7-10.

[29] 何浪. 生活圈理论视角下的贵阳市保障性社区公共服务便利性研究 [A]. 新常态: 传承与变革——2015 中国城市规划年会论文集 (16 住房建设规划) [C]. 北京: 中国建筑工业出版社, 2015. 9.

[30] 李娟, 李苗裔, 龙瀛, 等. 基于百度热力图的中国多中心城市分析 [J]. 上海城市规划, 2016, (3): 30-36.

[31] 李平华, 陆玉麒. 可达性研究的回顾与展望 [J]. 地理科学进展, 2005, 24 (3): 69-78.

[32] 孟斌, 尹卫红, 张景秋, 等. 北京宜居城市满意度空间特征 [J]. 地理研究, 2009, 28 (5): 1318-1326.

[33] 任学慧, 林霞, 张海静, 等. 大连城市居住适宜性的空间评价 [J]. 地理研究, 2008, 27 (3): 683-692.

[34] 宋正娜, 陈雯, 张桂香, 等. 公共服务设施空间可达性及其度量方法 [J]. 地理科学进展, 2010, 29 (10):

1217-1224.

[35] 孙德芳，沈山，武廷海. 生活圈理论视角下的县域公共服务设施配置研究——以江苏省邳州市为例 [J]. 规划师，2012，(8)：68-72.

[36] 孙宗耀，翟秀娟，孙希华，等. 基于 POI 数据的生活设施空间分布及配套情况研究——以济南市内五区为例 [J]. 地理信息世界，2017，(1)：65-70.

[37] 索超，丁志刚. POI 在城市规划研究中的应用探索 [A]. 新常态：传承与变革——2015 中国城市规划年会论文集（04 城市规划新技术应用）[C]. 北京：中国建筑工业出版社，2015.634-643.

[38] 索超，张浩. 高铁站点周边商务空间的影响因素与发展建议——基于沪宁沿线 POI 数据的实证 [J]. 城市规划，2015，(7)：43-49.

[39] 谭欣，黄大全，赵星烁，等. 基于百度热力图的职住平衡度量研究 [J]. 北京师范大学学报（自然科学版），2016，(5)：622-627＋534.

[40] 王慧，吴晓，强欢欢. 南京市主城区就业空间布局初探 [J]. 经济地理，2014，(6)：115-123.

[41] 王帅，陈忠暖，黄方方. 广州市连锁超市空间分布及其影响因素 [J]. 经济地理，2015，(11)：85-93.

[42] 王兴中，王立，谢利娟，等. 国外对空间剥夺及其城市社区资源剥夺水平研究的现状与趋势 [J]. 人文地理，2008，23 (6)：7-12.

[43] 吴文钰. 城市便利性、生活质量与城市发展：综述及启示 [J]. 城市规划学刊，2010 (4)：71-75.

[44] 吴志强，叶锺楠. 基于百度地图热力图的城市空间结构研究——以上海中心城区为例 [J]. 城市规划，2016，(4)：33-40.

[45] 肖作鹏，柴彦威，张艳. 国内外生活圈规划研究与规划实践进展述评 [J]. 规划师，2014，(10)：89-95.

[46] 湛东升，张文忠，余建辉，等. 基于客观评价的北京城市宜居性空间特征及机制 [J]. 地域研究与开发，2016，35 (4)：68-73.

[47] 张志斌，巨继龙，陈志杰. 兰州城市宜居性评价及其空间特征 [J]. 生态学报，2014，34 (21)：6379-6389.

[48] 张文忠. 宜居城市的内涵及评价指标体系探讨 [J]. 城市规划学刊，2007 (3)：30-34.

[49] 邹利林. 生活便利性视角下城市不同功能区居住适宜性评价——以泉州市中心城区为例 [J]. 经济地理，2016，36 (5)：85-91.

基于 DPSIR 模型的县域土地生态安全评价
——以安徽省肥东县和涡阳县为例

苏子龙　周　伟　袁国华　郑娟尔　贾立斌

Evaluation on Ecological Safety of County Land Based on DPSIR Model: With Feidong County and Guoyang County of Anhui Province as Examples

SU Zilong, ZHOU Wei, YUAN Guohua, ZHENG Juaner, JIA Libin
(Chinese Academy of Land and Resource Economics, Beijing 101149, China)

Abstract County economy is the cornerstone of China's social and economic development, so its development pattern is directly related to the land ecological safety and in turn affects the sustainable use of land. In order to explore the situation of county land ecological safety under different economic development patterns, based on the DPSIR (driving force-pressure-status-influence-response) conceptual model, this paper builds a land ecological safety evaluation system and works out the index weights by using the entropy weight method. Feidong County and Guoyang County in Anhui Province are taken as examples for case studies. The results show that the land ecological safety composite index of Feidong County had a rising trend from 2011 to 2014, with the status changing from less safe to safer, and it entered the critical safety status when the index had a slight drop in 2015. In contrast, in the

摘　要　县域经济是我国经济社会发展的基石，其发展模式直接关系到土地生态安全，进而影响土地的可持续利用。为探究不同经济发展模式下县域土地生态安全状况，基于DPSIR（驱动力—压力—状态—影响—响应）概念模型，构建土地生态安全评价体系，利用熵权法计算指标权重，以安徽省肥东县和涡阳县为例进行了实证研究。结果表明：2011～2014年肥东县土地生态安全综合指数整体呈现上升趋势，由较不安全升至较安全状态，2015年出现小幅下降，进入临界安全状态；而涡阳县2011～2015年土地生态安全综合指数变化较为平稳，均处于临界安全状态。准则层面，两县在驱动力、压力和状态安全值方面变化趋势存在差异，在影响和响应安全值方面变化趋势相同。指标层面，人口自然增长率、人口密度、森林覆盖率、耕地面积占比等指标是影响两县土地生态安全的主要因素。文章基于上述研究结果从保护土地生态安全角度提出相关调控对策建议，以期为不同经济发展模式的县域土地生态安全管理提供参考。

关键词　土地生态安全；DPSIR；经济发展模式；县域

1　引言

县域经济是我国社会经济发展的战略基石，在承接产业转移、优化经济结构、推进城镇化发展等方面发挥着重要作用（刘吉超，2013）。作为县域经济的重要指引，县域经济发展模式则是根据自身社会经济发展阶段、资源禀赋、区位环境等条件，在县域经济持续的工业化和现代化进程

作者简介
苏子龙、周伟、袁国华、郑娟尔、贾立斌，中国国土资源经济研究院。

period of 2011 to 2015, the land ecological safety composite index of Guoyang County was stable and in critical safety status. In terms of criteria, there were differences in driving force, pressure, and status safety values between the two counties, while a similar trend in impact and response safety values. In terms of indexes, the natural population growth rate, population density, forest coverage rate, and ratio of cultivated land were main factors influencing the land ecological safety of the two counties. Based on the above research results, this paper puts forward some countermeasures and suggestions from the perspective of protecting land ecological safety, so as to provide reference for the land ecological safety management in county areas with different economic development patterns.

Keywords land ecological safety; DPSIR; economic development patterns; county area

中逐步形成的具有特色的发展途径（战炻磊，2005）。以往学者基于县域经济发展共性，从不同角度对县域经济发展模式进行了分类，例如从产业结构视角、区位条件视角、经济发展程度、产业驱动视角等（战炻磊，2005；赵伟，2007；梁兴辉、王丽欣，2009；刘吉超，2013）。但无论哪种模式，均需要土地来承载其经济发展。而县域作为城市和农村的过渡地带，其经济发展模式将直接关系到土地生态系统健康状态，进而对土地资源可持续利用产生影响。十九大报告提出"实行最严格的生态环境保护制度，形成绿色发展方式和生活方式"，"着力解决突出环境问题"，"加大生态系统保护力度"。土地生态安全评价正是基于上述目标，对土地生态系统完整性以及在各种风险下维持其健康的可持续能力的识别与研判（郑荣宝，2006），从而为推进土地资源管护模式转变，提高区域土地生态安全保障能力，构建绿色国土空间格局提供支持（黄海等，2016）。

土地生态安全指标体系是土地生态安全评价的基础和关键（张小虎等，2009；李德胜等，2017），但目前尚未统一。常用于指标体系构建的模型有 EES（Ecology-Economy-Society，生态—经济—社会）概念模型、PSR（Pressure-State-Response，压力—状态—响应）概念模型，以及两者的引申 EEES（Ecology-Environment-Economy-Society，生态—环境—经济—社会）概念模型和 DPSIR（Driving Force-Pressure-State-Impact-Response，驱动力—压力—状态—影响—响应）概念模型。相较于 EES 概念模型和 EEES 概念模型，DPSIR 概念模型基于因果关系组织信息，能够较为全面反映系统间的相互过程（徐美等，2012a）；同时，相较于 PSR 概念模型，DPSIR 概念模型作为其升级扩展版本，对系统结构的表述则更为完善。自1993 年由 OECD（Organization for Economic Cooperation and Development，经济合作与发展组织）提出后（OECD，1993），DPSIR 概念模型被广泛应用于生态环境评价指标体系的构建，例如曾被 OECD 用于构建脱钩指标，以描述温室气体等环境压力与经济增长之间的关系（OECD，2002）。

此外，该概念模型被欧洲环境局用于成员国的环境报告中，以反映环境变化和相关政策的反馈作用（EEA，1999）；联合国环境规划署的全球环境展望项目也直接采用了 DPSIR 概念模型，以评价全球环境变化趋势及其对人类福祉的影响（UNEP，2007）。DPSIR 概念模型在土地生态安全评价的运用中，可对在经济社会因素的驱动下，土地生态环境的变化趋势和问题以及政策措施等的反馈作用进行系统描述。

基于此，本文尝试利用 DPSIR 概念模型构建土地生态安全指标体系，并以采用不同经济发展模式的安徽省肥东县和涡阳县为例，对其土地生态安全进行系统评价和比较，以期为不同经济发展模式的县域土地生态安全有效管理提供参考。

2 研究区概况

2.1 自然与社会经济特征

本文选取安徽省肥东县和涡阳县为研究区域。其中，肥东县隶属合肥市，位于安徽省中部，地跨东经 117°19′～117°52′、北纬 31°34′～32°16′，其东北部是低山丘陵和岗地，中南部为平原地区。气候属北亚热带季风性气候，四季分明，雨量适中，光照充足。肥东县下辖 18 个乡镇、331 个村（居、社区），总面积 2 181.6 平方公里。2016 年年底，全县户籍人口 106.02 万人，常住人口 88.0 万人，全年地区生产总值 528.7 亿元，三次产业结构比例为 12.2∶65.0∶22.8。

涡阳县隶属于亳州市，位于安徽省西北部，地跨东经 115°53′～116°33′、北纬 33°27′～33°47′，境内涡河横界东西，将县境分为涡南、涡北两个自然区域，全县大部分是早期河间平原，少量山地零星分布在涡河以北。气候属暖温带半湿润季风气候，四季分明，雨量适中，光照充足。涡阳县下辖 4 个街道、21 个镇、1 个经济开发区，总面积 2 107 平方公里。2016 年年底，全县户籍人口 164.5 万人，常住人口 126.1 万人，全年地区生产总值 242.2 亿元，三次产业结构比例为 18.9∶42.1∶39.0。

2.2 县域经济发展模式概况

肥东县和涡阳县经济发展优势和产业特色鲜明，为使得对两县经济发展模式的总结更具针对性和准确性，本文将从产业驱动视角来阐述两县的经济发展模式。基于产业驱动视角，县域经济发展模式可以分为工业驱动型、农业驱动型、第三产业驱动型和资源禀赋驱动型四类（赵伟，2007）。其中，工业驱动型的特点为第二产业产值和就业比重均占主导地位，并且可以细分为大城市依托型、内生型和开放型。肥东县近年来三次产业结构比例中，第二产业占比均超过 60%（2011～2016 年），就业比例也较高，是典型的工业驱动型。同时，肥东县作为合肥市东大门，区位优势明显，目前正加速融入合肥城市发展，全方位承接合肥市的延伸和辐射，围绕安徽肥东经济开发区、合肥循环经济示范园、安徽商贸物流园等载体，拓展园区和工业集聚区规模。因此，肥东县属大城市依托型工业化类型。

此外，农业驱动型县域经济侧重市场性农业的发育和建设，其主要特点是农业及其延伸产业的发展是推动县域经济发展的主体力量，但需要丰富的农业资源作为发展条件；第三产业驱动型是指通过服务业的发展推动县域经济三大产业全面进步的发展模式（赵伟，2007；刘吉超，2013）。资源禀赋驱动型基于县域内自然、社会、经济、技术等方面的禀赋与特质，整合产业结构、生产布局、组织形式等政策要素，推动县域经济发展（战焰磊，2005）。涡阳县拥有丰富的煤炭资源，已探明储量 32.5亿吨，被列为全国 13 个亿吨能源基地第八主产区，年产原煤 500 万吨。在立足煤炭生产的同时，涡阳县做大做强煤电煤化工，大力发展煤炭下游产业。因此，涡阳县属资源禀赋驱动型。另外，涡阳县农产品丰富，是国家优质商品粮生产基地、肉羊大县、中药材生产基地，由此引申出的农产品加工产业，也已成为推动当地经济发展的主体力量之一，故涡阳县在以资源禀赋驱动模式为主的同时，兼具农业驱动模式。

3　研究方法

3.1　评价指标体系构建

DPSIR 概念模型的定义为在因人类对食物或产品的需求而引起的人类活动驱动下，对环境和特定的生态系统造成压力，导致其状态发生变化，进而影响人类的生产生活和健康，而决策者或利益相关者根据影响的程度做出响应，以消除、减少、补偿或适应这些影响所产生的后果（Burkard and Müller，2008；王兵等，2013）。本文依据 DPSIR 概念模型框架，在参考相关研究成果的基础上，结合肥东县和涡阳县实际，按照指标选取的系统性、完整性、针对性、可获取性等原则，构建土地生态安全评价指标体系，如图 1 所示。其中，对土地生态安全有正面影响的称为正向指标，有负面影响的称为负向指标。

驱动力（Driving Force）是指造成土地生态环境变化的潜在原因和根本动力（徐艺扬等，2015）。土地生态系统主要受到经济社会因素的驱动。据此，本文选择人口自然增长率、城镇化水平、GDP 增长率、人均 GDP 等指标。其中，人口自然增长率和城镇化水平为土地生态安全的改变带来潜在压力，为负向指标；GDP 增长率和人均 GDP 比重通过表征经济发展，进而影响土地生态安全，同时，两者的增长也会为土地生态系统的保护提供更多的资金支持和减轻土地资源利用压力，故为正向指标。这里，城镇化水平的计算结合所掌握的数据，采用户籍人口城镇化率来计算。

压力（Pressure）是指人类活动对其周边自然环境的影响，是环境的直接压力因子（于伯华、吕昌河，2004）。就土地生态安全来说，驱动力中的经济社会指标的变化会从土壤污染、土地利用变化以及人类对土地资源的占用等方面对土地生态环境造成压力。因此，本研究选择单位耕地面积化肥施用量、单位耕地面积农药施用量作为土壤污染的压力指标，将建设用地面积占比作为土地利用变化的压力指标，将人口密度作为人类对土地资源占用的压力指标。由于上述各指标对土地生态系统均产生负面作用，故均为负向指标。

状态（State）是指环境在压力下所呈现的状况（于伯华、吕昌河，2004）。在经济社会因素等驱动力带来的压力作用下，土地生态系统状态发生变化。本文选择森林覆盖率、耕地面积占比、城市人均公园绿地面积来表征土地生态系统的状态。其中，森林覆盖率、城市人均公园绿地面积本身具有促进土地生态环境改善的作用，故为正向指标。耕地虽然具有一定的生态功能，但一方面过度的开垦易破坏原有植被，引发土壤退化；另一方面由于耕种过程容易挤占生态用水，导致植被退化，农药化肥的使用和污水灌溉也易造成严重的土壤污染（谭永忠等，2005）。因此，耕地面积占比为负向指标。

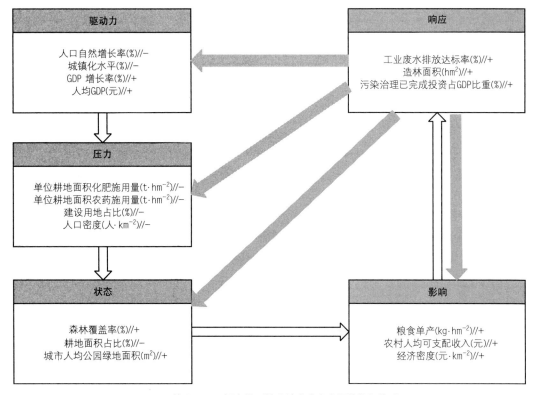

图 1　基于 DPSIR 概念模型的土地生态安全评价指标体系

注：指标（单位）//指标属性。

影响（Impact）是指系统所处的状态发生的变化对经济社会发展的影响（于伯华、吕昌河，2004；杜晓丽等，2005），影响类指标体现了土地生态安全与人类社会的关系。由于两县均没有因土地污染或土地生态系统破坏引起的公共卫生事件，因此，本文从状态改变对经济社会影响的角度，选取粮食单产、农村人均可支配收入、经济密度作为影响指标，且三者均为正向指标。其中，经济密度指单位面积土地产生的经济效益，代表了城市单位面积上经济活动的效率和土地利用的密集程度。

响应（Response）是指人类在生态环境状态发生变化并引起一系列的影响后，做出的为促进可持续发展所采取的对策或措施（于伯华、吕昌河，2004；杜晓丽等，2005）。就土地生态安全来讲，这些对策和措施体现在抑制污染和改善生态环境方面，同时两县均有规模较大的工业基础。据此，本文选择工业废水排放达标率、造林面积、污染治理已完成投资占 GDP 比重作为响应指标，且三者均为正向指标。

3.2 评价方法

3.2.1 评价指标标准化

本文将采用 min-max 法对评价指标进行标准化处理，其正、负向指标标准化方法如下：

$$x'_{ij} = \frac{x_{ij} - x_{i\text{-}min}}{x_{i\text{-}max} - x_{i\text{-}min}} \tag{1}$$

$$x'_{ij} = \frac{x_{i\text{-}max} - x_{ij}}{x_{i\text{-}max} - x_{i\text{-}min}} \tag{2}$$

式中，x_{ij} 为第 i 个指标第 j 年的初始值，x'_{ij} 为对应第 j 年指标标准化处理后数值，$x_{i\text{-}max}$、$x_{i\text{-}min}$ 分别为该指标（第 i 个指标）序列的最大值和最小值。式 1 为正向指标标准化计算方法，式 2 为负向指标标准化计算方法。

3.2.2 指标权重的确定

熵权法具有能够较为全面和客观地反映指标数据所包含信息的特点，并且应用较为广泛（Han et al.，2015；潘润秋、姚星，2016）。因此，本文选取熵权法来确定海洋生态环境承载力评价指标权重。熵权法的计算方法如下：

（1）计算各指标信息熵：

$$e_i = -\frac{1}{\ln n} \sum_{j=1}^{n} P_{ij} \ln P_{ij} \tag{3}$$

式中，e_i 为第 i 个指标的熵值，n 为第 i 个指标的样本量，即统计的年数，P_{ij} 为第 i 个指标第 j 年数据占该指标的比重，其计算方法为：

$$P_{ij} = \frac{x'_{ij}}{\sum_{j=1}^{n} x'_{ij}} \tag{4}$$

式中各参数含义同式 1、式 2。

（2）计算各指标的差异系数：

$$g_i = 1 - e_i \tag{5}$$

式中，g_i 为第 i 个指标的差异系数，该值越大，指标越重要，即指标值 x_{ij} 的差异越大，对承载力评价的作用越大，其熵值越小。

（3）计算各指标权重：

$$W_i = \frac{g_i}{\sum\limits_{i=1}^{m} g_i} \tag{6}$$

式中，W_i 为第 i 个指标的权重，m 为指标数量。

经计算，各指标权重如表 1 所示。

表 1　土地生态安全评价指标权重

目标层	准则层	指标层	肥东县权重	涡阳县权重
土地生态安全	驱动力	人口自然增长率	0.069	0.051
		城镇化水平（户籍人口）	0.034	0.034
		GDP 增长率	0.106	0.037
		人均 GDP	0.046	0.043
	压力	单位耕地面积化肥施用量	0.066	0.055
		单位耕地面积农药施用量	0.037	0.048
		建设用地占比	0.067	0.106
		人口密度	0.048	0.060
	状态	森林覆盖率	0.049	0.053
		耕地面积占比	0.060	0.056
		城市人均公园绿地面积	0.048	0.073
		粮食单产	0.043	0.089
	影响	农村人均可支配收入	0.053	0.044
		经济密度	0.044	0.044
	响应	工业废水排放达标率	0.034	0.085
		造林面积	0.104	0.050
		污染治理已完成投资占 GDP 比重	0.094	0.073

3.2.3　评价模型

土地生态安全评价采用加权求和法计算：

$$LES = \sum_{i=1}^{m} W_i \times x_i \tag{7}$$

式中，LES 为第 j 年土地生态安全综合指数。土地生态安全评价指标体系中的驱动力、压力、现状、影响、响应安全值均按照上文所确定的权重，进行分项加权求和法计算。结合肥东和涡阳两县的实际，参考以往相关研究成果（徐美等，2012a、2012b；唐丽琼等，2015；黄海等，2016；潘润秋、姚星，2016；严超等，2016），本文以等分原理确定了五级土地生态安全综合指数评判标准，如表 2 所示。

表2　土地生态安全综合指数评判标准

LES	[0.8, 1.0)	[0.6, 0.8)	[0.4, 0.6)	[0.2, 0.4)	[0, 0.2)
安全等级	安全	较安全	临界安全	较不安全	不安全

3.3　数据来源

研究数据主要来源于2011～2015年《肥东统计年鉴》《涡阳统计年鉴》《肥东县国民经济和社会发展统计公报》《涡阳县国民经济和社会发展统计公报》《安徽省统计年鉴》《涡阳县土地利用总体规划（2006～2020）》《肥东县土地利用总体规划（2006～2020）》《涡阳县土地整治规划（2006～2020）》等。

4　研究结果

4.1　驱动力分析

如图2（a）所示，2011～2015年，受世界和国内经济下行（魏加宁、杨坤，2016）的大环境影

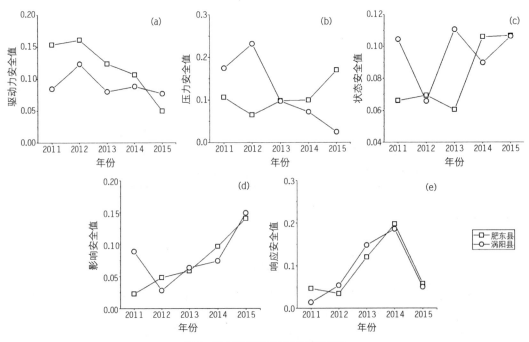

图2　研究区准则层安全值变化情况

响，GDP 增速放缓、户籍人口城镇化水平逐渐升高，带来用地压力的增大和经济层面对土地生态安全支持的减弱，肥东县驱动力安全值呈现下降趋势。相较之下，得益于 2012 年较低的人口自然增长率和仍处于较高水平的 GDP 增速，涡阳县驱动力安全值在该年达到最大外，涡阳县驱动力安全值在其他年份均处于小幅波动的平缓状态，这主要是由于人均 GDP 的迅速增长抵消了作为负向指标的人口自然增长率高位波动和户籍人口城镇化水平升高带来的不良影响。

4.2　压力分析

压力的四项指标均为负向指标，经标准化加权计算后，其值越小，代表其压力安全值越小、土地生态安全所承受压力越大。如图 2（b）所示，两县压力安全值变化总体呈现相反趋势。其中，肥东县压力安全值呈现上升趋势，即压力整体呈现下降趋势，在 2015 年达到最低。这主要是由于人口密度、单位耕地面积化肥和农药施用量均在小幅上升后迅速下降。需要注意的是，在 2011 年，肥东县各压力所属指标值均处于较低水平，故 2011 年土地生态安全压力低于 2012～2014 年。

涡阳县压力安全值总体呈下降趋势。这主要是由于涡阳县各压力所属指标均呈现总体上升趋势，极易引发农业非点源污染和土壤污染，并带来用地压力的增大，从而对土地生态安全产生威胁。需要注意的是，源于单位耕地面积化肥施用量和建设用地面积占比在 2012 年出现一定程度的下降，压力安全曲线在 2012 年出现拐点后呈现小幅上升趋势。

4.3　状态分析

如图 2（c）所示，在社会经济发展所带来的驱动力和环境压力下，肥东县状态安全值除在 2013 年出现小幅下降外，总体呈现上升趋势。这主要源于其耕地面积占比变化较小，一定程度上减轻了化肥、农药使用引发污染的隐患，并且多年来该县积极创建国家园林县城，其森林覆盖率以及城市人均公园绿地面积得到稳步提高，为其土地生态安全状态的提升提供了支持。相较之下，涡阳县虽然在城市人均公园绿地面积上逐年增加，但由于耕地面积占比和森林覆盖率均出现一定幅度的波动，导致其状态安全值有较大幅度波动，呈现不稳定态势。

4.4　影响分析

如图 2（d）所示，两县的影响安全值总体上均呈现上升趋势。虽然受到经济增长放缓的大环境影响，但两县地区产值的增长以及农业和农产品加工业的发展，带动了经济密度和农村人均可支配收入的增加。需要注意的是，涡阳县粮食单产在 2011 年为研究时段内最高值，在 2012 年出现一定幅度降低后开始逐年增加，但均未能恢复至 2011 年水平，这也是造成涡阳县影响安全值在 2011 年出现波动的主要原因。

4.5 响应分析

为应对环境污染、生态破坏对土地生态系统所带来的危害后和对社会经济发展所带来的影响，两县均采取有效措施整治环境、保护土地生态。总体来看，如图2 (e) 所示，2011～2014 年，两县响应安全值均呈逐年上升趋势，表明两县为保障土地生态系统安全做出了积极努力。例如，工业在两县的经济结构中均占有较大比重，针对工业废水有可能带来的土地生态环境污染，两县的工业废水排放达标率均保持在较高水平，2011～2015 年虽有小幅变化，但均高于98％；两县都在致力于改善生态环境，在造林方面均有大量投入。由于肥东县前期造林面积积累较快，故其造林面积在 2015 年出现了一定程度下滑，这也是造成肥东县响应安全值在该年出现降低的原因之一。此外，为适应经济迅速发展所带来的环境压力，两县污染治理投资在 2011～2014 年呈逐年上升趋势，但在 2015 年出现了一定程度下滑，导致两县该年响应安全值出现降低趋势。

4.6 土地生态安全综合评价

由图3可以看出，两县土地生态安全综合指数变化趋势存在一定差异。其中，肥东县土地生态安全综合指数 2011～2014 年呈逐渐上升趋势，由 0.358 上升至 0.606，提高了 0.248，由较不安全状态上升至较安全状态。2015 年虽有小幅下降，但仍处于临界安全状态高位，这也与肥东县准则层中的驱动力、响应安全值在该年出现一定幅度的下滑相对应。相较之下，涡阳县土地生态安全综合指数在 2011～2014 年变化趋势较为平稳，均处于临界安全状态，这主要是由于受准则层各安全值相互叠加抵消的影响。但涡阳县 2015 年出现了小幅回落，但仍处于临界安全状态，这与涡阳县准则层中驱动力、压力、响应安全值在该年出现下滑相呼应。

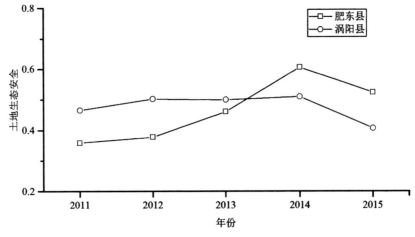

图3　研究区土地生态安全综合指数变化情况

5　结论和建议

本文结合安徽省肥东县和涡阳县实际，基于 DPSIR 概念模型，从驱动力、压力、状态、影响、响应五个方面选取 17 项指标，建立土地生态安全评价体系，并运用熵权法对两县 2011～2015 年的土地生态安全状况进行了综合评价，所得结果符合两县实际情况。

(1) 肥东县和涡阳县土地生态安全综合指数变化趋势存在一定差异，肥东县土地生态安全综合指数上升态势明显，涡阳县总体趋势较为平稳，均处于临界安全状态。

(2) 准则层面上，肥东县压力、状态、影响安全值总体呈现上升趋势，驱动力和响应安全值呈现整体或局部下降趋势，涡阳县驱动力和响应安全值呈现与肥东县相似的趋势，且压力安全值下降趋势明显。

(3) 指标层面上，人口自然增长率、GDP 增长率、单位耕地面积化肥施用量、人口密度、耕地面积占比、农村人均可支配收入、造林面积、污染治理已完成投资占 GDP 比重等指标的权重较大（均大于 0.050），对肥东县有较大影响。对于涡阳县，人口自然增长率、单位耕地面积化肥施用量、人口密度、建设用地占比、森林覆盖率、耕地面积占比、城市人均公园绿地面积、粮食单产、工业废水排放达标率、污染治理已完成投资占 GDP 比重等指标的权重较大（均大于 0.050），对其有较大影响。

根据评价结果，两县土地生态安全主要受经济、人口、环境、土地方面指标影响，故提出以下建议。

(1) 经济方面，GDP 增长率、农村人均可支配收入对肥东县土地生态安全具有较大影响，在 2011 至 2015 年间，肥东县面临着一定的经济下行压力，未来可适当调整产业结构，转变县域经济增长方式，提升经济发展质量，以稳固甚至提高 GDP 增长率，保持目前农村人均可支配收入的增长态势，以高效发展的经济来带动县域土地生态安全的提升（徐美等，2012a）。

(2) 人口方面，肥东县和涡阳县都需要面临继续控制人口自然增长率的压力，推进户籍制度改革，深挖本地人口潜力，适当调整人口密度，以降低人口增长带来的土地资源和生态环境压力。

(3) 环境方面，两县应重视土地环境的保护，继续降低化肥、农药的使用量，降低农业面源污染带来的生态环境压力，同时，由于第二产业占有较高比重，涡阳县应继续坚持对工业废水的治理；另外，两县可继续提升并稳固造林和城镇绿化取得的成果，加大环境污染治理的投入力度，缓解环境污染对土地生态带来的压力。

(4) 土地利用方面，两县在坚守耕地保护红线的前提下，一方面适当调整土地结构，减少开发建设活动对土地生态的不良影响；另一方面两县均有较高比例的耕地面积，特别是涡阳县已超过 7 成，因此，建议改良耕作方式，改善耕地土壤理化性质，加强高标准农田建设，降低大面积耕地带来的面源污染和土壤污染的风险，提升耕地生态系统服务价值（唐秀美等，2015），充分发挥耕地生态功能。

致谢

本文为国家重点研发专项"土地资产负债表与资源承载力评价技术与应用"（2016YFC0503501）、安徽省国土资源环境承载力监测预警机制研究（2014CGFZ3338）项目资助成果。

参考文献

［1］Burkard, B., Müller, F. 2008. "Driver-Pressure- State-Impact-Response," Encyclopedia of Ecology, 1: 967-970.

［2］EEA (European Environment Agency). 1999. "Environmental indicators: Typology and overview," EEA Technical Report No. 25, Denmark: EEA.

［3］Han, B., Liu, H., Wang, R. 2015. "Urban ecological security assessment for cities in the Beijing-Tianjin-Hebei metropolitan region based on fuzzy and entropy methods," Ecological Modelling, 318: 217-226.

［4］OECD (Organization of Economic Cooperation and Development). 1993. "OECD Core Set of Indicators for Environmental Performance Review," Environmental Monograph, 83.

［5］OECD (Organization of Economic Cooperation and Development). 2002. Indicators to Measure Decoupling of Environmental Pressure from Economic Growth. http: //enrin. grida. no/htmls/armenia/soe2000/eng/oecdind. pdf.

［6］UNEP (United Nations Environment Programme). 2007. Global Environmental Outlook 4: Environment for Development. Nairobi, Kenya: UNEP.

［7］杜晓丽, 邵春福, 孙志超. 基于DPSIR框架理论的环境管理能力分析［J］. 交通环保, 2005, (3): 50-52＋55.

［8］黄海, 谭晶今, 陈春, 等. 基于TOPSIS方法的山东省土地生态安全动态评价［J］. 水土保持研究, 2016, (3): 220-224.

［9］李德胜, 王占岐, 蓝希. 城市土地生态安全评价及障碍因子研究——以武汉市为例［J］. 中国国土资源经济, 2017, (8): 40-44＋73.

［10］梁兴辉, 王丽欣. 中国县域经济发展模式研究综述［J］. 经济纵横, 2009, (2): 123-125.

［11］刘吉超. 中国县域经济发展模式研究评述及其反思［J］. 企业经济, 2013, (2): 154-158.

［12］潘润秋, 姚星. 基于PSR模型的安徽省土地生态安全动态评价［J］. 湖北农业科学, 2016, (3): 589-594.

［13］谭永忠, 吴次芳, 王庆日, 等. "耕地总量动态平衡"政策驱动下中国的耕地变化及其生态环境效应［J］. 自然资源学报, 2005, (5): 727-734.

［14］唐丽琼, 杨思林, 宋维峰, 等. 元阳县土地生态安全动态评价与预测［J］. 江苏农业科学, 2015, (5): 357-361.

［15］唐秀美, 潘瑜春, 程晋南, 等. 高标准基本农田建设对耕地生态系统服务价值的影响［J］. 生态学报, 2015, (24): 8009-8015.

［16］王兵, 刘国彬, 张光辉, 等. 基于DPSIR概念模型的黄土丘陵区退耕还林（草）生态环境效应评估［J］. 水利学报, 2013, (2): 143-153.

［17］魏加宁, 杨坤. 有关当前经济下行成因的综合分析［J］. 经济学家, 2016, (9): 5-14.

［18］徐美, 朱翔, 李静芝. 基于DPSIR-TOPSIS模型的湖南省土地生态安全评价［J］. 冰川冻土, 2012a, (5): 1265-1272.

［19］徐美，朱翔，刘春腊. 基于 RBF 的湖南省土地生态安全动态预警［J］. 地理学报，2012b，（10）：1411-1422.

［20］徐艺扬，钱敏蕾，李响，等. 基于 DPSIR 的太平湖流域（黄山区）生态安全综合评估［J］. 复旦学报（自然科学版），2015，（4）：407-415.

［21］严超，张安明，石仁蓉，等. 重庆市黔江区土地生态安全评价及时空变化分析［J］. 水土保持通报，2016，（4）：262-268.

［22］于伯华，吕昌河. 基于 DPSIR 概念模型的农业可持续发展宏观分析［J］. 中国人口·资源与环境，2004，（5）：68-71.

［23］战炤磊. 县域经济发展模式：自身局限与演进趋势［J］. 山东社会科学，2005，（12）：59-62.

［24］张小虎，雷国平，袁磊，等. 黑龙江省土地生态安全评价［J］. 中国人口·资源与环境，2009，（1）：88-93.

［25］赵伟. 县域经济发展模式：基于产业驱动的视角［J］. 武汉大学学报（哲学社会科学版），2007，（4）：481-486.

［26］郑荣宝. 土地资源生态安全评价方法述评［A］. 刘彦随. 中国土地资源战略与区域协调发展研究［M］. 北京：气象出版社，2006.

"生态底线"理念在山地城市中的辩证运用
——对攀枝花市"集约生态控制线"的探索

廖炳英　卢海滨

Dialectical Application of "Ecological Bottom Line" in Mountainous Cities: Exploration on "Intensive Ecological Control Line" in Panzhihua City

LIAO Bingying[1], LU Haibin[2]
(1. School of Architecture, Panzhihua University, Panzhihua 617000, China; 2. Panzhihua Planning Bureau, Panzhihua 617000, China)

Abstract Greatly limited by land resources, how to coordinate the contradiction between ecological protection and urban development becomes a common issue faced by mountainous cities. Starting from the dialectical relationship between the ecological bottom line and the ecological red line, the paper analyzes the differences between the two types of ecological lines in terms of control content and execution force. Then the paper combines the ecological red line with the multi-dimensional space, landscape pattern, urban structure, and ecological value, and puts forward the concept of "intensive ecological control line". The purpose is to emphasize the dialectical relationship between conservation and utilization in the process of delineating the ecological bottom line, and the essence is to achieve the external value-added benefits of the non-red line ecological area. Through the application of the "intensive ecological control line", the positive interaction

作者简介
廖炳英，攀枝花大学土木与建筑工程学院；
卢海滨，攀枝花市住房和规划建设局。

摘　要　在土地资源高约束条件下，如何协调生态保护与城市发展的矛盾是山地城市共同面对的问题。文章从生态底线与生态红线的辩证关系入手，通过辨析二者在管控内容和执行力度上的差异，将生态红线与多维空间、景观格局、城市结构及生态价值相结合，提出适应山地城市的"集约生态控制线"理念，其目的是强调保护与利用的辩证关系，实质是在生态保护的基础上，优化城市山水结构，实现非红线生态区用地的外部增值效益。通过"集约生态控制线"，加强城市建设功能用地与生态环境要素之间的积极互动，让自然生态环境成为体现城市生态软实力的新的经济增长点，引导城市步入良性生态循环的轨道。

关键词　山地城市；生态红线；集约生态控制

1　研究背景

1.1　城市生态红线的法定性

随着 2014 年《中华人民共和国环境保护法》、2014 年《国家生态保护红线——生态功能基线划定技术指南（试行）》的先后颁布实施，"生态红线"作为国家战略提出，并予以完善的制度保障，这在我国生态环境保护进程中具有里程碑式的意义（王云才等，2015）。法律法规明确规定生态保护红线是依法在重点生态功能区、生态环境敏感区和脆弱区等区域划定的严格管控边界，是需要实行严格保护的空间边界与管理限值，对维护自然生态系统服务、保障国家和区域生态安全具有关键作用。至此，学术界对生

between urban construction land and ecological environment elements can be enhanced, and the natural ecological environment can become the new economic growth point of urban ecological soft power, so as to guide the urban development towards a benign ecological recycle.
Keywords　mountainous city; ecological red line; intensive ecological control line

态保护红线的重要意义、概念内涵、划分技术、制度保障等内容也基本达成共识（郑剑侠等，2017）。自此，在全国范围内各个城市纷纷展开了划定生态红线的相关工作。

1.2　山地城市发展的现实特征

生态环境脆弱，土地资源匮乏是山地城市发展的最大制约因素，随着城镇化的进程，大量山区村民向城镇转移，城镇规模扩大，人地矛盾成为山地城市发展最现实的特征。加之山地城市大多位于国家限制发展区域，生态保护与国家生态安全息息相关，人地矛盾更加尖锐，划定生态红线、促进山地城市可持续发展意义重大。

1.3　问题的提出

随着"生态红线"的法律地位得以确定，城乡规划领域纷纷展开"生态红线"的相关研究，但研究成果大多集中在平原城市，且提法也五花八门，山地城市在借鉴时存在一定的盲目性，要么一味消极保护，把山地资源变成孤立的"背景"（崔宝义等，2013），加剧了人地矛盾；要么模糊生态保护区的范围以保证城市建设用地需求，使得生态保护失去既定的意义，也给山地城市相关政策的制定与实施带来一些不利的影响。因此，针对山地城市用地高约束的现实特征，如何适应性地运用"生态底线"这一理念，亟待加强相关研究。

2　生态底线与生态红线的辩证关系

2.1　生态底线概念

生态底线是基于生态红线基础上的一个物质空间概念，多见于城乡规划领域。目前国内还没有关于生态底线的一个明确定义（娄伟、潘家华，2015），提法也多样。有学者认为生态底线是"城市发展建设的基本生态底线"，是划定"基本生态控制区"的生态界线，而基本生态控制区是"以市域大型生态斑块和生态廊道为骨架，把水源保护区、生态保护区、成片的基本农田保护区、生态廊道、公共绿地等非建设用地以强制性内容进行控制的地区"（王国恩等，2014）。因此，也有学者直接用"基本生态控制线"代替生态底线，将其定义为"维护生态系统基本生态服务运转的安全格局，是城市发展不可突破的刚性空间格局"（郑华、王慧芳，2014）。在具体实践中，刚性增长边界常常成为生态底线的代名词在总体规划层面进行空间界定，也有城市直接用"生态红线"代替"生态底线"（郑剑侠等，2017）。总的来看，对生态底线的界定，虽然目前并没有一个统一的说法，但只是在表述方式上有所差异，在执行力度、划定内容、界定结果上是基本一致的，都是相对刚性的。

2.2　二者的辩证关系

从上述分析不难看出，关于生态底线的描述大多与生态红线接近，都是非常刚性的概念，界定的内容也基本一致，只是领域和表述差异，大多业内观点认为"底线即红线"，也有观点认为红线与底线不应该是等同的关系而是包含关系，即底线包含了红线，红线是用政策法律手段规范的底线中的重要内容（郑剑侠等，2017）。该观点认为红线是受法律保障的空间概念或数值，而底线是经过科学计算得到的数值，或是一些不具备法律约束力的目标诉求，属于学术概念。二者的区别在于突破红线属于违法，突破底线则要受到大自然的报复。基于这种理解，从范围看，底线大于红线，从执行的角度来看，生态红线是刚性的，而生态底线则有一定的弹性。红线一旦划定，必须执行，不能变通；而底线则要考虑现实与发展情况，有一定的弹性空间。

2.3　区分生态红线与生态底线对山地城市的必要性

（1）适应山地城市用地条件极其复杂的客观要求

山地城市地形地貌起伏多变，河流、林地、分水岭、陡坡、冲沟、滑坡与城市建设用地相间相杂，一些坡度较缓的用地间杂在这些复杂的地形之中，并分布于不同高程之间，不同的环境情况和海拔高度导致它们具有不同的生态敏感性。当这些用地以斑块的形式存在于不适宜建设的生态本底内时，这些用地到底要不要用，怎么用，在面对人地矛盾突出的现实前面，是一个非常实际的问题。它直接影响空间管制的结论，也影响理想生态本底和现实生态本底的划定（曹靖等，2014）。

区分生态底线与生态红线，通过生态底线保证生态格局的完整性，通过生态红线保证重要生态控制区的法定地位，这样，既可避免生态红线导致用地"非此即彼"一刀切的关系，有利于刚性与弹性结合去适应山地的复杂地形要求。

（2）解决山地城市功能不完善、人地矛盾突出的有效途径

事实上，面对较为平坦的用地，生态建设和城市建设谁进谁退，答案往往都是优先考虑建筑用地的使用，公园等生态用地通常选择坡地冲沟等用地条件较差且位置偏远的区域，因此往往导致城市游憩功能缺乏、规模小、品质较低等城市问题。云南省2011年提出实施差别化的土地利用，引导"城镇

上山"和"工业项目上山"山地综合开发利用规划的政策,而"上山"的这部分用地在很大程度上与生态保护用地重合,这个政策的背后是"上山上到哪里,上到什么程度"的问题,很显然,通过区分生态底线与生态红线,实施不同力度的规划措施可以为这一政策提供科学的技术支撑。

(3)引发对山地资源的重新审视,避免"背景式"的存在

山地城市中的大部分山体既是维持城市生态平衡的环境区,又是与建设用地密切相关的潜在互动区(王琦等,2006)。有学者认为,"从城市景观风貌方面考虑,'一刀切'式的控制方式导致山体与城市截然分开的局面,山地资源仅作为城市背景存在,没有深入城市生活中"(崔宝义等,2013)。通过区分生态底线和生态红线,可以引发对非红线地区生态用地的重视,挖掘山地的集约生态功能,变被动为主动,变消极为积极,协调生态保护与生态利用之间的关系,具有实践意义。

3 "集约生态控制线"理念

山地城市与非山地区域的区别,重要的是地形地貌的物质形态不同以及所孕育出来的人文形态差异(赵万明,2008)。因此,在生态底线划定时不仅要考虑生态红线所确定的"核",更要考虑生态效益最大化和景观格局下山地城市特殊"形"的保护,做到"神形兼备"(王云才等,2015)。

3.1 集约生态控制线的理念

邢忠等学者曾在2006年就提出过"三维集约生态界定"的理念,将"在界定城市建设用地单元的过程中表现出集约生态效益的立体生态环境体系的总和"称之为"山地城市建设单元的三维集约生态界定"。

本文以为"集约"二字对山地城市的生态保护与利用具有非常积极的引导意义,因此结合生态底线理念,提出"集约生态控制线",认为该线首先是一条保证基本生态安全格局和控制城市蔓延扩张的"生态底线",同时又是一条优化城市空间格局,优化城市自然生态环境及景观风貌的"生态控制线"。界定的区域不仅仅包括生态红线的刚性控制区域,也包括自然与人工相结合,可适当人工干预,创造集约生态价值的区域,本文将这部分区域定义为"集约生态控制区"。因此,集约生态控制线所界定的是"生态红线区"与"集约生态控制区"的立体生态环境体系的总和(图1)。

3.2 集约生态控制线的实质

集约生态控制线具有保护与利用的双重内涵,是包括生态红线、景观格局与风貌以及自然资源集约利用于一体的综合保护体系(表1)。与生态底线最大的区别在于同时关注创造生态区的集约综合效应,其实质是对山地城市用地高约束的功能补偿,通过环境保护实现生态区的外部增值效益。集约生态控制区包含生态红线保护区,同时也包括深刻影响城市结构形态,但又坡度适宜的一、二类用地,

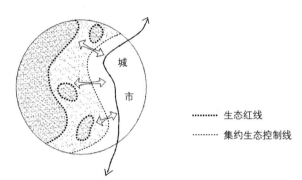

图 1　"集约生态控制"理念模式

这部分区域是最具有集约生态效应，对城市功能互补作用最大的区域。

表 1　集约生态控制线与生态红线的区别

	执行力度	范围	内容	对应关系	规划指引
生态红线	刚性	小	《国家生态保护红线——生态功能基线划定技术指南》规定的重要生态保护区	对应禁建区 对应刚性增长边界	严格保护
集约生态控制线	弹性	大	一般生态保护区，影响城市结构形态、影响城市背景风貌	对应限建区 对应弹性增长边界	保护与利用相结合 关注生态集约效益

3.3 "集约生态控制线"的划定

生态网络空间包括主体空间和结构性空间，主体空间是生态红线划定的"基本内核"（王云才等，2015），结构空间则包括生态廊道、斑块等结构性节点空间，因此在生态底线划定时除了对重要的生态保护区、生态节点廊道等进行识别，在结构性空间分析时还要结合山地城市多维度空间、城市结构形态、山城风貌等要素进行识别分析。结构性空间识别则很难通过某种固定的模型进行，需要结合以海拔与小气候的关系、山城关系、山水关系等方面提炼基本要素，同时与城市组团产业联动，进行生态价值识别，多功能相互叠加，综合判断，最终形成集约生态控制线。

在具体划定时首先以生态红线为前提确定生态保护的"基本内核"，其评价方法许多也很成熟（王云才等，2015），最常用的是借助于 RS（遥感）技术、GIS 数据，提取水安全、地质安全、生物多样性安全等相关生态因子进行生态分析评价；在此基础上运用景观生态学"功能—过程—格局"的分析方法，分析自然生态水文空间体系、形态与功能的耦合关系及表现特征，判别和梳理城市的基本生态服务系统（郑华、王慧芳，2014），并进一步与城市空间结构融合，重构与生态格局及过程契合的城市空间结构和形态，初步得出生态底线；继而分析近城周边山体资源的生态价值，结合价值识别，与生态识别、结构空间识别结果进行相互修正，最终形成集约生态控制线，即"生态识别＋空间识别＋价值识别"的技术路线（图2）。

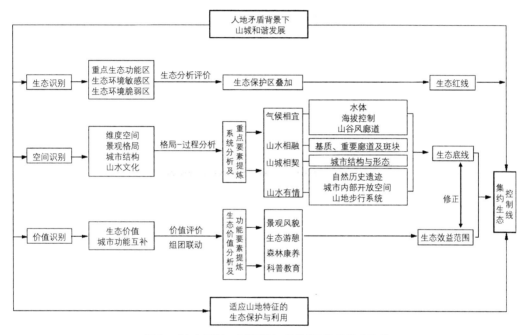

图2 "生态识别＋空间识别＋价值识别"的技术路线

4 攀枝花市集约生态控制线划定的具体实践

4.1 多维度分析

攀枝花市干热河谷气候特征突出，在1 400米以下区域尤其明显，主要林地集中分布在1 400米以上山体。另外，由于建成区高差接近400米，垂直气候变化大，从山顶吹向城区的山谷风是夏季改善环境的重要因素，防止山顶水土流失，促进山顶冷湿空气向下流动是对城市非常重要的生态补偿。因此，初步确定1 400米是城市生态安全格局的基本控制线。

4.2 山水格局的解读和梳理

攀枝花具有典型的高山峡谷地形特征，金沙江两岸地势狭窄，地形起伏较大，沟谷纵横，构成了气势宏大、巍峨壮观的"大山大水"这一攀枝花特有的景观格局（图3）。大高差地形造就了独特的立体山地气候，山谷风的现象使得山顶的生态作用更加突出（图4）。

图3　攀枝花市山水景观格局　　　　　　　　图4　生态补偿机制

山水格局梳理：相地—梳山—理水—延绿①。

相地：城市拓展用地高程上限为1 400米，避开坡度超过30％的区域。

梳山：强调网络联系，留出生态廊道，以背景山为屏。

理水：细化回水分区，提取汇水线，划定水廊道。

延绿：根据现状山水格局及林地保护范围，延伸绿色通廊，架构规划区绿色生态系统，形成生态本底。

4.3　山水文化分析

针对不同分区功能定位和生态敏感度划分城市周边山体为四区：沿江景观带、山脚景观带、组团隔离带和文化景观带。其中，文化景观带包括宗教文化带、矿山文化带、红格旅游文化带、名族民俗文化带。

4.4　城市空间结构的解读和重构

（1）空间结构的历史演变

建市初期，攀枝花市以组团式的格局"大分散小集中"散布在大山之间，形成"城在山中"的"以线串珠"景观形态。随着城市的不断发展，城市各组团各自逐渐向两侧和二级山体扩张，并逐渐跨越南北横亘的山脊连片发展，形成"跨脊发展"的强劲态势，城市景观演变成典型的带型城市。城镇化加快推进过程中，城市进一步向南拓展，带状的城市形态渐渐开始首尾相连，城市逐渐显现出包围山体拓展的趋势。

（2）基于生态格局梳理的空间结构重构

攀枝花城市格局的演变过程是自然条件对城市作用力在城市空间形态上的深刻体现，它反映了城市与自然相互作用的辩证关系。但随着城市蔓延，这种山城相依相融的良好格局正在消减。在"生态底线"理念指导下，通过对城市结构和生态格局的充分分析，提出了"绿心＋放射生态环"的"阳光型"城市结构[②]，将城市首尾相接形成环状的城市主体形态，中心形成大型城市"绿心"构成基本的生态本底，利用冲沟等生态廊道控制城市组团，保持历史形态的延续（图5）。

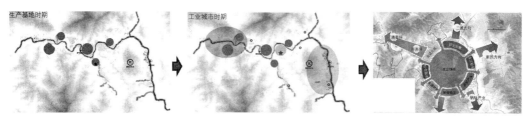

图5 攀枝花城市空间结构提升与重构

4.5 融多维度特征、景观格局与城市空间结构于一体的集约生态底线

基于多维度分析、山水文化分析、各生态本底的现状、各生态单因子分析评价（高程要素、坡度要素、水文要素、隔离带、生态绿楔核心区、生态廊道等要素），以及城市空间结构发展演变过程，将自然环境与城市空间结构统一规划，加权叠加，初步得出集约生态控制线（图6）。在生态控制线内进一步划分生态红线保护区和集约生态控制区（图7），提出相应的管控标准和规划指引（表2）。前者是生态保护和城市发展不可逾越的底线，是城市发展的刚性增长边界，后者是具有集约高效生态效应的区域，是需要培育的城市生态经济增长点。

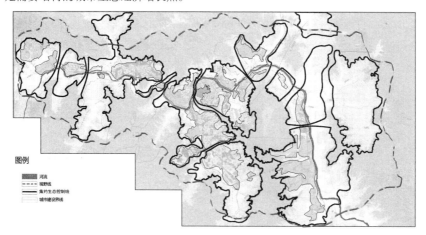

图6 集约生态保护线

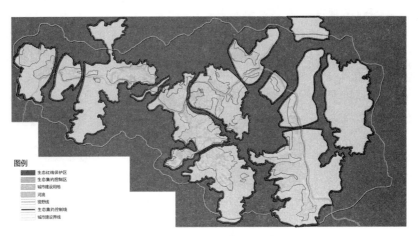

图 7　生态红线保护区与集约生态控制区

表 2　规划指引

保护层次	保护原则	范围	功能定位	目的
生态红线保护区	系统性，完整性，高效性，自然保护性，适地利用，结构连续	高程 1 400m 以上及其坡度 35％以上叠加区域，城市环境廊道、重要景观节点和隔离带	城市生态安全保障	形成完整的生态系统，承担相应生态服务功能，防止过度建设；土地利用适合于土地资源自身生态特性，发挥生态效率，形成攀枝花的生态基底
集约生态控制区	生态优先，分区保护原则，集约高效，可持续利用	高程 1 400m 以下，含部分坡度适宜但与城市风貌、结构密切相关需控制的用地	协调城市建设与生态保护过渡区；建设用地与生态用地的互动区；生态环境、旅游康养软实力体现区	划分沿江景观带、山脚景观带、组团隔离带和文化景观带，针对不同分区功能定位和生态敏感度，提出不同的保护利用原则和措施；既保证山体安全稳定，保护山体空间尺度，同时协调建设区和生态区，发展郊野游憩产业和新型农业

　　生态红线区内用地按《环保法》相关要求进行严格管控，针对生态集约保护区则进行弹性管控；在加强自然本地保护的前提下，进行人工景观干预，对荒野荒林进行大地景观规划设计，在自然基质的广阔本底上，打造源于自然又高于自然的"景观斑块"和"景观廊道"；允许步行道、架空车行道和适当的小体量景观建筑进入，打破山体作为背景的存在，通过绿化的自然生态的手段和途径，与城市产生融合渗透。

4.6　与城市组团的产业联动及价值判断

受干热河谷气候影响，攀枝花市的山体大多呈现荒山荒坡的状态，初步划定集约生态区以后，"做绿—做美—做活"是一个主要的指导思想，最终目的是做"活"。

将生态控制区与城市组团功能联动，分析城市各组团的功能以及各组团与相邻生态资源的互动关系，进行产业联动（图8），着重差别性景观风貌塑造和生态产业培育。与工业园区相邻的山体全部作为防护绿地严格保护；与左半环城市生活圈相邻的山体作为郊野森林用地进行保护性的打造利用；通过人工绿化对干热河谷气候造成的荒山进行人工维育；并进一步进行大地景观塑造，强化大山大水的景观风貌，弥补城市休闲娱乐功能；南部结合新农村建设培育新型生态农业、林业。在此基础上对集约生态控制线进行修正。并进一步编制控制性详细规划，制定规划管理措施，多管齐下，共同管制。

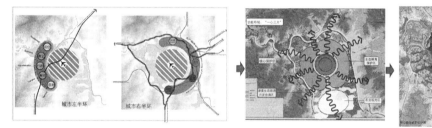

图8　城市组团与生态用地互动关系分析及用地控制概念

4.7　实施效应

攀枝花作为一个从工业城市向康养转型的典型城市，生态环境是对软实力的重要支撑。在生态控制线划定之后，一些原总体规划确定的超越红线的用地被果断拿掉，一些生态控制区内的用地重新进行指标确定和管控。在集约生态理念的指导下，曾经被冷落忽略的城市"绿心"被积极利用起来，绿心内的山野荒地被开辟成郊野公园，景观风貌也因此被培育起来，为康养转型提供了强有力的规划支撑，而绿心也正在成为攀枝花新的生态经济增长点（图9）。

曾经被冷落的荒山　　逐渐绿起来的荒山　　逐渐美起来的荒山　　活起来的"荒山"

图9　实施效应

5　结语

在技术内容层面，把生态底线与生态红线等同，将会降低规划编制的弹性与规划成果的全面性，将生态红线从生态底线中区分出来，同时将生态底线与生态景观格局、城市空间结构、生态综合价值等方面结合起来，无疑为山地城市解决人地矛盾提供了一个契机。一方面，技术内容的同质与互补为保证生态底线的弹性提供了基础；另一方面，将山地资源作为城市功能的弥补，为解决山地城市人地矛盾提供了有效途径。两方面共同作用，实现对区域生态环境的严格保护和有效利用，为山地城市的生态底线规划提供了一种新的视角。

注释

①《攀枝花市城市新区城市设计及控制性详细规划》，深圳市城市规划设计研究院，2012 年。

②《攀枝花市城市总体规划》，攀枝花市规划设计有限公司，2012 年。

参考文献

[1] 曹靖，王岚，陈婷婷，等.从理想到现实：城市基本生态空间构建——以《合肥市肥东县基本生态空间规划》为例 [J].规划师，2014，30（6）：51-57.

[2] 崔宝义，王东宇，徐东晖，等.生态山地·魅力山地·和谐山地——威海市区山地保护与利用规划探析 [J].规划师，2013，29（8）：61-66.

[3] 娄伟，潘家华."生态红线"与"生态底线"概念辨析 [J].人民论坛，2015，（36）：31-33.

[4] 王国恩，汪文婷，周恒.城市基本生态控制区规划控制方法——以广州市为例 [J].城市规划学刊，2014，（2）：73-79.

[5] 王琦，邢忠，代伟国.山地城市空间的三维集约生态界定 [J].城市规划，2006，30（8）：52-55.

[6] 王云才，吕东，彭震伟，等.基于生态网络规划的生态红线划定研究——以安徽省宣城市南漪湖地区为例 [J].城市规划学刊，2015，（3）：28-35.

[7] 郑华，王慧芳."生态底线"理念下城市空间结构的解读和重构——以长沙市为例 [J].中外建筑，2014，（6）：70-72.

[8] 郑剑侠，周轶男，龚珂立.从"底线思维"到"底线规划"——宁波市生态保护红线规划探析 [J].城市规划，2017，41（4）：86-91.

[9] 赵万明.我国西南山地城市规划适应性理论研究的一些思考 [J].南方建筑，2008，（4）：34-37.

上海中心城区公共服务设施社会需求匹配研究

徐高峰 赵渺希

Study on Social Needs Matching of Public Service Facilities in the Central City of Shanghai

XU Gaofeng[1], ZHAO Miaoxi[2]
(1. School of Architecture, Tsinghua University, Beijing 100084, China; 2. School of Architecture, South China University of Technology, Guangzhou 510006, China)

Abstract　By using the government's open data and Internet data, this paper first establishes a public welfare spectrum for the public service facilities, and then analyzes the demands of different social groups for public service facilities in the central city of Shanghai from the view of the demand for resources. The results show that, some facilities have both the public welfare and market features, and the public service facilities have obvious matching differences in terms of occupation and household registration. Such matching problems also exist in the public service facilities in the central area of Shanghai. The migrant population, the poor educational group, and the low occupational group are unable to enjoy the same the public welfare facilities and resources as local residents, while there is a more obvious spatial imbalance in the registered population and aging population. The research on the social demand matching of

摘　要　文章利用政府开放数据和互联网数据，从不同社会群体的资源需求出发，首先构建公共服务设施的公益性谱系，在此基础上分析上海中心城区不同社会群体间享有公共服务设施的需求匹配问题。结果显示，部分设施呈现公益性与市场性兼具的特征，其中公共服务设施在户籍和职业属性上均存在明显的匹配性差异。上海中心城区公服设施的匹配性问题在职业和户籍属性上较为突出，外来人口、低学历和低职业群体在享有公益性设施上存在明显的供给不足现象，而户籍人口和老龄人口表现出更加明显的空间失衡。本文关于公共服务设施的社会需求匹配分析为相应的规划政策提供了实证基础：揭示了社会空间隔离导致的市场性设施不足的问题，同时也反映出规划设计和项目管理中公益性与市场性设施供给主体之间的配置问题。

关键词　公共服务设施；需求匹配；社会绩效；上海中心城区

随着我国过去 30 年经济的高速发展，市场经济带来经济繁荣的同时也导致了社会分层和社会的不平衡（李强，1997；Li，2013），全国居民收入基尼系数在 2015 年达到 0.462，虽然该指数近几年呈下降趋势，但仍然超过国际公认的警戒线。这种分层和不平等不仅体现在户籍制度带来的本地人和外地人间的差异，也出现在年龄、学历和职业之中（Knight and Song，2003；Glaeser，2004）。对于转型中的中国城市来说，这在一定程度上加剧了社会矛盾和可持续发展（Zhao，2010），也与我国社会日益增长的对美好生活的需求相悖。进一步地，社会不平等作用于社会空间，出现了社会隔离、并带来了福利失衡，甚至使得部分群体

作者简介
徐高峰，清华大学建筑学院；赵渺希，华南理工大学城市规划系。

public service facilities provides an empirical foundation for the related planning policies. It reveals the problem that social spatial segregation can lead to the lack of market-featured facilities, and at the same time, it also reflects the allocation problem between the main bodies that supply public welfare facilities and market-featured facilities in the urban planning and design as well as project management.

Keywords public service facilities; demand matching; social performance; the central city of Shanghai

的生活处于劣势地位。空间隔离可能意味着失衡的设施、服务、机会、健康和安全环境（Bullard，1995；Liu et al.，2015）。然而公共资源的平衡不仅仅指空间分布的均值化（江海燕等，2011；唐子来、顾姝，2015），同时意味着有效匹配不同社会群体的需求与偏好以及使用的意愿（胡畔等，2013；温胜芳等，2015；张磊、陈蛟，2014）。佩里提出的邻里单位在价值观上也试图确保设施配置满足公平的目标（李京生等，2008），但需求层面的配置并未得到充分考虑。上海近期制定的《15 分钟社区生活圈规划导则》提出根据人口结构、行为特征和居民需求设置公共服务设施，覆盖不同人群需求的社区服务内容。但从实施路径来看，无论是其提到的基础保障类还是品质提升类设施，均按照服务半径和千人指标进行配置，这种一致化的供给仍旧没有考虑到社会群体的真实需求。上海"六普"数据显示，2010 年上海外来常住人口达到 879.7 万人，占全市常住人口的 39.0%，0～14 岁常住人口和 60 岁以上人口占比也分别达到 8.6% 和 15.07%，而设施供给的失衡是否发生在不同的户籍属性、年龄、学历和职业阶层中，还鲜有研究涉及（Liu et al.，2016，2017）。鉴于此，本文从社会属性下的资源需求出发，在此基础上构建公共服务设施的公益性谱系，同时对不同社会群体享有市场性设施的公平性进行探究，聚焦于二者在户籍、年龄、学历和职业阶层中的差异性配置问题，选取上海作为研究案例进行研究。

1 研究思路与方法

研究从社会属性出发，首先构建公共服务设施的公益性谱系，意图通过份额指数、基尼系数与洛伦兹曲线反映公共设施的匹配问题。份额指数旨在检验设施配置的群体匹配性，基尼系数与洛伦兹曲线体现设施间的空间匹配差异，二者相辅而设，为不同角度分析社会群体的需求匹配提供支撑。

1.1　公益性谱系的构建

研究利用特菲尔法（Delphi Technique）对13类公共服务设施的公益性进行5分制打分，由此得到公益性谱系。其中紧急服务类、医疗卫生类、社区服务类、特殊群体服务设施以及教育类、开敞空间类公益性得分较高，文化体育、交通、智能服务、旅游服务兼具公益性与市场性，商务服务、商业服务以及休闲娱乐属于市场性较强的公共设施（图1）。

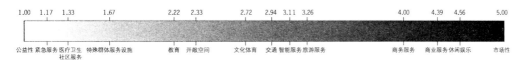

图1　公共服务设施空间分布公益性谱系

表1　公共服务设施分类

设施类别	设施项目
医疗卫生	医院；妇幼保健所；卫生所
开敞空间	公园；广场；小游园等
交通	公交站点；轨道交通站点；加油站；充电桩；机动车清洗点；机动车维修点
教育	大学；中学；小学；幼儿园
旅游服务	旅游景点；旅游集散站；旅游咨询服务中心
商务服务	银行；保险设施
商业服务	餐饮；宾馆；商场；批发市场
文化体育	展览馆；剧院；图书馆；健身点；健身房；林荫道；健身步道
休闲娱乐	KTV；电影院；酒吧；咖啡厅；网吧；足疗
紧急服务	派出所；应急避难场所；急救中心
社区公共服务	居民委员会；公厕、肉菜市场、超市便利店
特殊群体服务	残疾人服务设施；老年人服务设施
智能服务	免费网络

1.2　需求匹配的份额指数

公共服务设施的需求匹配分析需要检验各类社会群体享有公共服务设施资源的水平是否达到或超过了全体常住人口的平均水平，为此研究采用唐子来、顾姝（2016）提出的份额指数（Share Index）评价方法。首先测算各类人群享有公共服务设施资源占资源总量的比例。公式如下：

$$R = \sum_{j=1}^{n} P_j \times X_j \times 100\% \tag{1}$$

其中，$j = 1, 2, 3, \cdots, 135$，是研究范围内人口普查街道/镇空间单元数量；P_j 是 j 空间单元内各类社会群体占常住人口的比例；X_j 是 j 空间单元内公共服务设施资源占研究范围内公共服务设施资源总量的比例。

然后，基于各类社会群体享有公共服务设施资源比例及其占全体常住人口的比例，计算其享有公共服务设施资源的份额指数。

$$F = R/P \tag{2}$$

其中，R 是各类社会群体享有公共服务设施资源的比例，P 是各类社会群体占常住人口的比例。份额指数 F 值大于 1 或者小于 1，表明各类社会群体享有公共服务设施资源份额高于或低于社会平均份额，反映了是否达到需求匹配的基本要求。

1.3 需求匹配的基尼系数和洛伦兹曲线

基尼系数多用于收入分配公平程度的测算，Delbosc 和 Currie（2011）将基尼系数与洛伦兹曲线引入公共设施服务水平的评价中，也有学者将其用于城市建设用地空间结构（叶长盛，2011）和公共绿地的研究中（唐子来、顾姝，2015）。本研究通过基尼系数和洛伦兹曲线，对公共设施空间分布的需求匹配进行测度分析。基尼系数的计算公式为：

$$G = 1 - \sum_{k=1}^{n} (P_k - P_{k-1})(R_k + R_{k+1}) \tag{3}$$

其中，P_k 为不同群体人口变量的累积比例，$k = 0, 1, 2, \cdots, n$，$P_0 = 0$，$P_n = 1$；R_k 为公共服务设施资源变量的累积比例，$k = 0, 1, 2, \cdots, n$，$R_0 = 0$，$R_n = 1$。与测度收入分配相同，基尼系数取值在 0～1 之间，基尼系数越小，表明公共服务设施在不同社会群体中的需求匹配越均等。洛伦兹曲线则通过图解的方式考察一定比例的人口享有公共服务设施的占比情况。

2 数据及其来源

2.1 公共服务设施数据

公共服务设施数据包括上海市政府数据服务网（http：//www.datashanghai.gov.cn）所提供的公共服务设施数据和百度地图 API 获取的设施数据（表 2）。将设施根据使用功能进行归类，最终选取紧急服务、医疗服务、社区服务等 13 类公共服务设施。

2.2 人口普查数据

研究主要采用上海市第六次人口普查数据，对普查区尺度下的人口统计数据在各空间单元下进行

表2　数据抓取类型及数据信息

数据来源	设施类型	数据信息	备注
上海市政府数据服务网	医疗卫生机构、公园绿地、应急避难场所、派出所、居委会、社区服务中心、公共厕所、残疾人服务设施、老年人服务设施、中学、小学、幼儿园、公园、百姓健身房、百姓健身点、图书馆、展览馆、林荫道、健身步道、加油站、车辆维修点、免费网络、旅游咨询服务中心、网吧	设施名称、设施地址	医疗机构、教育机构含有设施级别信息
百度地图 API	医疗机构、超市、便利店、养老院、公园、图书馆、公交站点、轨道交通站点、旅游景点、银行、餐饮、宾馆、商场、批发市场、KTV、电影院、酒吧、咖啡厅、网吧、足疗	设施名称、设施地址、地理经纬度坐标、评论数量、评分	医疗机构的分级与上海市政府数据网相同

汇总。研究采用的数据包括户籍属性、年龄属性、学历属性、职业属性。其中，年龄属性的划分为：青少年儿童为0～14岁的常住人口；成年人为15～59岁常住人口；老龄人口为60岁及以上常住人口。学历属性对高中及以下群体和高中以上群体进行区分。职业属性的区分根据陆学艺（2002）的研究，划分为高职业、中职业和低职业三类。高职业包括国家机关、党群组织、企业、事业单位负责人、专业技术人员，中职业包括办事人员和有关人员、商业、服务业人员，低职业包括农、林、牧、渔、水利业、生产人员、生产、运输设备操作人员和有关人员以及不便分类的其他从业人员。

3　数据分析及其发现

"物以类聚，人以群分"，城市人口的社会群体差异是一种客观现象，但社会福利的过度失衡有悖于建设美好生活的整体目标，因此本部分数据分析将从份额指数、基尼系数、洛伦兹曲线等指标，揭示上海中心城区公服设施享用方面的失衡现象。特别地，由于户籍属性、年龄属性、学历属性、职业属性等群体划分具有一定的人群重合，部分指标所反映的群体差异有类似的特征，为避免冗长的重复性描述，数据分析结果按照份额指数、基尼系数、洛伦兹曲线进行指标的解读。

3.1　份额指数分析

根据前述定义，份额指数反映了不同人群享用公服设施的比例情况，也是表征社会福利是否平衡的基本指标。基于户籍属性的划分，在绝大多数类设施中，上海本市户籍人口份额指数高于外来常住人口（13项设施有10项）。仅在开敞空间、交通设施和休闲娱乐三类设施中，户籍人口的份额指数低于外来人口。特别是，外来常住人口在医疗服务、养老服务、教育服务、文化体育、智能设施、旅游服务、商务服务和休闲娱乐8类设施的份额指数小于1，这意味着上海中心城区外来人口在这些设施资源的享用上没有达到社会平均水平。值得注意的是，上海外来人口在医疗服务、养老服务、教育服务等公益性较强的服务资源中，其份额指数全部低于户籍人口，也未能达到社会匹配的平均水平，表明公益性设施的配置对外来人口群体来说存在明显的不平衡（图2）。

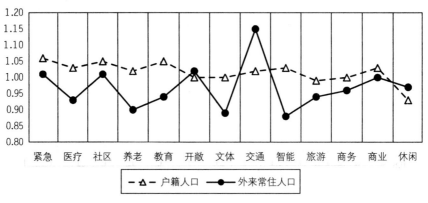

图2　常住人口公共服务设施份额指数

注：文中对于表1"特殊群体服务"的研究主要围绕养老设施和养老服务展开。

年龄属性方面，老龄群体份额基本得到满足，青少年儿童群体在各类设施的份额中均低于成年人和老龄人，在其使用率较高的教育设施和文化体育设施中，份额指数小于1，而老龄群体在各类设施份额中占比最高，表明上海中心城区对老龄群体的设施配置整体上倾斜，满足特殊群体（主要指老年人）对于设施的匹配需求，但在交通设施方面，老龄群体份额指数为0.91，低于社会平均水平（图3）。

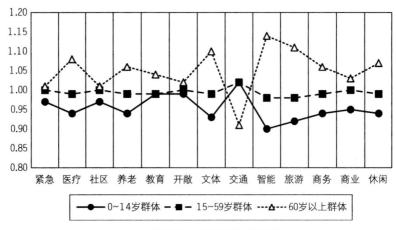

图3　年龄属性公共服务设施份额指数

学历属性方面，高学历群体在市场性较强的公服设施中份额指数高，在公益性较强的设施方面与低学历群体基本持平。另外，低学历群体在交通设施类别中份额指数较大，表明交通设施对低学历群体有一定的倾斜。总体上，两类群体的份额指数分化明显，表明市场抉择下的设施配置倾向于满足高学历群体的需求匹配（图4）。

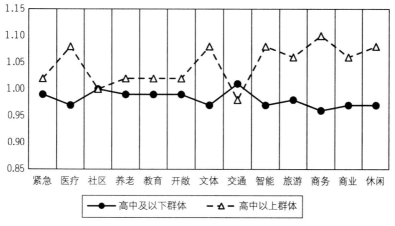

图4　学历属性公共服务设施份额指数

职业群体间差异明显。低职业群体的份额指数在医疗服务、养老服务、教育等公益性设施上与中、高职业群体存在明显差距，且在市场化程度较高的设施中差距更加明显，表明低职业群体在享有公益性和市场性设施方面均存在短板。进一步地，与其他社会属性相比，职业群体间享有公共服务设施资源的份额指数差异更为突出（图5）。

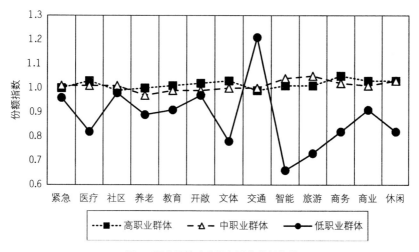

图5　职业属性公共服务设施份额指数

总体来看，老龄群体的公益性和市场性设施份额基本匹配，而外来人口、低学历和低职业群体在享有公益性设施上存在明显的失衡现象，部分设施对这几类群体的供给低于社会平均水平。

3.2　基尼系数与洛伦兹曲线分析

基尼系数与洛伦兹曲线分别从数值和分布形态方面给出了不平衡的程度。参考收入分配基尼系数的分级标准，基尼系数低于0.2表示收入绝对平均，0.2～0.3表示收入比较平均，0.3～0.4表示收入相对合理，0.4～0.5表示收入差距较大，0.5以上表示收入差距悬殊。但收入差距与公共服务设施资源属于不同类别，绝对数值不能等同，因此，对于设施类型、社会群体间的比较可以成为资源分配匹配与否的相对参考。另外，洛伦兹曲线有助于直观地观察各类群体享用设施的累积比例，且曲线的陡缓分布也反映了测度指标的社会不平衡状况。

常住人口中，上海本市的户籍人口在大多数设施类型中基尼系数高于外来人口，洛伦兹曲线反映的均衡性也低于外来人口。例如享用设施水平较低的10%的户籍人口仅享有2%的公共设施，而享用较多资源的20%的户籍人口享用33%的公共资源，这表明上海中心城区的户籍人口享用公共服务资源的匹配性较低，主要的不平衡体现在本地人口的社会分化，相应的设施服务空间差异较大（图6、图10）。

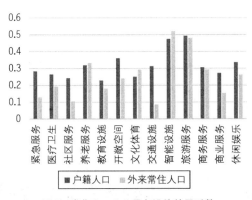

图6　常住人口公共服务设施基尼系数

从年龄属性上来看，老龄人口在绝大部分设施的基尼系数均高于儿童和成年群体，表明上海中心城区在养老服务设施的配置上整体匹配性较低，但老龄群体在紧急服务、社区服务、交通设施三个方面与其他两类群体差距较大。洛伦兹曲线方面，享有公共服务设施资源较少的人口来看，10%的儿童群体享有4%的公共服务设施，相比10%的成年群体的5%和11%占比更低。同样地，老龄群体享有最少公共服务资源的10%人口仅享有4%的设施资源。总体上，老龄群体设施的不平衡性更为突出（图7、图11）。

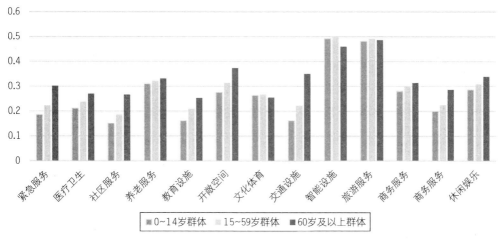

图 7　年龄属性公共服务设施基尼系数

　　学历属性的空间差异较小。在文化体育和商务服务中，低学历群体的基尼系数较高；同时，智能设施和旅游服务设施在所有社会属性中的基尼系数均较高，群体之间的差异不明显，说明不同学历的群体在市场化程度较高的设施享用方面存在明显的差异。进一步考察不同学历群体的洛伦兹曲线，低学历群体在享有公共服务资源最低的 10% 人口中占有 4% 的设施，享有公共设施资源最多的人口中10% 的低学历人口享有 20% 的设施，表明低学历群体内部的社会极化更为突出，而在不同学历群体之间的空间差异较小（图 8、图 12）。

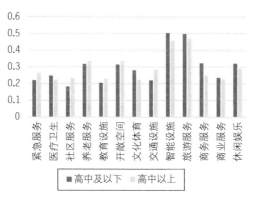

图 8　学历属性公共服务设施基尼系数

　　职业属性方面，基尼系数在公益性谱系下呈现明显的差异化特征：首先，在公益性较强的设施方面，高—中—低职业呈现依次下降趋势（如社区服务、教育设施），而在市场性与公益性兼具的设施中，群体差异较大。在市场性较强的配置中，低职业群体的基尼系数明显上升，表明市场化配置下消费空间更加倾向于高职业群体。从洛伦兹曲线来看，占比较低的10％的高、中、低职业人口分别各自享有4％的公共服务设施，占比较高的10％的高职业和中职业人口分别享有19％的设施资源，而低职业群体为14％，表明低职业群体整体空间的匹配性较高职业和中职业更高。综合来看，低职业群体享有公共设施的匹配性较中高职业更优，而户籍人口享有公益性和市场性设施的空间匹配性均较低。这种失衡同样体现在儿童群体当中，相比于老龄群体，在设施配置中对于儿童群体的关注不足。另外，市场性设施的空间匹配性在中心城区范围内均差异较大（图9、图13）。

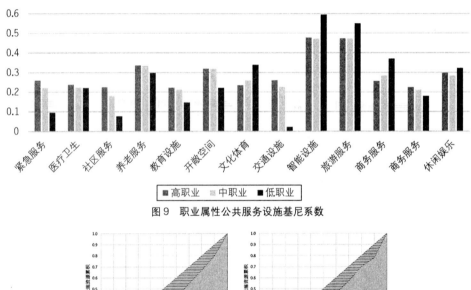

图 9　职业属性公共服务设施基尼系数

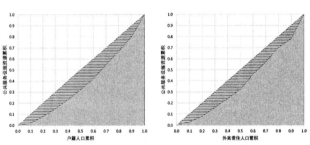

图 10　常住人口公共服务设施洛伦兹曲线

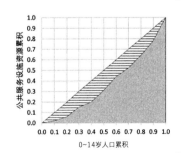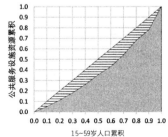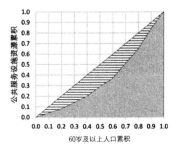

图 11　年龄属性公共服务设施洛伦兹曲线

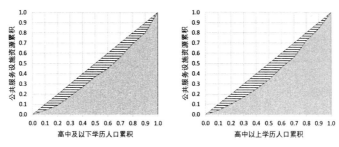

图 12　学历属性公共服务设施洛伦兹曲线

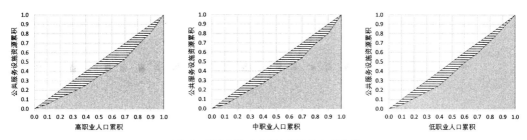

图 13　职业属性公共服务设施洛伦兹曲线

4　结论与讨论

4.1　主要结论

　　本研究聚焦于公益性谱系下不同社会群体享有公共设施资源的需求匹配问题。研究发现，紧急服务类、卫生类、社区服务设施、特殊群体服务设施以及教育设施、开敞空间公益性得分较高，文化体育、交通、智能服务、旅游服务兼具公益性与市场性，商务服务、商业服务以及休闲娱乐属于市场性较强的公共设施。

　　研究进一步归纳总结不同社会属性下份额指数和基尼系数的数据特征，具体采用平均值、标准差和变异系数（表3）进行分析，根据初始定义，各种社会属性下的份额指数的平均值接近1，但是变异系数存在明显差异，说明不同属性下的社会需求匹配有不同表现，其中，职业群体的份额指数变异系数在四属性中最高，表明设施在职业群体的匹配性和差异性均较大；而户籍份额指数的变异系数仅次于职业群体，较年龄群体和学历群体更高，也意味着户籍属性设施匹配性也存在差异较大的问题。而基尼系数本身就是反应数组的差异，因此这一指标的变异系数表明了空间分异程度的差异性，从数据来看，职业和户籍依旧是变异系数最大的社会属性，说明以职业或者户籍衡量，上海中心城区公服设施的匹配性问题更为突出。

表3　份额指数与基尼系数的平均值、标准差和变异系数

	份额指数			基尼系数		
	平均值	标准差	变异系数	平均值	标准差	变异系数
户籍	0.993	0.059	0.059	0.285	0.113	0.394
年龄	0.999	0.054	0.054	0.296	0.096	0.324
学历	0.999	0.042	0.042	0.296	0.090	0.304
职业	0.969	0.099	0.103	0.281	0.121	0.429

从数据结果来看，在公益性谱系下，外来人口、低学历和低职业群体在享有公益性设施上存在明显的失衡现象，部分设施对这几类群体的供给低于社会平均水平。在医疗服务、养老服务、教育服务等公益性较强的服务资源上也未能达到社会公平的要求。而户籍人口和老龄人口表现出更加明显的空间失衡，享用公共服务资源的公平性较低，空间差异较大。儿童群体区别于老龄群体等特殊群体，其对于医疗、教育、文化等设施的需求较强，但设施配置还存在匹配性差异。另外，市场性设施的空间匹配性在中心城区范围内均差异较大。

4.2　讨论

现阶段，公共服务设施的供给政策中针对户籍人口和外来人口存在一定差异，但享受美好生活的权利人人平等，均应享有与其需求相匹配的公共服务设施。结合上海的实际情况，职业、户籍的划分也在一定程度上反映了社会地位，同时也反映了整体收入水平的差异，相应的空间隔离导致的市场性设施配置不足的问题应当有所应对。进一步地，美好生活的向往带来消费结构的转变，居民对消费空间的需求进一步提高，类消费化特征下的市场性设施逐渐增多（孔祥利、王张明，2013），这种特征使得公共服务设施的空间布局在满足社会公平的基础上进一步呈现集聚特征（高军波、苏华，2010；程顺祺等，2016）。公益性设施与市场性设施的供给主体之间的协同配合和设施配置应当予以体现在规划设计和项目管理当中。另外，从本研究来看，市场性设施与公益性设施的空间交混使得部分公益性设施向市场化转变，且居民在使用过程的实际需求与管理部门对公共设施的功能设置也存在裂痕，供给主体的变化也导致了规划的需求失配（朱介鸣，2005），因此，以供给主体为切入点的公共设施公益性谱系研究势在必行，这也是公共服务设施需求匹配的另一个切入点。

此外，2015年上海市教委关于来沪人员随迁子女就读的政策，要求外来学龄儿童一方父母持居住证满3年，提高了民工子弟就读小学的年限门槛，加上郊区产业用地的清理等政策性规定，直接导致了部分低职业群体的外来人口离沪。在上海2040总体规划的编制过程中，关于人口规模及城市发展动力的讨论十分激烈，这也说明，类似的公共服务设施政策不仅加剧了社会需求不匹配，也涉及未来城市发展的动力来源问题。

致谢

本文受国家自然科学基金（51478189）、广东省自然科学基金（2014A03031326）资助。

参考文献

[1] Bryant, R. 1995. Environmental Justice: Issues, Policies, and Solutions. Island Press. 76-85.

[2] Delbosc, A., Currie, G. 2011. "Transport problems that matter-Social and psychological links to transport disadvantage," Journal of Transport Geography, 19 (1): 170-178.

[3] Glaeser, E. L., Porta, R. L., Lopezdesilanes, F. et al. 2004. "Do institutions cause growth?" Journal of Economic Growth, 9 (3): 271-303.

[4] Knight, J., Song, L. 2003. "Increasing urban wage inequality in China," Social Science Electronic Publishing, 11 (4): 597-619.

[5] Li, S. 2013 . "Guanxi network based social stratification and social mobility in China: A new approach to social stratification and mobility study," 比较社会文化研究, 33: 125-137.

[6] Liu, Y., Dijst, M., Geertman, S. 2015. "Residential segregation and well-being inequality over time: A study on the local and migrant elderly people in Shanghai," Cities, 49: 1-13.

[7] Liu, Y., Dijst, M., Geertman, S. 2016. "The subjective well-being of older adults in Shanghai: The role of residential environment and individual resources," Urban Studies, 54 (7): 1692-1714.

[8] Liu, Y., Dijst, M., Geertman, S. et al. 2017. "Social sustainability in an ageing Chinese society: Towards an integrative conceptual framework," Sustainability, 9 (4): 658.

[9] Zhao, P., Howden-Chapman, P. 2010. "Social inequalities in mobility: The impact of the Hukou system on migrants' job accessibility and commuting costs in Beijing," International Development Planning Review, 32 (3): 363-384.

[10] 程顺祺, 祁新华, 金星星, 等. 国内外公共服务设施空间布局研究进展 [J]. 热带地理, 2016, (1): 122-131.

[11] 高军波, 苏华. 西方城市公共服务设施供给研究进展及对我国启示 [J]. 热带地理, 2010, 30 (1): 8-12.

[12] 胡畔, 王兴平, 张建召. 公共服务设施配套问题解读及优化策略探讨——居民需求视角下基于南京市边缘区的个案分析 [J]. 城市规划, 2013, 37 (10): 77-83.

[13] 江海燕, 周春山, 高军波. 西方城市公共服务空间分布的公平性研究进展 [J]. 城市规划, 2011, 35 (7): 72-77.

[14] 孔祥利, 王张明. 我国城乡居民消费差异及对策分析 [J]. 经济管理, 2013, (5): 1-9.

[15] 李京生, 付予光, 李将, 等. 对小区规划模式可持续性的思考 [J]. 城市规划学刊, 2008, (1): 90-95.

[16] 李强. 政治分层与经济分层 [J]. 社会学研究, 1997, (4): 34-43.

[17] 陆学艺. 当代中国社会阶层研究报告 [M]. 社会科学文献出版社, 2002.

[18] 唐子来, 顾姝. 上海市中心城区公共绿地分布的社会绩效评价: 从地域公平到社会公平 [J]. 城市规划学刊, 2015, (2): 48-56.

[19] 唐子来, 顾姝. 再议上海市中心城区公共绿地分布的社会绩效评价: 从地域公平到社会公平 [J]. 城市规划学刊, 2016, 227 (1): 15-21.

[20] 温胜芳，王海侠，蔡秀云. 村庄基础设施与公共服务的转变及需求——基于"百村千户"调查 [J]. 经济研究参考，2015，(28)：87-95.

[21] 叶长盛. 基于洛伦茨曲线和基尼系数的江西省城市建设用地空间结构分析 [J]. 资源与产业，2011，13 (4)：37-42.

[22] 张磊，陈蛟. 供给需求分析视角下的社区公共服务设施均等化研究 [J]. 规划师，2014，(5)：25-30.

[23] 朱介鸣. 市场经济下中国城市规划理论发展的逻辑 [J]. 城市规划学刊，2005，(1)：10-15.

基于均衡发展的城市小学布局研究
——以德阳市中心城区为例

张春花 余 婷

Layout of Primary Schools Based on Balanced Development：A Case Study on the Central City of Deyang

ZHANG Chunhua, YU Ting
(Beijing Tsinghua Tongheng Urban Planning & Design Institute, Beijing 100085, China)

Abstract Using customized development models of ArcGIS, this paper takes primary schools of Deyang City as the study objects, and evaluates the spatial service characteristics of current primary school educational facilities through the analysis on the spatial coverage of educational facilities, the simulation of actual enrollment scope, and the service quality and other indicators. Based on the evaluation results, the paper analyzes the problems existing in the urban spatial organization caused by the imbalanced configuration of educational facilities of primary schools. Combined with the urban master planning revision and the reflections on planning management of the current elementary education, the paper proposes a set of strategies and policies to promote the balanced and high-quality development of elementary educational resources.

Keywords layout of primary schools; balanced development; Deyang City; the central city

作者简介

张春花、余婷，北京清华同衡规划设计研究院有限公司。

摘 要 文章以四川省德阳市中心城区的小学为例，采用 ArcGIS 平台二次开发的模型，通过教育设施覆盖范围分析、实际招生范围模拟及服务质量等指标，对现状小学教育设施的空间服务特征进行研究评价，分析因基础教育设施空间非均衡配置产生的城市空间组织问题等。文章结合城市总体规划修编和对现状基础教育规划管理的思考，提出小学教育设施空间均衡发展的对策建议，以推进基础教育资源的均衡优质发展。

关键词 小学布局；均衡发展；德阳市；中心城区

1 引言

在快速城镇化的过程中，城市建设快速发展，城市规模不断扩张，基础教育设施并未能实现与城市建设的同步协调发展，呈现出较显著的非均衡发展趋向。从《国务院关于推进义务教育均衡发展的意见》（国发〔2012〕48 号）到党的十九大报告提出"努力让每个孩子都能享有公平而有质量的教育"，推进教育优质均衡发展成为新时期国家基础教育发展关注的重点。基础教育作为民生工程的重要内容，其均衡发展是实现教育公平的内在必然要求，也是改善民生水平、促进社会公平正义的重要内容，同时对于消除社会分异、空间极化，实现城市空间资源配置的公正、合理、均衡配置具有重要的意义。

关于教育设施布局研究目前主要关注在两个尺度上，一个是城乡教育设施布局研究，研究重点在于解决城与乡的教育设施差距问题，保证乡村地区儿童享受均等的教育服务（孔云峰等，2008；胡思琪，2012；刘维，2016）。二是城市集中建设区的教育设施布局研究，研究重点在于设施空间布局优化提升。如王伟、吴志强借助 Voronoi 模型对济南市中心城区小学空间布局进行分析，由此提出布局调整思路（王伟、吴志强，2007）；张晨通过设施配置规模等六项指标分析，研究杭州西湖区基础教育设施的空间服务状况，结合对现状基础教育规划管理的梳理和反思，提出政策建议（张晨，2012）；陆天琪通过对朝阳市中心城区小学分布、教育资源质量、空间要素关联分析，结合可达性评价，提出教育资源优化策略及学区划分方案（陆天琪，2015）；刘潇以武汉市武昌区小区为例，通过两步移动搜索法对现状和规划小学布局的可达性进行评价，提出优化策略（刘潇，2017）。可见城市集中建设区教育设施布局研究多从规划师的角度，基于理论模型分析结果提出设施布局调整策略，对策略的实施可行性和可操作性考虑不足。

德阳市是2008年"5·12"汶川大地震的重灾区，灾后对城区重建投入较大，城市发展速度较快，新区开发建设引起了城市结构的变化。而基础教育设施建设滞后，缺乏统筹引导，中心城区出现优质教育资源不足、新城区大量新建社区教育设施配置不足等问题，其中小学入学矛盾尤为突出。且教育设施在规划建设中，与城市规划建设衔接不足，教育设施用地被其他用地占用严重，难以有效保障学校建设。论文结合《德阳市城市总体规划（2014～2030）》和《德阳市中心城区教育设施规划（2014～2030）》项目，从教育设施空间覆盖度、教育设施实际招生范围、教育设施使用效率等方面，对德阳市中心城区教育资源供给及空间布局存在的问题进行分析，从规划统筹角度及教育部门实施操作两个角度，提出面向实施的解决策略。本次研究对优化教育资源配置，完善教育设施规划管理和实施保障也是一次有益的探索。

2　研究思路和技术方法

2.1　研究思路

基础教育均衡发展有两个方面的内涵：一方面指基础教育资源质量的空间均衡，即普遍优质化；另一方面指基础教育设施布局的空间均衡，保障适龄儿童能就近入学。综合来讲，即基础教育设施的空间服务水平均衡。

基于以上对均衡发展内涵的解析，本文着重分析现状教育设施服务覆盖范围、设施实际招生范围模拟及教育设施使用效率，重点关注相关指标及其在空间层面的差异，探索德阳市中心城区基础教育均衡发展状况及影响因素。首先，通过服务覆盖范围分析评估小学教育设施在空间上整体设计服务总量是否满足全覆盖要求，即空间均衡；其次，通过设施实际招生范围模拟进一步分析设施实际服务范围，评估设施使用过程中的问题；然后，通过设施使用效率分析再进一步了解设施服务质量空间特征，探究造成设施使用效率差异的根本原因；进而提出与未来城市发展及空间支撑条件相适应的基础教育设施整体策略，设计教育设施空间组织模式，对未来基础教育设施进行全面布局，为基础教育活动的合理组织、教育场所的规划建设、相关政策制定提供空间技术依据。

2.2　数据及其来源

　　现状研究基础数据主要来自：①小学设施点根据实地调研落图；②小学教育设施统计数据由教育局提供；③现状就学情况根据家庭调查问卷统计得出；④居住用地、道路网空间数据信息来自正在修编的城市总体规划。此外，文中使用的评价指标参考了相关国家标准及规范。调查问卷内容主要涉及学生就学距离、上学交通方式、对教育设施的关注内容及满意程度等方面，旨在客观全面反映基础教育设施的服务现状、市民选择学校的影响因素、影响市民就学的深层次原因。问卷发放覆盖了现状所有小学（共24所），具体发放采取班级抽样调查的方式，每所小学选择三个班级发放（1～2年级、3～4年级、5～6年级中分别随机选择一个班级）。问卷由学校组织发放，学生交由家长填写。调查问卷实际回收共2 162份，其中有效问卷2 144份，问卷有效率达到99.16％。

2.3　研究方法

　　研究过程中涉及的主要分析包括教育设施服务覆盖范围分析、教育设施实际招生范围模拟、教育设施使用效率分析和学区教育资源评估。其中教育设施使用效率分析基于现状调研数据统计分析得出。教育设施服务覆盖范围分析、教育设施实际招生范围模拟和学区教育资源评估通过ArcGIS平台二次开发的模型完成，利用ArcGIS中的Model Builder功能，对分析流程进行建模，实现分析过程全自动化。

　　教育设施服务覆盖范围分析主要利用网络分析工具，模拟基于真实道路网络的设施服务覆盖范围，然后结合居住区及人口分布情况，计算设施服务的居住区规模和服务人口的情况，以评估设施服务覆盖度，技术路线见图1。模型可用于现状及规划设施的服务覆盖范围分析。输入数据包括道路网络数据集、教育设施分布点、设施设计服务半径、居住区分布地块及人口分布情况等。

　　教育设施实际招生范围模拟基于实地调查问卷数据绘制，首先计算居住区和学校的中心点经纬度坐标，然后根据调查人员居住区及实际入学学校清单，分析每个学校实际招生所在居住区与学校的空间联系，最后根据每个学校实际服务的居住区分布，形成各个学校的实际招生范围面，技术路线见图2。输入数据包括居住区面、设施点及由调查问卷整理而成的学校实际招生清单表。模拟所得实际招生范围面可能与真实情况不完全一致，因为调查问卷数据仅为抽样数据。

　　学区教育资源评估首先根据规划的学区范围，结合各教育设施设计学位数，计算各学区范围内教育设施的学位供给量。然后结合规划居住用地及学龄人口数的预测，计算学区范围内教育设施的学位需求量。最后对比各学区内供给和需求的关系，供给量大于需求量的为教育资源富余区，供给量小于需求量的为教育资源不足地区，供给量与需求量基本相符的为教育资源基本平衡区，技术路线见图3。输入数据包括教育设施分布点及设计学位情况、学区划分边界、规划居住区分布及适龄人口情况。

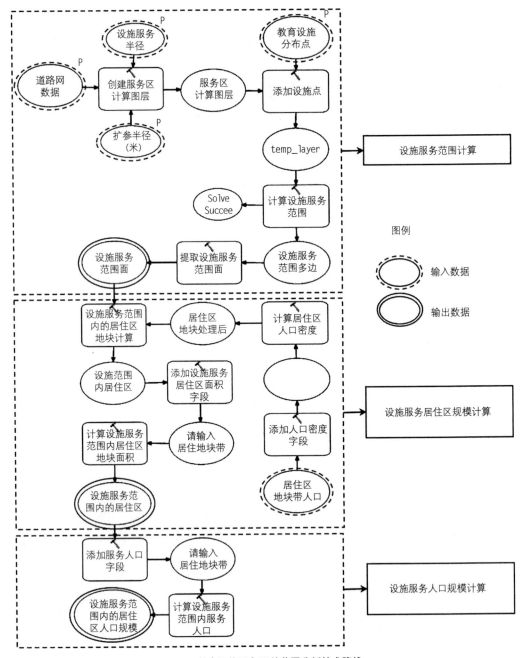

图1 教育设施服务覆盖范围分析技术路线

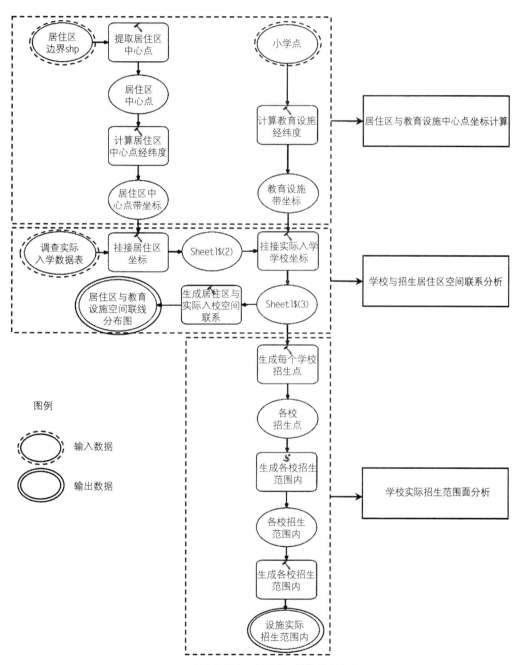

图 2　教育设施实际招生范围模拟技术路线

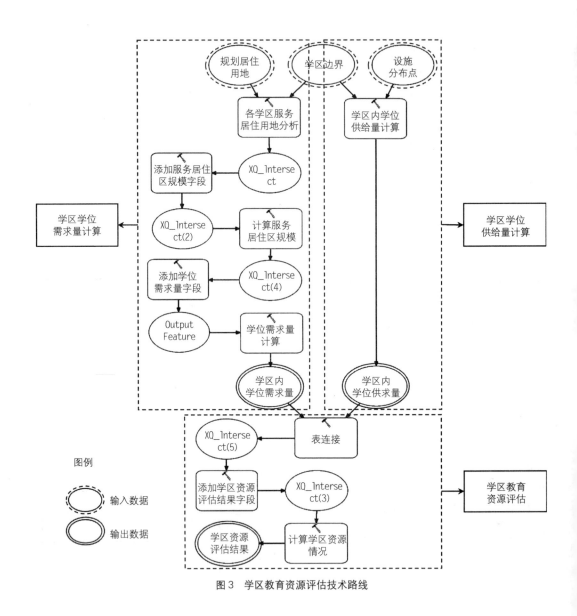

图3 学区教育资源评估技术路线

3 德阳市中心城区小学的空间服务特征

3.1 案例背景

德阳市中心城区包含六个街道（旌阳街道、城南街道、城北街道、旌东街道、工农街道、八角井街道）、三个乡镇（天元镇、孝感镇、东湖乡）以及双东镇的部分地域。2014 年德阳中心城区范围内常住人口 57 万人，现状小学 24 所，在校生 2.83 万人，平均每校 25 班（表1）。

近年来，城市结构调整和新区开发，基础教育设施也随着城市建设而逐步完善，教育事业蓬勃发展，但快速城镇化背景下基础教育设施的空间不均衡引发了若干空间服务问题，小学就学矛盾尤为突出。

表1　2014 年德阳市中心城区小学教育设施概况

乡镇街道名称	学校数（所）	学生数（人）	平均每校班数（班）
旌阳街道办	5	5 607	23
城南街道办	4	6 108	30
城北街道办	2	3 977	42
工农街道办	1	207	7
旌东街道办	2	2 828	30
八角井街道办	1	1 211	18
东湖乡	4	5 553	33
天元镇	3	1 812	15
双东镇	1	314	8
孝感镇	1	727	19
合计	24	28 344	25

资料来源：德阳市教育事业统计资料，2014。

3.2　德阳中心城区小学的空间服务特征

3.2.1　学校布局与居住空间不匹配

从小学的整体空间分布来看，布局不均衡。学校集中在旌阳街道和城南街道，城北街道、城市南部的工农街道和绵远河东部的旌东街道小学布局欠缺。一方面，教育设施建设未能实现与城市的同步发展，城市南、北新区教育设施配套建设不到位；另一方面，旌东街道学校容量与居住用地空间不匹配，且受建设用地条件限制，现有教育设施难以扩容、新建学校选址受限。

基于国标规定的小学 500 米服务半径，利用设施服务范围覆盖分析模型，得到现状小学对居住用地的覆盖情况（图4）。结果显示现状小学就近入学的范围内共覆盖居住用地比例 27.5%，服务人口占居住人口的 33.2%。老城区（旌阳街道、城南街道）空间覆盖度较高，外围新区（绵远河以东旌东街道、工农街道）存在较多服务盲区。

3.2.2　跨学区远距离就学现象明显且学区严重交叉

考虑图面绘制内容和表达效果，选取 14 所学校的家庭调查问卷，利用设施实际招生范围模拟模

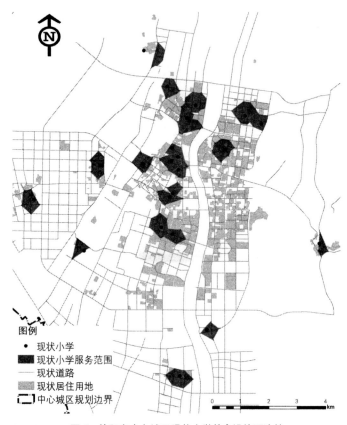

图4　德阳市中心城区现状小学教育设施可达性

注：基于道路网的可达性分析覆盖度。

型，分析学生实际就学范围的空间分布情况。结果显示，大部分学校实际就学范围超出划定学区范围，平均服务辐射半径约1 140米。其中实验小学、市一小、东电外国语学校、岷山路小学、北街小学、东汽小学等学校跨学区远距离就学现象明显，不仅吸引了设计服务范围内的生源，还接纳了外围城区和村镇生源，实际服务范围超出设计服务半径，学校间的实际服务范围严重交叉（图5），而这些学校多为优质校。

因优质教育资源较少，且主要集中在老城区，由此造成的跨学区就学不仅增加了就学交通成本，也增加了城市运行成本，在特定的城市空间节点形成接送交通瓶颈，对局部地段交通产生较大压力。根据调查结果，在2 144份有效问卷中，上下学交通时间在15分钟以内的占64.7%，超过15分钟的占35.3%。绵远河以东因教育设施匮乏，跨河就学造成桥区在特定时间交通严重拥堵。

3.2.3　优质教育资源过度集中且校际差异明显

因教育质量的差距、教育资源管理、场地设施条件、办学条件等多因素影响，导致不同学校之间

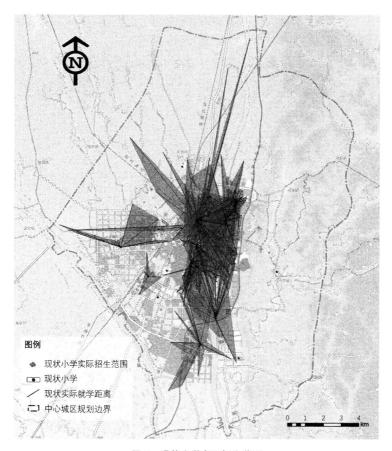

图5 现状小学实际招生范围

在服务质量和使用效率方面差异非常明显。通过对现状小学招生范围内覆盖的适龄人口与小学的实际招生人数的比较统计分析，现状小学设施的使用效率或服务水平可分为三种类型（图6）。

第一类是超负荷运转的学校，这类学校主要集中于老城区。学校设计学位能够满足服务范围内适龄人口的需求且有余量，但因跨区择校导致实际在校生数量大于设计学位量，学校超负荷运转，班额过大。又因用地条件限制，学校扩容较难，用地矛盾突出，生均用地面积普遍低于5平方米。学校使用效率（实际在校生数量与设计学位的比例）高达150%。

第二类是服务能力不足的学校，这类学校主要分布在绵远河以东区域的旌东街道，片区教育设施配置不足，小学教育设施的建设未能实现与城市的同步发展，配套建设不到位或缺位。这些学校利用基本饱和，实际在校生数量小于服务范围内适龄学生数量。亟须服务能力的提升和增配设施。

第三类是使用效率低的学校，这类学校主要分布在新城区，在校生数量少于服务范围内适龄学生数量。学校使用效率都不足 50%，就读学生多为务工人员随迁子女。学校多为原城镇农村小学，周边环境乱无居住配套，学校教学质量薄弱。

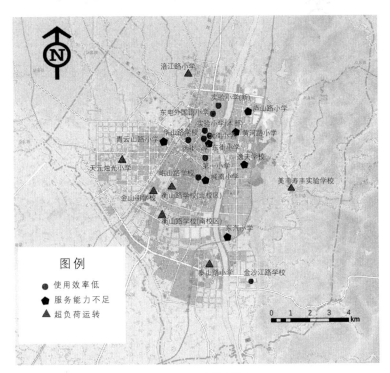

图 6　现状小学使用效率

4　德阳中心城区小学空间均衡发展策略探索

协调城市总体规划和控规等规划，结合居住用地布局，确定城市居住人口的空间分布；构建均衡分布的基础教育设施网络，保障绝大多数学龄儿童能够就近入学；在城市改造或新建过程中优先保障基础教育阶段学校建设用地。

4.1　划定大学区，构建基础教育设施配置的框架平台

小学教育设施与居住用地在空间上具有高度相关性，设施与居住用地的空间关系直接体现了其布局的合理性。构建以各类学校为中心、规模适宜、相对稳定的学区体系，提供明确的学位需求及供给测算基础平台，保持设施配置的延续性，可实现更加精细的教育资源管理。

　　大学区制是国家推动优质教育资源共享、均衡配置办学资源的政策要求和必然趋势。为有效解决德阳市中心城区小学教育资源质量和使用差异大的矛盾，划定大学区作为基础教育设施配置和管理的框架平台，统筹学前教育资源、小学教育资源和初中教育资源。

　　德阳市中心城区大学区的划分，以乡镇街道的行政边界、城市干路为基础，考虑居住人口分布及现状教育资源的情况，兼顾优质校与薄弱校的相对均衡，将德阳市中心城区划为12个大学区（图7）。划定大学区后，在大学区内统筹现状及规划各阶段学位供给、实际办学容量、适龄儿童规模和服务半径等一系列相关的属性，确保基础教育设施的供给与需求匹配。

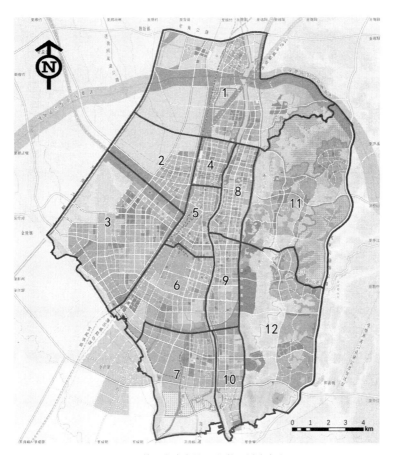

图7　德阳市中心城区大学区划分方案

4.2　增配和完善基础教育设施，实现教育设施全覆盖

　　利用学区教育资源评估模型，将大学区分为教育资源富余区、教育资源基本平衡区、教育资源不

足地区三种类型（图8）。对应三种分区，提出针对性布局优化方案，设施服务覆盖居住区比例从现状的27.5%提高至83%，服务人口占居住人口比例从现状的33.2%提高至90%，基本实现教育设施全覆盖，保证适龄人口就近入学需求。

图8　德阳市中心城区小学教育设施布局方案

教育资源富余区（第5学区），主要以疏解和优化小学教育资源为主。多个学校实际服务范围重合较多，主要以建分校、组建教育集团等形式向周边学区输出优质资源，逐步疏解过于集中的教育资源，带动其他学区发展。另外，对现有小学过饱和且周边用地不具备扩建条件的，进行设施整合和班型调整。区内需要整合的有西街小学和东街小学，对其分设低年级部和高年级部。

教育资源基本平衡区（第9学区），学区内部通过用地置换或换建，达到布局均衡合理。本学区换建小学1所，结合局部地块的合并、迁建及撤销，依据其周边学位需求及学校布局情况，对原址适宜布局教育设施的，积极推动其原址用地的收回，通过功能置换建设学校，解决部分学位需求。新增小学1所，位于绵远河以东旌东街道，该区域基本都是近年新建成区域，几乎无可建设用地。规划结合局部三类居住用地的可调整机会，近期增设小学1所，解决河东小学教育设施不足的矛盾。

教育资源不足区（除5、9以外的其他学区），重点提升新建地区教育资源的服务能力和供给规模。这一类型学区以新建小学为主，一方面，新建地区优先保障基础教育设施用地。新的重点开发地区建设时，将现状学位的缺口及新增学位的需求纳入统一考虑，在详细的土地开发计划中落实基础教育设施建设用地。新增住宅用地建设时，根据住宅建筑规模、户型结构明确可能带来的学位需求规模，同时结合周边地区现状学位供需情况，提出学位供给方案，在住宅的建设过程中同步实施。另一方面，开展部分地区教育设施用地预留工作。结合城市开发建设时序，充分考虑未来居住人口集聚的趋势，做好未来基础教育设施的用地储备。做好中远期人口进一步集聚后基础教育设施的用地储备。结合城市总体规划，将预留用地予以法定化。此类学区实际新建小学共 35 所。

4.3　缩小校际差异，统筹优质教育资源均衡发展

划定小学区，严格按照招生范围进行招生，统筹教育资源均衡发展。考虑服务半径、服务便利性、相适应的居住人口规模、交通因素（尽量不跨交通性主干道），划定小学区（图 9）。按照确定的学区划分方案，出台详细的入学准许实施细则，确保学区内学生数与学校学位数基本匹配。使教育资源配置与实施细则形成合力，确保规划基础教育设施有效发挥其使用效益，促进教育公平发展、均衡发展。

图 9　小学区划分

通过捆绑发展，促进薄弱学区教育资源质量提升，逐步实现教育资源普遍优质。超负荷运转学校中的优质学校以建分校、组建教育集团等形式向周边学区薄弱学校输出优质教育资源（捆绑模式见图10），分阶段带动其他学区发展，详细捆绑方案见表2。第一阶段优质校和薄弱校跨学区捆绑式发展，培育每个大学区的学区长学校（优质校）；第二阶段，学区内优质校与薄弱校捆绑，达到学区间教育水平均衡发展；第三阶段，实现城市基础教育资源均衡下的普遍优质化。

表2　德阳市中心城区现状小学教育设施捆绑发展方案

牵头学校（学区编号）	成员学校（学区编号）
实验小学（5）	天元小学（3）
市一小（5）	金山街小学（6）
东电外国语小学（5）	黄河路小学（8）
岷山路学校（6）	泰山路小学（7）
北街小学（5）	涪江路小学（2）

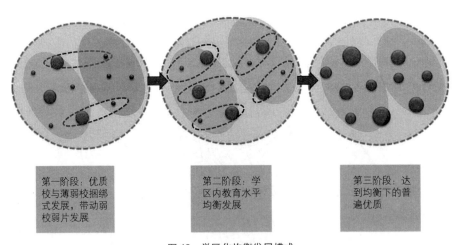

图10　学区化均衡发展模式

5　结论

本文以德阳市中心城区为实证，借助 ArcGIS 平台二次开发分析模型，从空间布局的角度对基础教育设施均衡发展进行了一些研究。在制定基础教育设施大小学区结合的学区划分方案基础上，增配完善教育设施空间布局实现基础教育设施服务全覆盖，通过捆绑发展逐步推进基础教育设施的优质均衡发展。研究结论指导了德阳市城市小学的计划部署和发展建设，截止 2016 年底已按规划方案新建小学 2 所，换建 1 所，还有部分已列入政府十三五建设项目计划。但要真正实现基础教育均衡化布局和发展，实现空间规划供给目标，还需要财政体制、优质服务资源流动等供给体制在内的全面、系统创新。

在中国特殊的体制政策背景、快速的城市化进程中，如何科学合理地实现城乡基础教育设施均等化布局、均衡化发展是一个需要进行深入实践探讨的过程。城市基础教育设施的空间合理性不仅与数量和区位有关，更要充分考虑满足周边服务人群的使用需求。因此，基于使用者角度，综合考虑使用需求、以及服务成本，应该是今后深入探讨的一个方向。

致谢

本文受北京清华同衡规划设计研究院院课题"总规技术平台升级前期研究——GIS 分析模型集成研发"（课题编号：A010-16539-01c）资助。

参考文献

[1] 德阳市教育局.2014 年德阳市教育事业统计资料 [R]. 德阳：德阳市教育局，2015.

[2] 胡思琪.基于公平视角的县域基本公共教育设施布局分析模型研究——以江苏泗洪和附件上杭为例 [D]. 南京：南京大学，2012.

[3] 孔云峰，李小建，张雪峰.农村中小学布局调整之空间可达性分析——以河南省巩义市初级中学为例 [J]. 遥感学报，2008，(5)：800-809.

[4] 刘维.城郊基础教育设施布局均衡化评价研究——以天津市静海区小学设施为例 [A]. 2016 中国城市规划年会论文集（09 城市总体规划）[C]. 北京：中国建筑工业出版社，2016.

[5] 刘潇.基于可达性的小学规划布局优化研究 [D]. 武汉：武汉大学，2017.

[6] 陆天琪.基于 GIS 的朝阳市中心城区小学教育资源布局及优化研究 [D]. 长春：东北师范大学，2015.

[7] 王伟，吴志强.基于 Voronoi 模型的城市公共设施空间布局优化研究——以济南市区小学为例 [A]. 2007 中国城市规划年会论文集 [C]. 哈尔滨：黑龙江科学技术出版社，2007.

[8] 张晨.杭州城西基础教育设施空间服务状况研究 [D]. 杭州：浙江大学，2012.

家庭空巢化背景下的养老模式研究
——以无锡仙蠡墩家园为例

高　凌

Study on Eldly-Care Mode in the Background of Empty-Nesting：Taking Xianlidun Home of Wuxi as an Example

GAO Ling
(Wuxi City Planning Bureau, Jinagsu 214031, China)

Abstract In reaction to the population aging, a major taskof the government is to establish a system of elderly-care service facilities that is adapted to the so-cio-economic development. What are the real needs of the aging population and how many elderly-care service facilities should be provided? Based on the questionnaire survey on the basic information including age, gender, income, education level, living condition, etc., the paper analyzes the practical situation of empty-nesting phenomenon in Wuxi, the living conditions of the elderly, and their choices of elderly-care modes. Through the investigation on the localized imple-mentation of "9064" mode, the paper points out the problems existing in the layout, amount, and location of current elderly-care service facilities, and puts forward feasible suggestions for the gov-ernment to plan the elderly-care service facilities and for the social forces to par-ticipate in the elderly-care industry.
Keywords aging; empty nesting; eldly-care mode; Wuxi

摘　要 应对人口老龄化，建立与经济社会发展相适应的养老服务设施网络是政府面临的重大任务。老龄人口的真实养老需求有哪些，需要提供多少数量的养老服务设施进行支撑？笔者试图通过发放调查问卷的形式，在对老龄人口年龄、性别、收入、文化程度、居住情况等基本信息调查的基础上，深入了解核实无锡老龄人口生活现状和家庭空巢化的实际情况，通过调查数据分析他们对养老模式的选择情况，从而对政府提供养老服务设施的重要依据，即"9064"的养老模式进行地方化的考证，指出现状养老服务设施的布局、数量和选址方面的问题，为政府布局养老服务设施和社会参与养老服务事业提出切实可行的建议。

关键词 老龄化；空巢化；养老模式；无锡

1　背景介绍

　　无锡老龄化和家庭空巢化的现象十分明显。无锡 1983 年就进入了人口老龄化城市行列，比全国（1999 年）提前了 16 年。截至 2014 年年底，无锡市 60 岁及以上户籍老年人口 114.57 万人，占户籍总人口的 24.05%（无锡市人口和计划生育委员会，2015）。截至 2015 年年底，同第六次全国人口普查相比，无锡市 15～64 岁人口的比重下降 2.0 个百分点，65 岁及以上人口的比重上升 1.9 个百分点（无锡市统计局，2016）。和老龄化相比，家庭空巢化也十分明显。2009 年无锡编制的《无锡市养老服务设施布局规划》中的数据表明，2008 年年底空巢老人家庭占老年人口家庭的比例已经超过 58%。2015 年，全国老龄委公布数据："我国老年空巢家庭率已达半数，大中城市达 70%。"

作者简介
高凌，无锡市规划局。

应对人口老龄化、家庭空巢化的挑战，政府近几年相应出台了很多养老方面的文件和规划，北京市民政局、北京市发展和改革委员会、北京市规划委员会、北京市财政局、北京市国土资源局联合发布的《关于加快养老服务机构发展的意见》(北京市民政局等，2008) 中提出，"到 2020 年，90％的老年人在社会化服务协助下通过家庭照顾养老，6％的老年人通过政府购买社区照顾服务养老，4％的老年人入住养老服务机构集中养老"，即"9064"的养老模式。这是最早"9064"的由来。无锡 2009 年编制的《无锡市养老服务设施布局规划》中指出，"到 2020 年，全市养老机构床位总数达到 5.35 万张，每百名老人拥有养老床位数达到 4 张。基本形成 90％的老年人在社会化服务的协助下，通过家庭照顾养老，6％的老年人通过政府购买服务实行居家养老，4％的老年人入住机构养老的格局。"规划也相应地用了"9064"这个比例。2015 年，多地发布了"9073"养老规划（90％家庭自我照顾、7％社区居家养老服务、3％机构养老），机构养老从 4％降到 3％，而社区养老的比例已从原来的 6％上升到了 7％，再加上增量的老年人口，这为社区养老带来了更多的市场空间。也有地方政府认为"9064"是更合理的养老模式，因为这种模式下机构对养老产业的支持力度更大，是政府对养老问题的重视。而耐人寻味的是，2013 年国务院发布的《国务院关于加快发展养老服务业的若干意见》（国务院，2013）并未提到这个比例。本文正是在此背景下，通过调查问卷的形式对养老模式的比例进行考证，并深入调查老龄人口对养老服务的具体要求。

2　研究数据和调查方法

本文首先通过发放调查问卷的形式，进行老龄人口年龄、性别、收入、文化程度、居住情况等基本信息的调查，准确反映无锡老龄人口生活现状和家庭空巢化的实际情况；其次进行"养老现状、未来养老意向、养老机构选择要素和养老费用"的调查，分析老龄人口对养老服务的具体要求，从而为布局养老设施的数量、养老机构的选址和定价等提供参考。调查问卷于 2016 年 8 月份发放，采用不记名、随机发放的形式，当面发放、当面填写、当面回收，共发放调查问卷 100 份，回收 100 份。

2.1　调查区域的基本情况

无锡市仙蠡墩家园位于无锡的母亲河梁溪河畔，湖滨路西侧，小区一期建设工程 2010 年交付，二期部分 2012 年交付，总共套数 2 329 套住宅，占地 11.6 万平方米，总建筑面积 29.5 万平方米。无锡市仙蠡墩家园是无锡中心城区一个典型的拆迁安置小区，为安置原属地拆迁的危旧房、城中村的居民而建，小区入住的原住民数量多，主要来源为冯巷、沈李巷、黎新村、吴大成巷和学前西路匝道工程拆迁的居民。根据无锡市滨湖区河埒街道提供的人口统计数据，确定目前小区内常住人口约 4 800 人，户籍人口中 60 岁以上老人 335 人。

笔者认为，本小区具备本地老龄化社区的典型特征，对于了解本地居民养老意愿、摸清本地老年人口基本情况和给出对应的养老设施布局的建议有着重要的参考价值。

2.2　调查问卷的基本内容和统计数据

此次发放调查问卷 100 份，回收 100 份，有效问卷 99 份，有效回收率为 99%。调查问卷采用不记名方式，调查对象针对 60 岁以上的老人，由本社区热心居民采用偶遇抽样的方式义务发放，在 2016 年 8 月份完成了问卷发放回收的工作。

调查问卷分为两个部分：第一部分为个人基本信息调查，内容包括年龄、性别、业主性质、年收入、文化程度、健康状况和原先的职业；第二部分为养老意向调查，内容包括养老现状、未来养老意向、养老机构选择要素和养老费用调查（表 1）。

表 1　调查问卷描述性统计（样本总量 = 99）

项目	分类	频数	占比（%）
性别	男	45	45.5
	女	54	54.5
业主性质	原住民	73	73.7
	租住户	5	5.0
年收入	1 万元以下	10	10.1
	1~3 万元	65	65.7
	3~6 万元	20	20.2
	6 万元以上	4	4.0
文化程度	小学及以下	10	10.2
	初中	64	65.3
	高中	17	17.3
	本科及以上	7	7.2
健康状况	好	13	13.3
	较好	24	24.5
	一般	53	54.1
	差	8	8.1
原先职业	事业单位、公务员	12	12.1
	企业人员	74	74.7
	私营业主	1	1.0
	无业	1	1.0
	农民	11	11.1

续表

项目	分类	频数	占比（%）
养老现状	配偶	73	73.7
	自己（独居）	10	10.1
	子女	12	12.1
	雇人	4	4.1
养老意向	社区居家养老	42	43.7
	入住养老机构	15	15.6
	社区居家养老或养老机构皆可	16	16.7
	与子女或亲属同住	23	24.0
养老机构选择要素（多选）	价格	50	28.9
	舒适度	59	34.1
	景观	17	9.8
	区位	47	27.2
愿意为养老服务支付费用	1 000 元以下	12	12.1
	1 000～3 000 元	76	76.8
	3 000～5 000 元	11	11.1
	5 000 元以上	0	0

注：无效问卷及答案未列入统计数据，"其他"选项未列入统计数据。

3 调查结果分析

3.1 基本特征分析

本次问卷调查的老人中，45.5%是男性、54.5%是女性，女性老龄人口比例高出 10%，数量明显偏多；业主性质调查中原住民（业主）占 73%、租住户占 5%，符合仙蠡墩家园原住民小区的基本特征；收入情况调查中，1 万以下的占 10.1%、1～3 万的占 65.7%、3～6 万的占 20.2%、6 万以上占 4.0%，高收入人群和低收入人群的比例低，中间收入的比例占 85.9%，呈橄榄形分布；文化程度调查中，小学及以下占 10.2%、初中占 65.3%、高中占 17.3%、本科及以上占 7.2%，初中学历占比最高，反映了解放初期教育的时代特征；健康状况调查中健康状况好占 13.3%、较好占 24.5%、一般占 54.1%、差占 8.1%，呈中间大、两头小的橄榄形布局；原先职业为事业单位和公务员的占 12.1%、企业人员占 74.7%、私营业主占 1.0%、无业占 1.0%、农民占 11.1%，企业人员占绝大多数，事业单位、公务员的比例其次，农民的比例排到第三的位置，反映了该地区居民城市化的特征。

3.2　养老模式和意向分析

3.2.1　现状与配偶共同居住的老人比重高

2009年无锡编制的《无锡市养老服务设施布局规划》中的数据表明，2008年底空巢老人家庭①占老年人口家庭的比例已经超过58%，而这次的调查问卷显示与配偶居住的老人，即空巢老人比例为73.7%。2015年，全国老龄委公布数据："我国老年空巢家庭率已达半数，大中城市达70%。"这轮统计发现，公布数据与本次调查结果吻合。与之对应的是，调查表中，与子女居住的老人比例只有12.1%，可以推断核心小家庭数量逐年攀升，成为现在主要的家庭结构。

3.2.2　选择与子女共同居住的比重小

本次养老意向的调查中，选项分为社区居家养老、入住养老机构和选择与子女或亲属同住、雇人四个选项，选择与子女或亲属同住的老人仅为24%，这个数据与北京市民政局等部门联合发布的《关于加快养老服务机构发展的意见》（北京市民政局等，2008）中提出的，"到2020年，90%的老年人在社会化服务协助下通过家庭照顾养老，6%的老年人通过政府购买社区照顾服务养老，4%的老年人入住养老服务机构集中养老"，以及无锡制定的《无锡市养老服务设施布局规划》中确定的"9064"有很大的反差，不管是文件标准还是规划研究，都确定了90%的家庭养老比例，而调查表格中，家庭养老的比例仅为24%，差距巨大，说明目前老年人的养老观念发生了巨大转变。调查表中，选择"雇人"选项的老人占4.1%，填表访谈时老人提出了子女照顾的实际困难，明确雇专人养老的意愿，笔者认为这也是社会化服务协助下家庭养老的一种方式。如果把其加入家庭养老的比例中，家庭养老的比例也只达到28.1%，与90%相去甚远。

3.2.3　选择社区居家养老模式的比重较高

本次问卷调查中，选择社区居家养老的老人达到43.7%，这与《关于加快养老服务机构发展的意见》和《无锡市养老服务设施布局规划》中提出的"6%的老年人通过政府购买社区照顾服务养老，"的比例高出37.7%。社区居家养老的最大的特点是缓解了社会养老机构不足的困难，将解决就业岗位和社会赡养老人的需要相结合，以政府为主导调动社会和企业的力量出资建立社区养老服务网点，成为老人、养护员、政府和多方受益的良好模式，这种模式虽然在无锡社区普及度尚待完善，但是本轮调研发现，社区居家养老的社会接受度十分高，加上"社区居家养老或养老机构皆可"的选项，比例高达60.4%，所以笔者认为这种模式已经有着良好的社会基础。

3.2.4　对养老机构"舒适度"要求居首

本次问卷调查中，针对养老机构选择的考虑因素，一共有价格、舒适度、景观和区位四个选项，其中选择"舒适度"的比例为34.1%，是四个因素里面最高的，而选择"景观"的比例最少，仅为9.8%。反映出老人对于内部环境最为重视，是考虑的首选因素。这与之前普遍认为"价格"因素是主导形成反差，反映出老人已拥有一定的经济实力，并为养老生活留出了必要的生活经费；而对"景观"因素的忽视，反映出注重"功能性、实用性"是规划设计养老机构的关键。

4　主要结论及政策建议

4.1　主要结论

4.1.1　家庭养老模式向社会养老模式转变

通过调查问卷的统计数据发现，在一个无锡的典型居住小区选择"社会养老"的比例明显高出"家庭养老"。为什么社会养老的模式被普遍接受，笔者认为造成这个现象的主要原因有两个。第一，从内部家庭结构来看，受到 20 世纪 80 年代以来计划生育政策的影响，核心小家庭成为主要的家庭结构，很多独生子女家庭面临的情况是一对夫妻赡养两对老人甚至多达六对两代以上的老人，如果用传统的家庭养老模式已经很难解决老龄人口的基本养老需求。所以家庭内部的压力成为老龄人口走向社会养老的外推助力，家庭空巢化趋势的加重也是这一现象的佐证。第二，从老龄人口自身角度出发，随着社会经济水平的发展，老龄人口从单纯的满足自身生理需求转向更高层次的需求，在上述问卷调查中，对养老机构选择的选项中对"舒适度"的要求排在第一，可见老龄人口不仅要求得到家庭养老中能解决的基本生活需求，也将目光更多地转向能提供更多便利服务和舒适度的社会化服务，以得到除了生理需求以外的安全需求、活动需求和就医需求等，而社会服务本身也使老龄人口摆脱依靠子女抚养的处境，实现了心理上被尊重和自我实现的需要。综上，笔者认为家庭养老模式向社会养老模式转变是不可改变的社会趋势，是人口老龄化背景下家庭助推和老龄人口自主选择的发展方向。

4.1.2　社区居家养老模式将成为养老服务设施的主流

通过调查问卷的统计数据发现，选择社区居家养老的老人比例明显高于养老机构的老人比例。这个现象的产生和养老机构的发展现状和服务内容是分不开的。第一，传统的养老院地理位置偏僻闭塞，在城市用地布局中，按照市场经济的发展规律，人流量大、交通方面好的地区通常布局商业零售、行政办公等职能，所以养老服务设施在选址上就存在先天弱势；第二，因为不存在激烈的市场竞争或者吸引目标客户等市场需求，所以养老设施通常基础设施落后、建筑设计老旧，多数仅能满足老龄人口的吃、住、洗等基本生活需求；第三，受中国传统观念的影响，老龄人口通常在心理上排斥去养老机构度过晚年，这与"落叶归根""子孙满堂"的心理预期存在很大的偏差。所以，笔者认为社区居家养老设施是家庭养老与机构养老的最佳结合点。社区居家养老的模式核心吸引力在于"居家"，在充分满足老龄人口的安全感、归属感的基础上，在社区层面为老人提供生活照料、社区食堂、家政服务、康复护理等综合性的养老服务。结合普通居住区的规划建设，老龄设施结合社区的配套设施综合设置（李小云、田银生，2011），通过完善各个层级社区的商业设施、文体设施、交通设施和活动设施等，实现养老设施和社会公共设施的资源有效整合，打造适合老龄人口居住的养老社区。

4.2　政策和建议

4.2.1　调整养老设施建设的配套标准

随着传统的家庭养老模式难以为继，社会养老设施的需求将大大增加，通过"9064"的养老服务比例和老龄人口的数量推算出的社区居家养老设施和养老机构的数量将少于需求量，政府未来计划提供的社区居家养老设施和养老机构数量和老龄人口的需求将严重脱节。所以，笔者认为养老机构的社区居家养老和布局建设属于公共服务或者说是福利性服务的范畴，政府应该发挥主导作用，合理规划布局社区居家养老服务设施，维护社区居家养老服务的正常运作，而合理的规划布局是最重要的基础。无锡在2011年制定了《无锡市社区公共服务设施配套规划设计标准》，其中确定了"托老所按基层社区配置，一般规模为30～50床位，服务半径约500米；养老院按街道社区配置，一般规模为150～200床位"的标准，笔者认为按照地区养老的基本情况和社会需求，其规模布局和服务半径等配置要求可以重新调整，在服务半径上应尽量缩小，靠近老龄人口聚集的居住组团，方便为老人提供服务；在床位数上，增加床位的数量和每床的建筑面积，并在地块的容积率和建筑规模上充分考虑老龄人口的实际需求，提高养老服务设施的便利度和舒适度。

4.2.2　鼓励高端养老设施建设

根据调查问卷的统计显示，老龄人口对养老机构的"舒适度"选择的比例最高，可见老龄人口对养老机构今后的服务细节关注将会很多，而目前政府办的养老服务设施功能还不尽完善。我市特殊功能养老护理机构和中、高档次养老机构仍较欠缺，全护理、半护理床位比重相对不足，《江苏省政府关于加快发展养老服务业的实施意见》定的目标"护理型床位占养老床位总数达到50％以上"，要达到这个目标，笔者认为市场化运行的社会办机构更能迎合老人的需求，而调查中老龄人口每月愿意为养老服务设施支付1 000元以上费用的占87.9％，愿意支付3 000～5 000元费用的也有11％的比例，这也为社会提供养老服务提供了很好的市场基础。

4.2.3　提升社区居家养老设施建设水准

无锡目前社区居家养老服务设施建设速度虽然较快，但还仅是市区、街道（镇）级基本覆盖，大多数社区（村）还处于空白状态。从目前统计数据来看，选择"社区居家养老"占比43.7％，这个比例意味着未来大量的老龄人口等待社区养老服务，而现状空巢家庭的比例为73.7％，意味着现状老人的生活状态不是家庭支撑型的稳定结构，也随时需要社会提供相应的养老服务。日间照料中心、托老所、居家养老服务站等各种社区居家养老设施都必须依托完善的社区公共配套服务，构建良好的社区公共服务设施条件需从以下几个方面出发。一是在功能上，构建医疗服务体系，主要为老龄人口保健康复，小病就诊、大病急救提供服务（王玮华，2002），解决老龄人口日常就医、保健、康复等功能；完善生活服务功能，解决老人各种生活需要；提升娱乐文化需求，配置棋牌室、体育馆等各类服务设施。二是在社区的规划设计上，在交通方面要实现人车分流，为老年人设计安全易达的交通流线；在景观上，动静结合，设置无障碍通道，提供老年人观景聊天、观鱼遛鸟的空间。同时，各类社区居家养老设施与幼儿园（小学）、社区活动中心等等临近布置，有利于老年人的人际交往和颐享天伦之乐（陈小卉、刘剑，2013）。

4.2.4　改善家庭养老的社会环境

　　家庭养老和居家养老、机构养老的服务方式和特点是有本质区别的，随着社会观念的逐步转变和经济发展水平的进一步提升，家庭养老呈现日渐式微的趋势，在调查问卷中的数据也同样显示："选择与子女或亲属同住"这一选项的老人仅为 24%。然而，家庭养老是最体现中国文化传统的养老方式，不管老年人如何选择，家庭养老始终是对老年人精神上的重要慰藉。一项针对上海嘉定区老龄人口生活质量的调查发现，80 岁以上老人中，空巢老人的生理功能总体健康评分均低于与子女居住的老人，同时高于机构养老的老人（董晨杰等，2017）。所以，笔者建议不管是社会舆论还是政府宣传上，应增强对子女家庭与老人的感情交融和代际沟通问题的指导，形成良好的社会舆论氛围和助老环境，这也是推进高效优质的社会养老服务的基础。

注释

① 空巢老人家庭是指子女长大成人后从父母家庭中相继分离出去，只剩下老年一代人独自生活的家庭。

参考文献

[1] 北京市民政局，北京市发展和改革委员会，北京市规划委员会，等.《关于加快养老服务机构发展的意见》[EB/OL]. www. cncaprc. gov. cn/contents/12/9442. html，2008 -12-24.

[2] 陈小卉，刘剑. 先发地区养老服务设施规划编制方法探讨——以昆山市为例 [J]. 城市规划，2013，37（12）：60-67.

[3] 董晨杰，杨艳华，仇燕青. 上海市嘉定区南翔镇不同人格维度的空巢老人与其他养老模式下老人生活质量比较分析 [J]. 中国卫生产业，2017，（12）：170-172.

[4] 国务院. 国务院关于加快发展养老服务业的若干意见 [EB/OL]. www. gov. cn/zwgk/2013-09/13/content _ 2487704. htm，2013-09-13.

[5] 李小云，田银生. 国内城市规划应对老龄化社会的相关研究综述 [J]. 城市规划，2011，35（9）：52-59.

[6] 王玮华. 城市住区老年设施研究 [J]. 城市规划，2002，26（3）：49-52.

[7] 无锡市人口和计划生育委员会. 2014 年度无锡人口发展报告 [EB/OL]. http：//wuxi. people. com. cn/n/2015/0710/c131315-27284568. html，2015-07-10.

[8] 无锡市统计局. 无锡市 2015 年人口抽样调查主要数据公报 [EB/OL]. www. wxtj. gov. cn/doc/2016/05/16/1056066. shtml，2016-05-16 .

乌蒙山集中连片特殊困难地区矿产资源与生态环境空间耦合分析

张玉韩 侯华丽 董延涛 沈 悦

The Spatial Coupling of Mineral Resources and Ecological Environment in Wumeng Mountain Area

ZHANG Yuhan, HOU Huali, DONG Yantao, SHEN Yue
(Institute of Land and Resources Planning, Chinese Academy of Land and Resources Economics, Beijing 101149, China)

Abstract How to coordinate the relationship between the development of mineral resources and the protection of ecological environment in the concentrated contiguous special difficult areas, and the development of mineral resources in a reasonable and orderly manner is one of the key problems urgently needed to be studied and solved in the process of developing poverty alleviation, and it is also the guarantee of sustainable development in poverty-stricken areas. In this study, we take Wumeng Mountain area as the research object, the degree of mineral resources abundance was evaluated by using the mineral resource abundance index in the County-level administrative unit. At the same time, the ecological environment index, which includes the importance of ecological function and ecological sensitivity, was constructed and evaluated by county. Finally, according to the spatial coupling relationship between mineral resource abundance and ecological environ ment index, discrimi-

摘 要 如何统筹协调集中连片特殊困难地区矿产资源开发与生态环境保护之间的关系,合理有序开发矿产资源,是当前实施开发式扶贫过程中迫切需要研究和解决的关键问题之一,也是贫困地区可持续发展的保障。文章以乌蒙山片区为研究对象,采用矿产资源丰度指数对该区县级尺度矿产资源丰裕程度进行了评价,构建了包含生态功能重要性和生态敏感性两项指标的生态环境指数并进行了分县评价,然后根据矿产资源丰度与生态环境指数的空间耦合关系,采用判别分析法将结果分为四类,并针对各类别提出了差别化的矿产资源开发与生态环境协调发展建议,以期为我国扶贫开发管理提供决策支撑。

关键词 乌蒙山片区;矿产资源;生态环境;空间耦合

1 引言

资源产业扶贫是我国开发式扶贫战略的主要手段之一。我国集中连片特殊困难地区蕴藏着丰富的矿产资源,据统计,2014 年我国 14 个集中连片特困地区钾盐、锰、锑、锌、铅、磷等矿产查明资源储量分别占到了全国的81.2%、58.4%、66.9%、47.2%、46.3%和35.7%。《中国农村扶贫开发纲要(2011~2020 年)》提出,要充分发挥贫困地区生态环境和自然资源优势,合理开发当地资源;中共中央《关于加大脱贫攻坚力度支持革命老区开发建设的指导意见》(中办发〔2015〕64 号)也提出,鼓励相关企业因地制宜勘探开发老区煤炭、石油、天然气、页岩气、煤层气、页岩油等资源。与其他资源产业相比,矿业属于

作者简介

张玉韩、侯华丽、董延涛、沈悦,中国国土资源经济研究院。

nant analysis is used to classify the results into four categories, and different kinds of mineral resources development and ecological environment coordinated development proposals are put forward for each category, with a view to China's poverty alleviation and development management to provide decision support.

Keywords　Wumeng Mountain area; mineral resources; ecological environment; spatial coupling

基础性、先导性产业，产业关联广泛，波及效应强，在集中连片特殊困难地区进行矿产资源开发，大力发展矿业产业，能够推动当地经济快速发展，有效缓解贫困问题。但不容忽视的是，贫困地区往往生态环境较为脆弱，资源环境承载能力较低，这为实施矿产资源开发扶贫造成了极大阻碍。

如何统筹协调采矿与生态环境保护二者之间的关系，在保障生态环境不受到严重破坏的前提下，合理有序开发矿产资源，成为新时期贫困地区实现可持续发展的科学问题（朱维根，2004；陈传明，2007），也是当前迫切需要研究和解决的关键问题（周金龙、杨志勋，2004；刘刚等，2007）。国外相关研究主要聚焦于矿产资源开发对生态环境的负面影响方面（Singh，1999；Simone and Levinson，2001；Chikkatur et al.，2009），认为建立生态补偿机制是促使矿产开发与矿区生态环境协调发展的重要途径（Johst et al.，2002；Hilson，2006；Peralta，2007；Moran et al.，2007）。国内相关研究大致可分为定性和定量两个方面，定性研究主要通过分析矿产资源富集地区矿产开发对生态环境造成的影响，进而提出二者之间协调发展的建议（周金龙、杨志勋，2004；冯久田、尹建中，2005；王旭等，2010；沈镭、高丽，2013；刘航等，2013），如沈镭等对我国西部地区能源及矿业开发引发的地质环境及生态环境恶化问题进行了辨析，提出了大力推进绿色发展等七条建议，其不足之处在于未考虑不同地区矿产资源和生态环境状况的差异性。也有一些相关的定量研究，主要通过建立矿产资源开发与生态环境的协调发展评价指标体系，运用协调度模型对二者之间的协调发展程度进行测算，进而提出相关政策建议（刘刚等，2007；王世鹏，2010；杨永均等，2014；汪中华、邹婧喆，2015），但多以矿业产值、矿业废水排放量等统计数据来表征矿产资源开发程度和环境污染水平，鲜有从矿产资源本身的丰裕度和生态功能重要性与生态敏感性等方面进行耦合分析，忽略了资源生态的空间属性，使得数据表达不够完整。基于此，本文拟采用矿产资源丰度指数来刻画矿产资源禀赋基础，采用包含生态功能重要性和生态敏感性两项指标的生态环境指数对地区生态环境进行评价，以国家级集中连片特殊困难地区乌蒙山片区为例，进行矿产资源与生态环境空间耦合分析，为区域可持续发展提供科学支撑。

2 数据与方法

2.1 研究对象

乌蒙山片区是指乌蒙山集中连片特殊困难地区，行政区划跨云南、贵州、四川三省，是国家新一轮扶贫开发攻坚战主战场之一，包括四川、贵州、云南三省毗邻地区的 38 个县（市、区）（表 1），国土总面积为 10.75 万平方公里。2015 年各县（市、区）人均地区生产总值平均数约为 17 064 元，仅相当于全国平均水平的 34%。片区内煤、磷、铝、锰、铁、铅、锌等矿产富集，《乌蒙山片区区域发展与扶贫攻坚规划（2011~2020 年）》将该区定位为国家重要能源基地，提出要推进煤炭基地建设和煤资源综合利用，并有序开发利用铝土、锰、硫铁、稀土、磷等资源。同时，乌蒙山片区属典型的喀斯特地貌区，生态环境较为脆弱，是长江、珠江上游重要的生态保护区，矿产资源开发与生态环境保护之间存在较大矛盾，迫切需要在生态环境保护的重要前提下合理有序开发矿产资源，带动片区实现有效脱贫。

表 1 研究区范围

省	市（州）	县（市、区）
四川省	泸州市	叙永县、古蔺县
	乐山市	沐川县、马边彝族自治县
	凉山彝族自治州	普格县、布拖县、金阳县、昭觉县、喜德县、越西县、美姑县、雷波县
	宜宾市	屏山县
贵州省	遵义市	桐梓县、习水县、赤水市
	毕节市	七星关区、大方县、黔西县、织金县、纳雍县、威宁彝族回族苗族自治县（含六盘水市钟山区大湾镇）、赫章县
云南省	昆明市	禄劝彝族苗族自治县、寻甸回族彝族自治县
	曲靖市	会泽县、宣威市
	昭通市	昭阳县、鲁甸县、巧家县、盐津县、大关县、永善县、绥江县、镇雄县、彝良县、威信县
	楚雄彝族自治州	武定县

2.2 数据来源

乌蒙山片区主要矿种矿区查明资源储量数据来源于中国国土资源部信息中心，为 2014 年数据，数据格式为 shapefile 矢量格式。矿种方面，以"在一定时期内，对保障经济社会发展和国防安全具有重要意义或起到关键作用，存在一定供应风险或在国际市场具有显著优势的固体矿产资源"为基础（侯华丽，2015），考虑数据的可获得性，筛选出查明资源储量在本研究区域具有一定优势的矿产，共 8 种，分别是煤炭、锰矿、铁矿、铅矿、锌矿、铝土矿、稀土矿和磷矿。生态功能重要性和生态敏感性数据来源于中国生态系统评估与生态安全格局数据库（http：//www.ecosystem.csdb.cn/），均为栅格数据。

2.3 研究方法

本研究依据中国环境保护部《生态保护红线划定技术指南》（以下简称《指南》）要求及相关研究成果，通过构建包含生态功能重要性和生态敏感性两项指标的生态环境指数来反映乌蒙山片区生态环境状况。

生态功能重要性由生态系统规模、生态完整程度、生物多样性以及生态服务功能四个方面综合决定，具体通过生物多样性维持与保护、水源涵养、土壤保持、防风固沙和洪水调蓄等单因子来反映。根据中国生态功能区数据库划分标准，各单因子评价结果分为"极重要""重要""中等"和"一般"四个级别。生态功能重要性计算方法为：将各单因子栅格图层叠加，取同一栅格单元中等级最高者，即：生态功能重要性＝MAX（生物多样性维持与保护功能重要性，水源涵养功能重要性，土壤保持功能重要性，防风固沙功能重要性，洪水调蓄功能重要性）。为将评价结果落到县级行政单元，本研究构建了生态功能重要性指数。《指南》提出，将高等级生态系统服务重要区纳入生态保护红线，根据此要求，本研究以各县（市、区）生态功能"极重要"区域面积占县域总面积的比率定义为生态功能重要性指数，计算公式为：

$$I_{IECOs} = \frac{S_{IECOs}}{S} \tag{1}$$

式中，I_{IECOs} 为生态功能重要性指数，S_{IECOs} 为生态功能"极重要"区域的面积，S 为县域面积。

表 2　乌蒙山片区生态功能重要性指数分级标准

生态功能重要性指数	生态功能重要性等级	生态功能重要程度
＞80％	Ⅰ级	极高
50％～80％	Ⅱ级	高
30％～50％	Ⅲ级	中等
＜30％	Ⅳ级	一般

根据评价结果，将乌蒙山片区生态功能重要性指数分为四个等级，其中Ⅰ级生态功能重要性指数超过80%，为生态功能重要性"极高"县（市、区），Ⅱ级生态功能重要性指数在50%～80%之间，为生态功能重要性"高"的县（市、区）（表2）。

关于生态敏感性，其评价方法为选取盐渍化、土壤侵蚀、酸雨、沙漠化、石漠化和冻融侵蚀为敏感性单因子，根据中国生态功能区数据库划分标准，六种单因子划分为"不敏感""轻度敏感""中度敏感""高度敏感"和"极敏感"五级，生态敏感性计算方法同样为将各单因子栅格图层叠加，取等级最高者。同时，本研究以"极敏感"区域的面积占县域总面积的比率定义乌蒙山片区各县级行政区生态敏感性指数，计算公式为：

$$I_{IESAs} = \frac{S_{IESAs}}{S} \tag{2}$$

式中，I_{IESAs}为生态敏感性指数，S_{IESAs}为"极敏感"区域的面积，S为县域面积。生态敏感性指数分级标准同表2。

将生态功能重要性指数和生态敏感性指数通过加权计算，得到乌蒙山片区生态环境指数。计算公式为：

$$I_{SYN} = w_1 I_{IECOs} + w_2 I_{IESAs} \tag{3}$$

式中，I_{SYN}为生态环境指数，w_1为生态功能重要性指数权重，w_2为生态敏感性指数权重。考虑到矿产资源开发对生态环境影响的特征，经相关领域专家论证，取w_1和w_2均为0.5。将评价结果以80%、50%、30%为阈值分为四个等级，分别定义为"极高""高""中等"和"一般"四个级别。

3 乌蒙山片区矿产资源丰度评价

3.1 主要优势矿产空间分布

乌蒙山片区八种主要优势矿产分布如图1所示。煤炭主要分布在中部和东部，其中昭阳、织金、大方、纳雍和黔西查明资源储量占到了片区总和的近64%；铁矿主要分布在赫章、武定、禄劝、越西和威宁，共占到了片区查明资源储量总和的近91%；锰矿分布十分集中，仅宣威就占到了近90%；铅矿和锌矿主要集中于片区中部和西部，具体包括会泽、彝良、永善、巧家、赫章和雷波等县；铝土和稀土分布比较集中，其中织金集中了乌蒙山片区76%的铝土和近100%的稀土；磷矿主要分布在片区西北、西南和东南部，其中雷波、织金、马边、会泽和寻甸共占到了片区查明资源储量总和的近96%。

3.2 矿产资源丰度评价

所谓矿产资源丰度，又称资源丰裕度，是指自然资源的丰富程度，体现一个地区多个矿种的综合禀赋条件。一般而言，丰度值较高的地区开发价值较高，丰度值较低的地区不具备大规模开发的潜

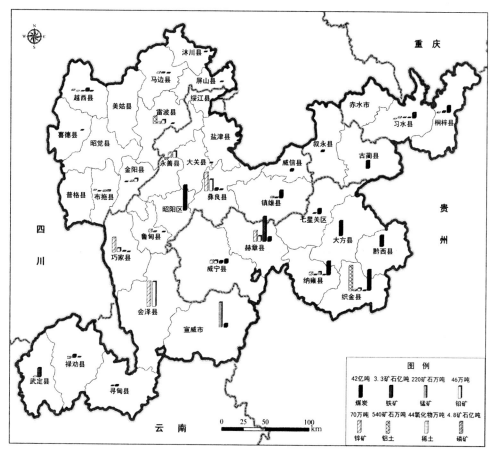

图 1　乌蒙山片区主要优势矿产空间分布

力。乌蒙山片区矿产资源丰度采用 Brunnschweiler 和 Bulte（2008）以及邵帅（2013）等人的研究成果，计算公式为：

$$F = \sum_{i=1}^{n} S_i \tag{4}$$

式中：F 为矿产资源丰度指数；n 为矿种个数；S_i 为第 i 个矿种查明资源储量指标归一化后的值，采用极差标准化法进行归一化处理。

　　本文以上述八种矿产为对象，计算乌蒙山片区各县（市、区）矿产资源丰度指数，计算结果如表 3 所示，采用 ArcGIS 的自然断点法将评价结果分为四级（图 2），分别为"丰富""较丰富""一般"和"匮乏"。可以看出，东南部矿产资源丰度值总体高于西北部。其中，矿产资源"丰富"的区县包括贵州省织金县和赫章县、云南省会泽县，丰度指数分别为 3.94、1.80 和 2.84。矿产资源"较丰富"

的县（市、区）有5个，包括四川省雷波县和马边县，云南省彝良县、宣威市和昭阳区。二者县级行政单元数量占到了乌蒙山片区的21.1%。矿产资源"一般"的县有11个，包括贵州省纳雍县、大方县、威宁县、黔西县、桐梓县，四川省古蔺县，云南省巧家县、永善县、武定县、镇雄县和寻甸县。其他19个县（市、区）矿产资源相对较为匮乏。

表3　乌蒙山片区各县（市、区）矿产资源丰度指数

县（市、区）	所属省	丰度值	县（市、区）	所属省	丰度值
织金县	贵州省	3.94	习水县	贵州省	0.24
会泽县	云南省	2.84	七星关区	贵州省	0.20
赫章县	贵州省	1.80	禄劝县	云南省	0.20
雷波县	四川省	1.50	金阳县	四川省	0.15
彝良县	云南省	1.28	越西县	四川省	0.12
宣威市	云南省	1.13	鲁甸县	云南省	0.12
昭阳区	云南省	1.00	布拖县	四川省	0.08
马边县	四川省	0.98	威信县	云南省	0.08
纳雍县	贵州省	0.78	叙永县	四川省	0.05
巧家县	云南省	0.73	盐津县	云南省	0.02
大方县	贵州省	0.60	大关县	云南省	0.01
永善县	云南省	0.53	绥江县	云南省	0.01
威宁县	贵州省	0.46	赤水市	贵州省	0
黔西县	贵州省	0.44	沐川县	四川省	0
武定县	云南省	0.36	喜德县	四川省	0
镇雄县	云南省	0.34	屏山县	四川省	0
桐梓县	贵州省	0.33	普格县	四川省	0
古蔺县	四川省	0.30	美姑县	四川省	0
寻甸县	云南省	0.26	昭觉县	四川省	0

4　乌蒙山片区生态环境评价

4.1　生态功能重要性评价

图3为乌蒙山片区生物多样性维持与保护、水源涵养、土壤保持三个单因子功能重要性以及综合的生态功能重要性指标评价结果，由于乌蒙山片区在防风固沙和洪水调蓄功能重要性方面均为"一

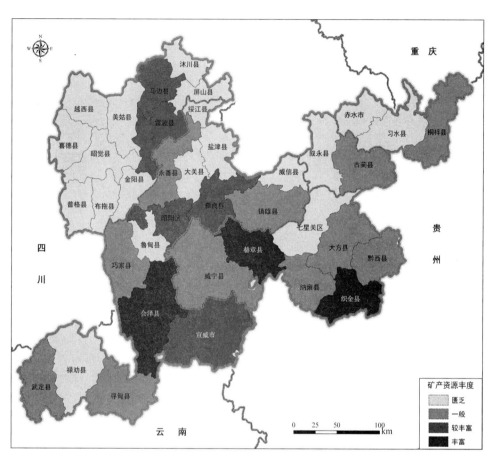

图 2　乌蒙山片区各县（市、区）矿产资源丰度评价

般"区域，此处不再分析。可以看出，生物多样性维持与保护功能"极重要"区域分布于四川省美姑县，"重要"区域包括马边、雷波、古蔺、邵阳、禄劝、威宁、七星关等县（市、区）；水源涵养功能"极重要"区域集中分布在乌蒙山片区中南部；土壤保持功能"极重要"区域较为分散，在整个片区都有分布，但面积较小。从综合的生态功能重要性结果来看，"极重要"区域遍及整个中部和中南部地区，面积占到了乌蒙山片区总面积的 30.1%。其中雷波"极重要"区域面积占比最大，达到了94.4%，镇雄等 9 个县（市、区）"极重要"区域面积占比在 50%～70%。布拖等 11 个县（市、区）生态功能重要性较弱，"极重要"区域面积占比不足 5%。

根据公式 1 得到乌蒙山片区各县（市、区）生态功能重要性指数。可以看出，乌蒙山片区生态功能重要性总体处于中等水平，Ⅰ级和Ⅱ级县级行政区总数为 10 个，占片区的 26%，其中Ⅰ级仅四川省雷波县，生态功能重要性指数达到了 94.4%，Ⅱ级县（市、区）主要分布在云南和贵州，包括寻甸、

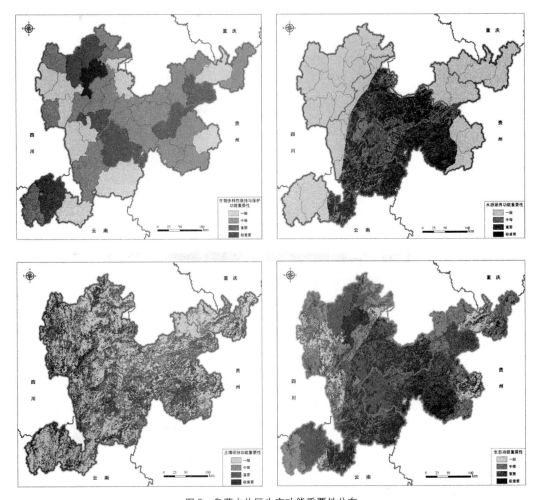

图3 乌蒙山片区生态功能重要性分布

宣威、会泽、盐津、大关、彝良、镇雄、威信和纳雍等县（市、区）。III级县（市、区）主要分布在片区中部，数量为5个；IV级县（市、区）数量最多，主要分布在乌蒙山片区西北和东北部（图4）。

4.2 生态敏感性评价

图5为乌蒙山片区酸雨、土壤侵蚀和石漠化三个单因子生态敏感性以及综合的生态敏感性指标评价结果，由于乌蒙山片区在沙漠化、盐渍化和冻融三方面均不敏感，此处不再分析。可以看出，乌蒙山片区酸雨生态敏感性极高，仅极敏感区域面积就占到了片区总面积的66.6%，其主要原因为该地区是我国喀斯特地貌分布集中区，极易受到酸雨的侵蚀；土壤侵蚀生态敏感性分布较为分散，轻度敏感

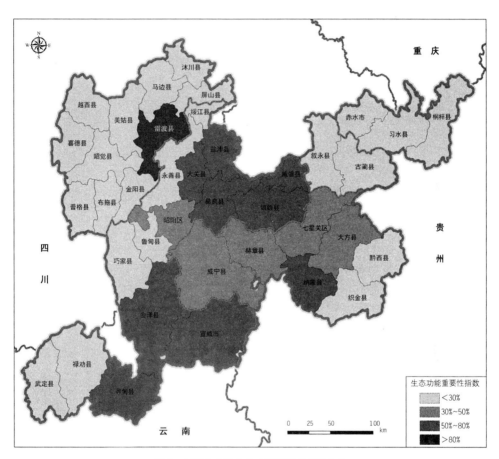

图 4 乌蒙山片区生态功能重要性指数分布

区域面积最大，其次为高度敏感区域，极敏感、中度敏感区域面积较小，其中高度敏感和极敏感区域主要分布于片区西北、西南和东南部；石漠化生态敏感性方面，除一般区域外，中度敏感和高度敏感区域所占面积较大，主要分布于片区中部、西南和东南部，极度敏感区域所占面积较小。从乌蒙山片区综合生态敏感性来看，各地区敏感性等级总体较高，极敏感区域面积最大，占到了片区总面积的71.4％，其余地区也主要以高度和中度敏感为主。

根据公式 2 计算乌蒙山片区各县（市、区）生态敏感性指数，结果如图 6 所示。I 级和 II 级县（市、区）总数为 30 个，占片区的 78.9％，空间上主要位于西北、中部和东南部，其中 I 级县（市、区）共 17 个，包括彝良、喜德、沐川、禄劝、巧家、会泽、盐津、绥江、镇雄、金阳、昭阳、普格、大方、宣威、古蔺、织金和大关等地区，II 级县（市、区）13 个，空间上呈东北—西南向的条状分布态势。III 级和 IV 级县（市、区）仅 8 个。

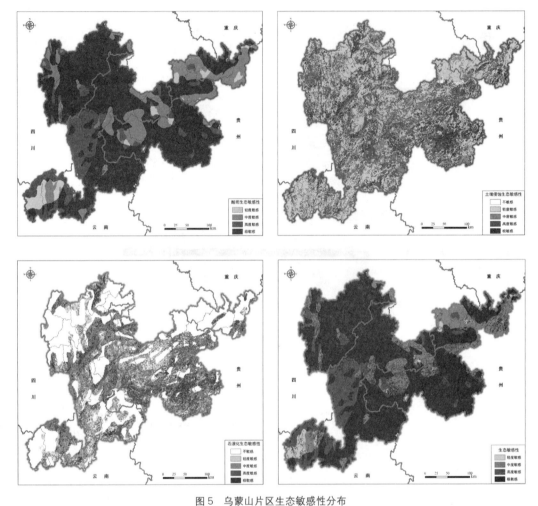

图5　乌蒙山片区生态敏感性分布

4.3　生态环境指数

从已有研究来看，生态敏感性是区域生态环境评价的有效指标（欧阳志云等，2000；颜磊等，2009；刘军会等，2015），它是指一定区域发生生态问题的可能性和程度（Liang and Li，2012）；生态功能重要性是区域生态环境评价的常用指标（欧阳志云等，1999；傅伯杰等，2009），它是指生态系统及其生态过程所形成与维持的人类赖以生存的自然环境条件和效用的重要程度（Daily，1997）。同时，二者也常作为学者们划定我国生态红线的参考（许妍等，2013；林勇等，2016）。2015年5月《指南》强调用生态功能重要性和生态敏感性/脆弱性等指标作为生态红线划定的主要依据。本文按公

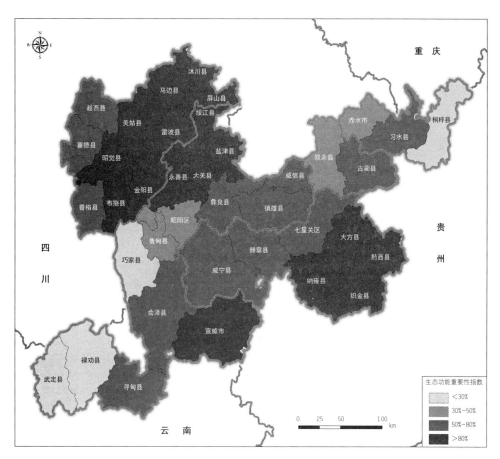

图 6　乌蒙山片区生态敏感性指数分布

式 3 计算得到乌蒙山片区各县（市、区）生态环境指数，如图 7 所示。其中 I 级为生态环境水平"极高"县（市、区），共 3 个，分别为四川省雷波县、云南省宣威市以及贵州省纳雍县；II 级为生态环境水平"高"的县（市、区），共 15 个，空间上主要分布在中部地区，包括四川省金阳、马边，云南省绥江、盐津、永善、大关、彝良、威信、镇雄、会泽和寻甸，以及贵州省威宁、毕节、大方、织金等；III 级为生态环境水平"中等"县（市、区），共 12 个，主要分布在西北部。其余 8 个为生态环境水平"一般"的县（市、区）。I 级和 II 级县（市、区）数量占到了片区的 47.4%。

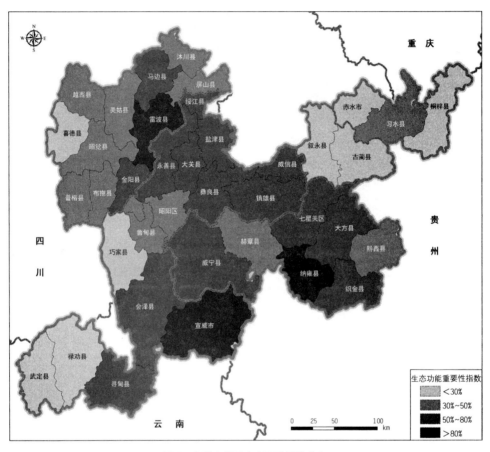

图 7 乌蒙山片区生态环境指数分布

5 矿产资源与生态环境空间耦合分析

根据乌蒙山片区矿产资源丰度和生态环境指数的评价结果，针对各指标分级情况，采用判别分析法将矿产资源与生态环境的空间耦合情况分为四种类型，分别命名为 I 类、II 类、III 类和 IV 类区，各类型区划分条件如表 4 所示，其中 I 类区具有一定的矿产资源禀赋基础，同时生态环境对矿产资源开发的约束条件较小；II 类矿产资源较为丰富，但生态环境约束条件高；III 类同样矿产资源较为丰富，但生态环境约束条件极高；IV 类区矿产资源禀赋条件一般，同时生态环境约束条件高或极高。其他地区矿产资源匮乏，本研究暂不考虑。

表4　乌蒙山片区矿产资源与生态环境空间耦合类型划分

矿产资源丰度 / 生态环境指数	丰富	较丰富	一般	匮乏
极高	III	III	IV	其他
高	II	II	IV	其他
中等	I	I	I	其他
一般	I	I	I	其他

各类区空间分布如图8所示，其中 I 类区包括古蔺、武定、巧家、昭阳、赫章、黔西和桐梓等县（市、区）。建议这类地区加强基础地质矿产调查和勘查，提高矿产资源供给能力，引导矿业生产要素

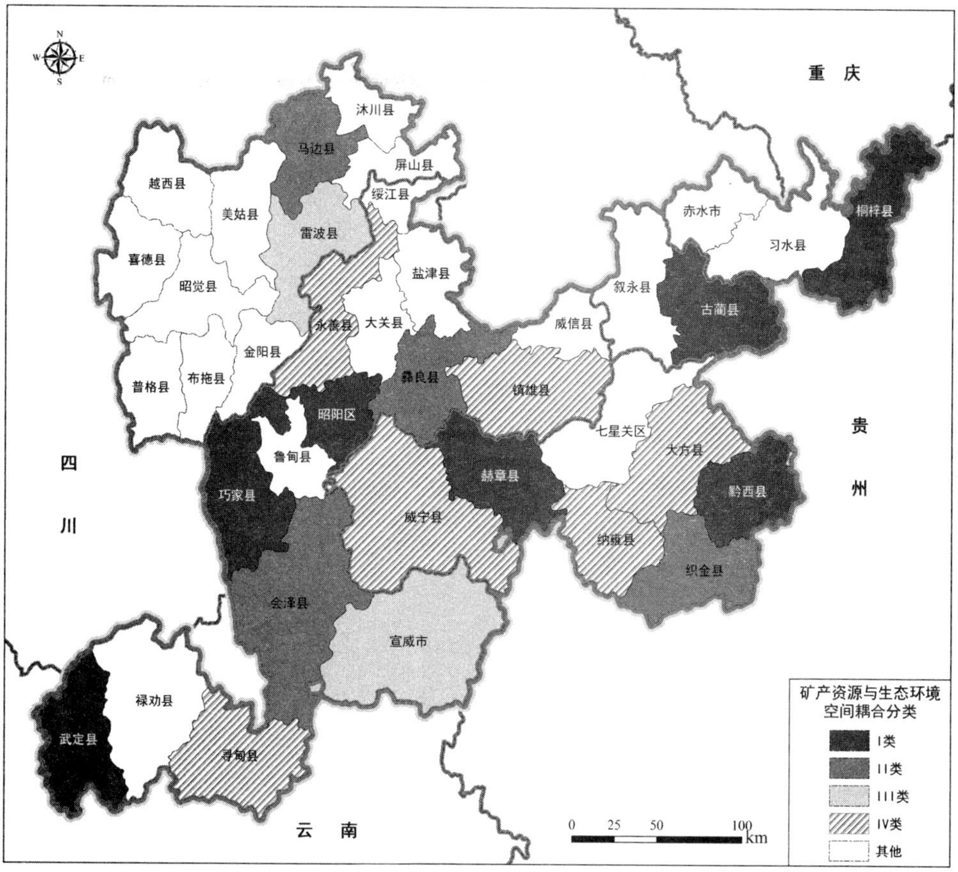

图8　乌蒙山片区矿产资源与生态环境空间耦合分类

集聚，优化资源配置和结构，同时，依托长江经济带区位优势，积极承接中东部地区矿业产业转移，延长产业链，提高附加值，促进资源优势转化为发展优势。此外，在专项资金安排、资源税费政策、绿色矿山建设和矿业用地等方面实行激励政策，在采矿权设置的数量和时序安排上给予倾斜，鼓励区内相关企业为地方经济发展做出贡献。

II类地区包括马边、会泽、彝良、织金等县（市、区）。这类地区在进行矿产资源开发活动时，需适度提高矿产资源勘查开发的规划准入条件，控制采矿权设置总数和开采规模以及资源开发活动强度，及时对矿山地质环境破坏进行治理恢复，保持地区生态平衡。

III类地区包括雷波县和宣威市。这类区要严格统筹资源开发、区域发展和生态环境保护的关系，坚持"生态保护优先，点上开发，面上保护"，严格区内矿产资源勘查开发的规划准入条件，严控矿产资源开发强度，加强矿产资源循环利用，大力发展绿色矿业，及时治理恢复矿区生态环境。

IV类地区包括永善、寻甸、镇雄、威宁、大方和纳雍等县（市、区）。这类地区矿产资源禀赋条件一般，且生态环境约束条件较大，建议将生态环境保护放在第一位，减少矿产资源开发活动。

6　结论

本研究在矿产资源开发扶贫和绿色、协调发展的国家战略背景下，以乌蒙山片区矿产资源分布与生态环境空间耦合分析为目标，对乌蒙山片区主要优势矿产资源丰度和生态环境状况进行了分析，在此基础上，对矿产资源与生态环境空间耦合情况进行了分类，并针对各类区，提出了矿产资源勘查开发差别化政策建议。主要研究结论如下。

（1）乌蒙山片区东南部矿产资源丰度值总体高于西北部，其中贵州省织金、赫章，云南省会泽、彝良、宣威和昭阳，以及四川省雷波和马边等县（市、区）矿产资源丰度较高，而赤水等19个县（市、区）矿产资源较为匮乏。

（2）乌蒙山片区生态功能"极重要"区域面积占到了总面积的30.1%。生态功能重要性指数"极高"和"高"的县（市、区）总数为10个，占片区的26%；生态环境"极敏感"区域占到了片区总面积的71.4%，敏感性指数"极高"和"高"的县（市、区）总数为30个，占片区的78.9%。生态环境指数评价结果显示，"极高"县（市、区）共3个，包括雷波县、宣威市和纳雍县，"高"的县（市、区）共15个，空间上主要分布在片区中部。

（3）根据乌蒙山片区矿产资源与生态环境的空间耦合关系，将县（市、区）分为四类，其中古蔺、武定、巧家、昭阳、赫章、黔西和桐梓为同一类别，马边、会泽、彝良、织金为一类，雷波和宣威为一类，永善、寻甸、镇雄、威宁、大方和纳雍为一类。

（4）建议古蔺等7个县（市、区）加强矿产勘查，引导矿业生产要素集聚，延长产业链，促进资源优势转化；马边等4个县（市、区）适度提高矿产资源勘查开发的规划准入条件，控制采矿权设置总数和开采规模，及时对矿山地质环境破坏进行治理恢复，保持地区生态平衡；雷波县和宣威市坚持

"生态保护优先，点上开发，面上保护"，严格区内矿产资源勘查开发的规划准入条件，控制矿产资源开发强度，大力发展绿色矿业，及时治理恢复矿区生态环境；永善等 6 个县（市、区）将生态环境保护放在第一位，减少矿产资源开发活动。

致谢

本文为国土资源部地质调查项目"矿产资源勘查开发综合区划"（编号：DD20160086）资助成果。

参考文献

[1] Brunnschweiler, C. N., Bulte, E. H. 2008. "The resource curse revisited and revised: A tale of paradoxes and red herrings," Journal of Environmental Economics and Management, 55 (33): 248-264.

[2] Chikkatur, A. P., Sagar, A. D., Sankar, T. L. 2009. "Sustainable development of the Indian coal sector," Energy, 34 (8): 942-953.

[3] Daily, G. C. 1997. Natures Services: Societal Dependence on Natural Ecosystems. Washington D C: Island Press.

[4] Hilson, G. M. 2006. "Small-scale mining, rural subsistence and poverty in West Africa," Practical Action Publishing, 43 (4): 782-783.

[5] Johst, K., Drechsler, M., Wätzold, F. 2002. "An ecological-economic modeling procedure to design compensation payments for the efficient spatio-temporal allocation of species protection measures," Ecological Economics, 41 (1): 37-49.

[6] Liang, C., Li, X. 2012. "The ecological sensitivity evaluation in Yellow River Delta national natural reserve," Clean Soil Air Water, 40 (10): 1197-1207.

[7] Moran, D., Mcvittie, A., Allcroft, D. J. et al. 2007. "Quantifying public preferences for agri-environmental policy in Scotland: A comparison of methods," Ecological Economic, 63 (1): 42-53.

[8] Peralta, A. 2007. Development of a Cost Estimation Model for Mine Closure. United States: Colorado School of Mines.

[9] Simone, J., Levinson, A. 2001. "The simple analytics of the environmental Kuznets curve," Journal of Public Economics, 80 (2): 269-286.

[10] Singh, R. N. 1999. "Environmental catastrophes in the mining industry in Australia and the development of current management practices," Journal of Mines Metals & Fuels, 47 (12): 339-343.

[11] 陈传明. 福建省矿产资源与区域经济可持续发展 [J]. 资源与产业, 2007, (1): 34-36.

[12] 冯久田, 尹建中. 资源—环境—经济系统协调发展策略研究——以山东省为例 [J]. 中国人口·资源与环境, 2005, 15 (3): 135-139.

[13] 傅伯杰, 周国逸, 白永飞, 等. 中国主要陆地生态系统服务功能与生态安全 [J]. 地球科学进展, 2009, 24 (6): 571-576.

[14] 侯华丽. 我国主要固体矿产资源开发功能区划研究 [D]. 北京: 中国地质大学, 2015.

[15] 林勇, 樊景凤, 温泉, 等. 生态红线划分的理论和技术 [J]. 生态学报, 2016, 36 (5): 1244-1252.

[16] 刘刚, 沈镭, 刘晓洁, 等. 资源富集贫困地区经济发展与生态环境协调互动作用初探——以陕西省榆林市为例

[J]. 资源科学, 2007, 29 (4): 18-24.

[17] 刘航, 杨树旺, 唐诗, 等. 我国矿产资源开发与环境保护协调发展研究 [J]. 中国国土资源经济, 2013, (3): 40-43.

[18] 刘军会, 高吉喜, 马苏, 等. 中国生态环境敏感区评价 [J]. 自然资源学报, 2015, 30 (10): 1607-1616.

[19] 欧阳志云, 王如松, 赵景柱. 生态系统服务功能及其生态经济价值评价 [J]. 应用生态学报, 1999, 10 (5): 635-640.

[20] 欧阳志云, 王效科, 苗鸿. 中国生态环境敏感性及其区域差异规律研究 [J]. 生态学报, 2000, 20 (1): 9-12.

[21] 邵帅, 范美婷, 杨莉莉. 资源产业依赖如何影响经济发展效率?——有条件资源诅咒假说的检验及解释 [J]. 管理世界, 2013, (2): 32-63.

[22] 沈镭, 高丽. 中国西部能源及矿业开发与环境保护协调发展研究 [J]. 中国人口·资源与环境, 2013, 10: 17-23.

[23] 王世鹏. 我国区域矿产资源、环境与经济社会协调发展度评价研究——以陕西省为例 [J]. 资源与产业, 2010, 12 (S1): 125-129.

[24] 王旭, 周爱国, 甘义群, 等. 青藏高原矿产资源开发与地质环境保护协调发展的对策探讨 [J]. 干旱区资源与环境, 2010, (2): 69-73.

[25] 汪中华, 邹婧喆. 内蒙古草原矿产资源开发与生态环境耦合研究 [J]. 地域研究与开发, 2015, 34 (5): 138-142.

[26] 许妍, 梁斌, 鲍晨光, 等. 渤海生态红线划定的指标体系与技术方法研究 [J]. 海洋通报, 2013, 32 (4): 361-367.

[27] 颜磊, 许学工, 谢正磊, 等. 北京市域生态敏感性综合评价 [J]. 生态学报, 2009, 29 (6): 3117-3125.

[28] 杨永均, 张绍良, 朱立军, 等. 贵州矿产资源开发与生态保护和经济发展的耦合协调度 [J]. 贵州农业科学, 2014, 42 (9): 232-235.

[29] 周金龙, 杨志勋. 新疆矿产资源开发与生态环境建设协调发展 [J]. 干旱区资源与环境, 2004, 18 (4): 91-95.

[30] 朱维根. 矿产资源开发与可持续发展 [J]. 中国矿业, 2004, 13 (9): 44-46.

苏美尔文明时期的城市起源与规划问题

曹　康　李琴诗

The Dawn of Urban Planning: Urban planning in the Sumerian Civilization Period

CAO Kang, LI Qinshi
(Regional and City Planning Department, College of Engineering and Architecture, Zhejiang University, Zhejiang 310058, China)

Abstract　This paper analyzes the urban planning of Sumerian cities in the Mesopotamia region. It first reviews the context of the development of Sumerian cities, such as the geographic, climate and technique factors. In this context, it generalizes the features of urban development and construction in the Sumerian period, and classifies the central cities into political cities, religious cities, and symbolic cities. Through the case studies on Uruk, Ur, Nippur, etc., and from the perspectives of urban functional zoning, spatial layout of temple area, and urban defense, the paper exemplifies the outlined features of Sumerian urban planning. It argues that Sumerian cities are the results of spontaneous growth and human planning, which best illustrate the development and planning of ancient cities affected by religious factors. Similarities and disparities in the characteristics of development and planning simultaneously exist in Sumerian and other ancient cities.

Keywords　Sumer; Mesopotamia; ancient urban development; ancient urban planning

作者简介

曹康、李琴诗，浙江大学区域与城市规划系。

摘　要　文章分析了两河流域苏美尔文明时期的城市规划。首先，概述文明与城市的关系以及相关研究动态；其次，分析苏美尔文明城市发展和规划的背景因素，包括地理、气候和技术要素等；然后，对苏美尔文明时期城市起源与发展的一般过程进行了概括，并将苏美尔各城邦的中心城市分为政治性都城、宗教性圣都和象征性中心三类。文章以案例分析的方式，通过城市功能分区、神庙区的空间布局与规划以及城市防御等方面的剖析，具现了苏美尔城市的规划和建设情况。文章认为，苏美尔文明的城市发展存在自然发展和人为规划建设两条主线，是宗教、地理、环境、技术、政治等因素共同作用的结果。

关键词　苏美尔；美索不达米亚；古代城市发展；古代城市规划

城市是文明的摇篮（斯特恩斯等，2006）和基地（舍尔曼，2010），是"某些而非全部世界文明所表现的一个特征"（达尼、莫昂，2014）。城市是定居形态的人类文明的产物，城市遗址是文明起源的标志和可实证研究的重要对象（中国社会科学院院考古研究所、古代文明研究中心，2003）。一般公认西亚的两河流域下游地区[①]是世界上最早出现文明（苏美尔文明，B.C.4000～B.C.2000）和形成城市的地区（图1），表征着城市与乡村两个概念的区分（Kjærsdam，1995）。同时，这里也是最早的城市规划出现的地区（Kjærsdam，1995；Hall，2000），并且与现代城市规划一样注重公共建筑和周边区域的规划以及城市干道的布局（Frankfort，1950），还影响了后世的卫城及城堡的规划与修建（Hiorns，1956），因而具有重要研究意义

（Mieroop，1997；Smith，2009）。本文依托考古学、历史学、社会学等素材，以案例分析的方式，通过城市功能分区、神庙区的空间布局与规划以及城市防御等方面的剖析，具现苏美尔城市的规划和建设情况，探索城市起源过程中自发过程和人为过程作用问题。

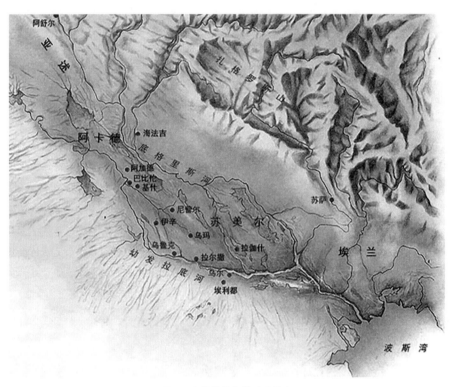

图 1　古代苏美尔地区及城市

资料来源：http://www.colorado.edu/。

1　城市起源与发展基础分析

1.1　农业发展

两河下游的冲积平原是传说的《圣经》中伊甸园的旧址，这里的土地在古代相当肥沃，有利农业、畜牧业发展，物产极为丰富多样（Algaze，2008）；但该地区也存在文明和城市发展的两个致命缺陷——降水量少和建材匮乏。不过，人们利用河流弥补了这些缺陷，河流遂成为该地城市起源的基础。

其一，利用河流资源发展农业。该地区降水量很小，因此人们早在 B.C. 6000 就开始摸索筑堤修渠兴建水利设施的技术，利用河水资源发展农业（Roberts，1997），而农业是城市形成的关键因素之一。其二，河流是苏美尔文明发展的关键，同时也影响着聚落与城市的选址、规模、等级及发展模式。城镇沿河而建使城市的分布呈线形模式，天然河道大体决定了早期城镇的分布模式（Hammond，1972）；同时河流的改道与水量荣枯以及利用精湛的灌溉技术开辟出的新的人工河道也都对城市分布乃至兴衰造成影响。沿河兴建城市需要考虑的不利因素是洪水对城市安全的威胁，重点是需要避开低洼之地并使地平高于河水水平面，尤其是其泛滥期。

1.2　地域文化

苏美尔时期的诸多文化和技术方面的发明创举，如文字、有轮车辆、合金锻造、太阴历（月亮历）、拱形结构、乘法、六十进制、律法、神学体系等，遍及文学、交通、化学、天文学、建筑、数学、法学、神学等精神与应用领域。它们与城市的规划和建造是共同发展、相互促进的关系（Hammond，1972）。例如，文字的发明对城市起源与发展具有促进作用。阿卡德楔形文字是整个西亚地区的商人用来记录商品与商业行为以及不同城邦和国家之间用于撰写外交文书的通用文字符号。苏美尔地区的城市营建，离不开通过区间贸易运输而来的扎格罗斯山和黎巴嫩的木材、金属，以及小亚细亚和阿富汗的矿石原料的支持，而文字正是地区间贸易得以进行的工具。

1.3　城市营建技术

城市建设过程中各种技术的发展，也促进了城市的发展。其中一个与城市营建息息相关的技术发明是车轮，目前已知的最早的车轮和车辆制造技术是 B. C. 3500 时各自在两河流域和欧亚大草原上发展起来的。车轮的发明加上动物的驯化带来的畜力的利用，在相当程度上提高了陆路交通运输和大型工程建设的效率（曹康，2011），对于需要大量人力参与的城市建设十分有用。车轮的发明还带动了滑轮和齿轮的发明，进一步加强了城市工程的建设能力（Hammond，1972）。此外，金属（最早是红铜）工具制造及冶炼（青铜以及铁）使工具更专门化、分工更专业化（Hammond，1972）；基于天文学的定位技术和测地技术使建造更为精确；在修筑大型灌溉工程当中积累的工程经验和多人分工协作经验，促进了政府组织雏形的形成。这些都是苏美尔建设城市时常用的技术。

1.4　水运技术

这片地区天然建材如石材、木料、金属等资源都比较匮乏，这使得美索不达米亚人自古就需要与周边地区（尤其是原材料产地）进行贸易往来获得所需资源。但是这里的河道资源又使交通运输成本大大低于周边地区（Algaze，2008），有利于世界上最早的跨区域贸易网的产生。由于缺乏木材、石材，大量住宅甚至是宫殿、神庙都由晒干的泥砖建造（Frankfort，1950）。新的房屋就修建在旧的坍塌的泥砖房之上，而街道平面也因尘土和垃圾的堆积而不断升高，遂使城市的地平越叠越高（Frankfort，1950），最后形成了平原上一个一个的小山丘[②]。古希腊历史学家希罗多德在美索不达米亚平原旅行时，见到古代城市的这副景象评论说"很像是爱琴海上的一座座岛屿"。

2　城市发展过程与类型

2.1　苏美尔文明时期的城市发展历程

苏美尔文明城市的发展演化长达2 000年，分为苏美尔文明早期、文明中期、文明中晚期和文明晚期四个阶段（图2）。城市发展受到的作用因素异常复杂，战争、洪水、气候、土地盐碱化等天灾人祸都会对城市的数量及规模产生影响，使其数量与规模呈现波动的态势（图3）。① 文明早期（乌鲁克时期），小规模聚落或城镇的数量大增并逐渐分化出大致四个等级：城市、城镇、村落和小型定居点，且呈现出多个次级城市围绕一个较大的中心城市分布的趋势（克劳福德，2000）。但随着中心城

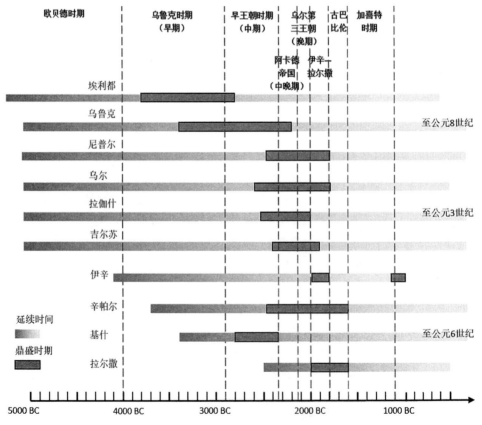

图2　苏美尔时期部分重要城市延续时期和鼎盛时期

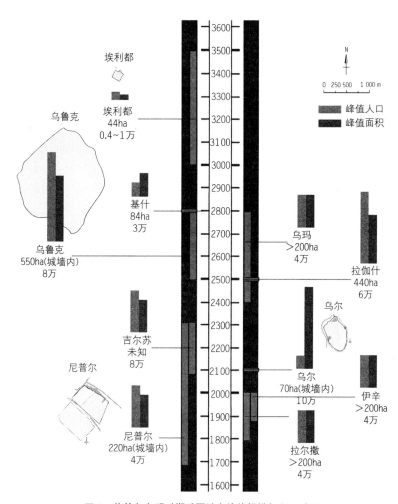

图3　苏美尔文明时期重要城市峰值规模与人口对比

资料来源: Mallowan, 1970; Modelski, 2003; Pedersén and Sinclair, 2010; Lafont, 2012。

市规模和实力的上升，周围小级别聚落的发展被遏制，许多小聚落消失。② 文明中期（早王朝时期），整个区域在政治上仍然没有统一，存在大大小小的相互竞争的城邦国家及其核心城市，且规模和人口各异。这时的城市化率已经相当高，Adams（1981）估计至早王朝末期已约有78%的苏美尔人住在面积大于40公顷的聚落或城镇中。③ 文明中晚期（阿卡德帝国），在统一而强大的阿卡德帝国下出现了成熟的城市社会和文化，专业分工、行政管理更为完善，内外贸易发达（Chew, 2001）。④ 文明晚期（乌尔第三王朝），政权的稳定进一步巩固了苏美尔的城市文明，并惠及后苏美尔文明时期。

2.2　苏美尔文明时期的城市类型

受苏美尔文明影响，中心城市的性质包括政治性都城、宗教性圣都与象征性中心城市三种，并且其性质可能发生变化。

（1）政治性都城。古代两河流域的基本政治形态是城邦制度，每一个城邦都有其政治都城，它同时也是城邦的宗教、文化和经济中心。这类城市在中心城市中数量是最多的。

（2）宗教性圣都。除此以外，苏美尔时期还有特殊的宗教性城市，最典型的例子是苏美尔的圣都尼普尔（Nippur）。与其他城邦就美索不达米亚南部平原的控制权相互征战不同，尼普尔这座位于幼发拉底河东岸的圣都从未在政治上控制过这片广袤的平原地区。它不隶属于任何一个城邦，但从宗教和精神意义上它凌驾于任何一个城邦之上。根据苏美尔神话，只有尼普尔城的主神——恩利勒能够赋予王权给君主，所以所有的苏美尔君主在登基以后几乎都会在尼普尔举行宗教仪式或修建神庙以取得合法王权之传承——类似于后世欧洲由教皇主持的加冕仪式。而他们死后很多也葬在尼普尔，而不是在他们自己的首都。根据《苏美尔王表》，基什（Kish）是大洪水之后第一个建立政权统治两河流域中下游平原的城市，史称"基什第一王朝"。其21代君王恩美巴拉格西（Enmebaragesi）——《王表》中被考古证据确认确实存在的最早君主——于 B. C. 2700 左右在尼普尔建造了恩利勒的神庙，自此奠定了尼普尔在（南部）苏美尔地区的宗教与文化中心的地位。之后乌尔、乌鲁克城邦的君主都曾在恩利勒神庙不定期地举行过宗教仪式。阿卡德帝国和乌尔第三王朝时期的君主亦有在尼普尔进行神庙建造活动，尤其是乌尔第三王朝的乌尔—纳木修建了新的阶梯状金字塔和包围城市的城墙。但是成也萧何败也萧何，随着古巴比伦帝国在下美索不达米亚平原崛起，巴比伦帝国的主神马杜克（Marduk）取代了恩利勒的地位，尼普尔在苏美尔地区的圣都和宗教核心的地位也被以马杜克为守护神的帝国首都巴比伦取代，逐渐衰微下去。

（3）象征性中心。基什和吉尔苏（Girsu）的情况与尼普尔有区别，两者都曾经是政治性都城，后随政权更迭才逐渐变为地区的象征性或礼仪性中心。基什作为基什城邦和历代基什王朝的核心，其政治中心地位在阿卡德帝国成立、基什城邦消失后丧失，但由于其格外重要的地理位置（上、下美索不达米亚平原的咽喉，两河河道最接近的地方），城市逐渐变为北部苏美尔地区的象征性和礼仪性中心，之后称霸美索不达米亚平原的霸主都自称"基什之王"。同样，吉尔苏曾经是拉尔撒城邦的首都，拉尔撒第二王朝的古地亚（Gudea）王执政时期政权中心转移到拉尔撒之后，吉尔苏成为王国的宗教中心，地位类似尼普尔之于南部苏美尔。

3　城市人工建设和规划痕迹

苏美尔城市的空间结构的形成是人为规划和自发建设长期相互作用的结果。考古发掘资料和数据显示，美索不达米亚城市在运河、城墙、街道、行政机构中心、手工业区等的空间布局方面具有相似性（Stone，1991），表明苏美尔城市在基础设施、路网模式、功能区划分及空间组织上确实存在规划，并形成了一定规划模式。本文分析的城市规划案例主要集中于苏美尔时期，但城市的发展是连续的，所以个别案例也涉及后续时期的规划与建设情况。

同许多古代文明一样，宗教因素影响苏美尔文明，也影响到苏美尔时期城市的功能构成、空间结构和规划特征。苏美尔人认为每一个重要城市都是一位或几位主神的故乡，它是该城的守护者并拥有这座城市及其人、地、财产，后来的亚述、希腊等地城市的情况与此十分类似。例如埃利都——苏美尔神话中最古老的城市——被认为是主神安/安努③在创建文明时所建，同时也是水神和智慧神恩基/埃④的势力范围，因为晚一些的神话传统认为安与恩基、众神之父恩利勒⑤共同创造了宇宙；尼普尔是恩利勒的故乡；乌尔是月神南纳/辛⑥的故地；乌鲁克同为爱情及战争女神伊南娜/伊什塔⑦的故乡和主神安的居住地。祭司或后来的统治者被视为城市守护神的代言人与仆人，但绝不等同于神；这一点与埃及很不相同，在那里法老是神的化身，人们直接遵从法老。

根据苏美尔文献，苏美尔城市内部（城墙范围内）一般可分为神庙区、宫殿区和居住区三个组成部分（Hammond，1972），有的城内还有墓葬区，而关于商业区的存在与否还有争议。在早期城市中，除神庙区内的神庙建筑群外，这些分区相互混杂，并无明显的边界（图4）。

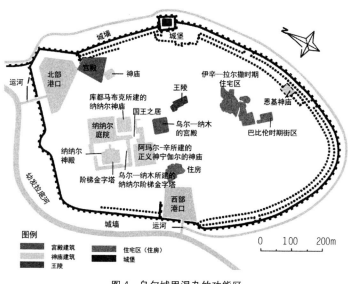

图4　乌尔城里混杂的功能区

资料来源：Black，1999。

中晚期之后城市分区逐渐清晰。例如圣都尼普尔由于在乌尔—纳木——神庙的伟大建造者——时期和古巴比伦进行过大规模修建，至古巴比伦时期已经形成比较清晰的城市分区。从整体来看整个城市被幼发拉底河最早的运河——沙特阿勒尼尔（Shatt Al-Nil）运河分为两个片区，东北部片区是神庙区（宗教区），包括阶梯状金字塔在内的神庙建筑群以及藏有大量楔形文字泥板的文书区就位于这一片区域；西南部片区是经济与行政区（图5）。

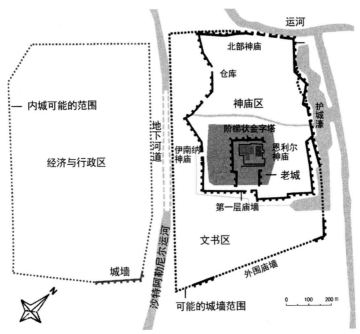

图 5 尼普尔城市功能分区

资料来源：Black，1999。

3.1 神庙区

在所有城市分区中，神庙区（塔庙区）在性质上最重要、功能上最综合、占地面积最大。在苏美尔的史前时期欧贝德（Ubaid）时期和乌鲁克时期早期，城市已经确立了神庙（无论是否修筑在阶梯金字塔上）建在城市边缘的传统[①]（Emberling，2015），这种空间布局模式似乎是刻意要拉开神与人、神圣与世俗之间的距离（Stone，1991）。但是在文明中晚期，这种传统也发生了显著变化，例如随着城市面积的拓展，乌鲁克的神庙区逐渐被其他分区包围，而位于城市核心部位了。

3.2 宫殿区

文明早期，宫殿区的重要性并不突出。与神庙建筑群的"与世隔离"相较，至早王朝时期与神庙相分离的宫殿才在基什出现，且早期城市里宫殿区或王宫建筑群常常混杂在平民居住区中，不设围墙，与平民区也没有任何空间上的缓冲。这是因为苏美尔语里国王一词"恩"（En）本意为监督者、领主，肩负神庙里分配物资之职（代神理财），并住在神庙旁边的神圣区域里（Hammond，1972）。这说明在苏美尔文明初期一切以神权为上，世俗权力并不大，这一特征也在城市空间上得到反映。苏美尔人认为神祇不能为世俗人接触，而人与人——即使是王族和普通人——之间则没有那么大的差距。而且，苏美尔城市的王宫并不仅仅是君王的住所，政府部门也在王宫内（Frankford，1950），这大概也是宫殿区没有在空间上凸显的原因之一。文明中期，基什王自称卢伽尔（lugal）而非"恩"，已经显示出王权与神权的分离以及王权重要性的上升。文明晚期，随着统一世俗帝国的出现和王权的扩大，乌尔第三王朝时期和之后的伊辛—拉尔撒时期的王宫区在城市空间上所占比例也在不断扩大。但也不是所有的苏美尔城市都有宫殿区，例如尼普尔因超脱于任何一个城邦，所以没有宫殿及相应的宫殿区（Stone，1991）。

3.3　居住区

苏美尔城市的居住区是未经规划的、有机或随意发展的（Frankfort，1950），住宅背靠背、边挨边地密集在一起，拥有内部庭院，但很少有公共空间（Shepperson，2009）。住宅的建造和住宅区最后的形成都是为了满足日常生活所需，绝非为了宗教目的或贯彻某一统治者的（政治、美学）意志。例如区内的道路狭窄又弯曲，这是为了防止路人受到西亚地区日光的暴晒（Frankfort 1950）（图6）。

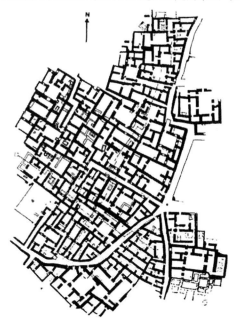

图6　伊辛—拉尔撒时期乌尔的住宅区

资料来源：Woolley，1931。

3.4　墓葬区

墓葬区在各个城市当中的分布情况不一。有的在城内，例如乌尔第三王朝时期的乌尔城内有王陵和大量高官贵族、平民墓葬被发掘。其中王陵位于城市核心，毗邻乌尔—纳木的宫殿，其中出土了迄今为止最为精美的苏美尔文物（分别藏于大英博物馆和宾大博物馆）。有的在城外集中埋葬，例如在埃利都城外发现的墓葬区面积达 1 平方公里，有 800～1 000 座墓葬，最早可追溯至欧贝德时期（Leick，2002）。而在乌姆—埃尔—阿贾里布（Umm Al-ajarib）发现的已知最大的墓葬区足有 5 平方公里。

3.5　商业区

对于苏美尔城市中是否存在具备自由商品交换功能的市场区或商业区，有两派观点（Emberling，2015）。一派认为企业行为和市场经济的绝大多数特征在最早的苏美尔城市当中就已经出现。例如 Frankford（1950）认为，美索不达米亚内外贸易发达，市场（Emporia，恩波里亚）可能位于城市内也可能毗邻城市；来自其他地区的商人可能聚居在一起，住在城内或郊区。另一派认为市场经济是数世纪以来城市发展的产物，尤其是到了乌尔第三王朝时期在对大规模生产能力的控制机制出现以后。例如 Hammond（1972）认为，首先，神庙承担了商品交易功能；其次，苏美尔的对外贸易似乎并非自由贸易，商品的价格和交易方式都由城邦控制、决定，所以早期城市内部没有商业区。不过他还认为，城市港口附近居住着外国人和商人。直至早亚述时期的私人企业形成后，才有确切的证据显示出现了具有现代意义的商业行为——浮动价格和逐利行为（Emberling，2015）。不管商业区是否存在，在神庙区和住宅区当中都有零星商店的分布（Benevolo，1980）。

4　城市的苏美尔文明之光

4.1　城市中心

两河流域地区的早期城市在苏美尔文明影响下大都遵循以占地庞大的神庙区——神庙建筑群及其附属建筑——为重心（但不一定是几何中心）的规划模式。最典型的是乌鲁克的神庙区，作为乌鲁克城市的重中之重，历经各个时段不断扩建（图7）。只是在后来随着城市的成分与属性愈发复杂、城市的经济实力大幅提升，城市的世俗成分才开始增加。

神庙区的核心是包括神庙、阶梯金字塔（Ziggurat，又称山岳台）、神殿等在内的神庙建筑群，一般建在高台之上。与其他文明不同，苏美尔的阶梯状金字塔不供世人参拜和举行宗教仪式之用，它是神的居所，只有祭司能够接近。由晒干的泥土砖建造的阶梯状金字塔外包烧制的砖，塔顶是一个小平台，平台上修建神殿。例如建造于乌尔—纳木在位期间的乌尔的三级阶梯金字塔，完好时高达 21 米，

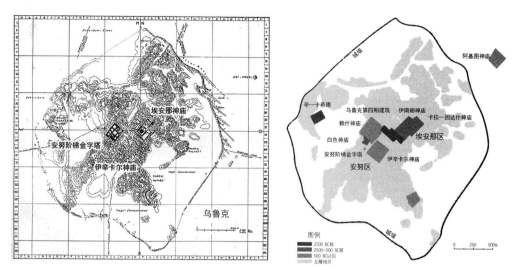

图 7　乌鲁克的神庙区

资料来源：Jordan，1931。

高高凌驾于城市的其他建筑之上，也是乌尔整个神庙区的空间核心。金字塔每个楼层都有外部楼梯相连，顶部是一座举行宗教仪式的小型神殿。阶梯金字塔旁边是月神南纳的神庙埃基什努加尔（Ekishnugal，大光明的神庙，建于 B.C. 2200～B.C. 2100），是城内最重要的宗教建筑。而乌鲁克两片最大的宗教区——安努（Anu）区（图 8）和埃安那（Eanna）区（图 9）被分别以主神安努及其孙女伊南

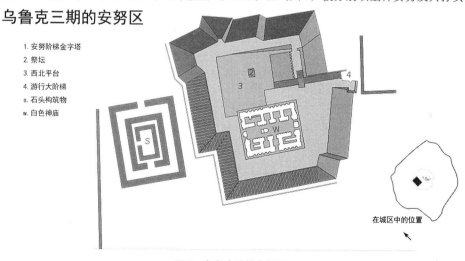

图 8　乌鲁克城的安努区

资料来源：https://upload.wikimedia.org/。

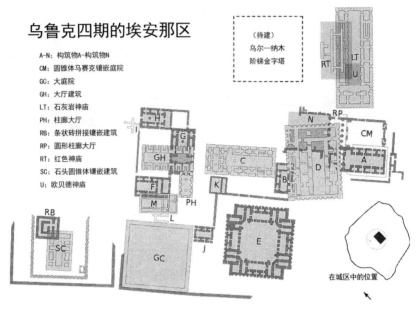

图9　乌鲁克的埃安那区

资料来源：https：//upload.wikimedia.org/。

娜神的名字命名，安努是伊南娜之前的乌鲁克的守护神。根据《吉尔伽美什史诗》的记载，城内奉献给伊南娜神的神庙区和相关区域占了整个城市1/3的面积。埃安那神庙区由神庙、柱廊大厅和庭院构成了复杂的建筑群，其建设形成历经数百年。由于在这片区域可进行各种仪式的、宗教的、经济的或行政的公开活动，已经能够看到多功能的、市民的和平等主义导向的城市设计策略的痕迹（Leick，2002）。

4.2　城市管理和生活区

城市管理和生活区通过神庙附属建筑区体现。神庙附属建筑区的功能复杂。首先是居住功能，附属区最主要的组成部分是祭司的住所，因为神庙是神的居所而不是祭司的。

其次，根据新巴比伦时期撰写的文字泥板，苏美尔时期的神庙还具有重要的经济功能——管理神庙的田产、对食物（粮食）和其他资源进行再分配、组织远距离贸易并放贷。海法吉发掘于1940年代的奉献给伊南娜神的椭圆形神庙（图10）建于B.C.2400，其附属建筑区即是神庙的这种经济功能的某种佐证（Emberling，2015）。苏美尔时期的神庙拥有广大的农田作为其产业——同欧洲中世纪的教堂一样，因此附属建筑中还包括加工农产品的作坊和储藏货物、农产品的仓库（Benevolo，1980），及工人、分工极为细致的手工业者和奴隶的简易住处。这样一来，与中国古代城市当中市场区（市）和手工业区独立成区不同，苏美尔城市的手工业区是附属于神庙的。由于苏美尔时期建立起来的最早的跨区域贸易网是由官方组织的、而非私人的，进口的物资如木材、石矿（如非常重要的天青石和黑曜石资源）、金属矿藏（如金、银、铜、锡）都需要在神庙附属建筑中进行分配和组织，寺庙中还有专司贸易和经济功能管理之职的僧侣或官员"恩"。不过，神庙在空间上远离城市的世俗区也意味着神庙虽然承担经济功能，但这种空间隔离限制了神庙的政治功能（Stone，1991）。神庙组织虽然重要，但它似乎并非政治机构，城市神权之下的政治权力可能归国王、议事会（或许由所有自由成年男子组成）和长老会共有（富兰克弗特，2009）。这种民主制雏形，在苏美尔中晚期僧侣阶层势力衰退、以国王或君主为代表的世俗权力不断扩大后逐渐瓦解，君权体制形成。

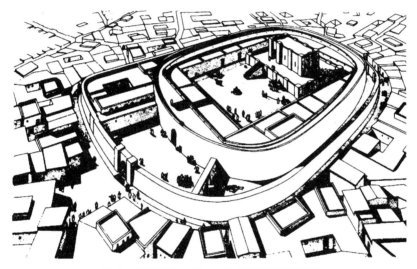

图 10　位于海法吉（khafaje）的椭圆神庙建筑群

资料来源：Delougaz，1940。

第三，附属区还有其他的社会功能。作为掌握文字和学问的人——和欧洲中古时期神父们的情况毫无二致——祭司也需要场所来传播这些知识，因此附属建筑中还包括学校（可能是世界上最早的学校）和图书馆。例如在乌鲁克的埃安那区被称为"天坛"的伊南娜的神庙当中发现了大量楔形文字泥版——人类历史上最早的文献，它成为文字于 B.C.3200 左右在当地被创造出来的力证。而在圣都尼普尔的神庙建筑群外的文书区（图7）发现了约40 000 片楔形文字泥板，最早的可追溯至公元前 3 千纪，最晚可至波斯帝国时期。这些泥板内容庞杂，包括神庙档案、学校课本、文学作品、数学演算等，成为学者了解苏美尔文明的最大资料来源之一。

这些附属建筑连同神庙本身共同构成了庞大而复杂的神庙综合区或"神庙社区"，它们由身兼二职（神的仆人及神庙的管理者）的祭司统治掌管，成为苏美尔城市不可分割的组成，有时甚至独立构成一座城市或城邦。这些神庙建筑群的核心部分一般都有围墙（图11），有时外围部分也被围墙包围，形成双重围墙的结构（图10）。

图 11　乌尔城神庙建筑群不同时期的围墙

资料来源：Giacomo and Scardozzi，2012。

4.3　城市防御系统

虽然美索不达米亚平原东北部为扎格里斯山，西南部为阿拉伯半岛的沙漠区域，但是平原内部没有任何天堑可作战时屏障。整个4 000年两河流域文明史中，平原上出现过许多操不同语言、但具有共同或类似宗教信仰的民族。在平原内部他们相互征战，构成了最为复杂的政权更迭情况；在外部则受到来自东北方向扎格罗斯山脉的游牧民族的威胁。也正因如此，这里的城市十分注重防御。

（1）城墙。绝大部分城邦筑有城墙以护卫城市。例如乌鲁克在建城之初并未围合，在乌鲁克时期晚期则被大约9.5公里周长、至少7米高的厚厚的泥砖城墙包围起来，城门处还有突出的塔楼进行保护（Leick，2002），是战争与防御需要的见证（图7）。

（2）护城壕。此外，借助幼发拉底河或底格里斯河的河道并结合新挖的运河以形成护城壕的作法也比较常见。例如，乌尔由城市防御设施——城墙和护城壕——围合成一个长轴1 200米、短轴700米的类椭圆形（图12）。中西面的护城壕利用了幼发拉底河的一段，而东面和南面的护城壕是自幼发拉底河引出的人工渠，城市内部筑有北部和西部港两个港口与护城河相通。在尼普尔发现的恐怕是世界上最早的刻印在泥板上的城市地图残片（图13），制作于约B.C.1500的加喜特王朝时期。从地图中可以清晰地看出最西边的幼发拉底河与从城市中间穿越的运河，以及将城市和地图上显示的这片城区围护起来的城墙及军事防御设施。

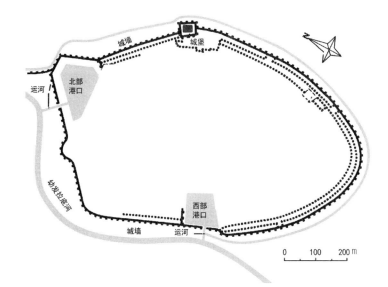

图 12　苏美尔城防御结构

资料来源：Black，1999。

图 13　尼普尔泥板地图及对应城市平面图

资料来源：http://www.bookofjoe.com/，https://upload.wikimedia.org/。

5　结论

综上所述，可以得出如下研究结论。城市是文明的产物和载体，苏美尔文明及其城市的关系对此有淋漓尽致的反映。苏美尔文明创造了两河流域中下游地区的城市，这些城市则通过促进贸易、制造业分工以及思想交流（斯特恩斯等，2006），反过来推动文明的发展。

城市起源上，苏美尔城市的产生离不开利用河流资源发展起来的农业、地域文化、城市营建技术和水运技术的支撑。2 000 余年的城市发展演化可以分为四个阶段，分别是早期、中期、中晚期和晚期，期间城市的数量与规模受战争、洪水、气候、土地盐碱化等因素影响，呈现波动态势。

空间结构上，苏美尔城市是自发形成与有序规划综合作用的结果，并且受宗教因素影响甚深，在文明发展中后期世俗因素的影响日益体现出来。首先，苏美尔城市内部（城墙范围内）一般可分为神庙区、宫殿区和居住区三个组成部分。其次，神庙区的功能构成复杂，主要包括神庙建筑群和神庙附属建筑区两个部分，因为除了宗教功能，神庙区还承载着复杂的城市管理、经济、产业和教育功能，但其政治功能则受到了限制。最后，王权空间并未在城市中占有突出地位，这可能因为苏美尔城市当中神的仆人或直接接神之人是祭司。

城市规划上，苏美尔城市存在确定无疑的规划。一方面，苏美尔各个城市在基础设施、路网模式、功能区划分及空间组织上确实存在规划，并形成了一定规划模式，且局部重要片区明显经过规划（Pedersén and Sinclair，2010），比较典型的是神庙综合区的功能构成及规划；另一方面，城市的整体格局则表现出无序特征，城市的某些功能片区，如居住片区，也经常是在无规划的情况下有机发展起来的。总体而言，苏美尔文明的城市发展时期漫长，城市的有机、自然生长过程与经过人为规划的建设活动混杂在一起且长期相互作用，形成了大尺度上无序、小尺度上（城市重要片区）有序的城市空间结构特征。

致谢

本文受国家自然科学基金（51678517）以及浙江大学建工学院 2015 年重点教材、专业核心课程、教改项目资助。同时，感谢清华大学顾朝林教授和武廷海教授在本文撰写中给予的指导与帮助。

注释

① 对该地区的称呼有多种。由于幼发拉底河和底格里斯河流经这一地区，所以被古希腊人称为 Μεσοποταμτα，中文音译为 "美索不达米亚"，意译即 "（两条）河流之间的地方"。两条河流从西北安纳托利亚高原山区向东南平原方向流动，最终汇入波斯湾，整个地区呈西北高、东南低的态势。从地理和政治区域而言，一般将两河之间的美索不达米亚平原分为上、下两个部分，分别对应于西北方向和东南方向。因而上、下美索不达米亚平原（两河流域上、下游地区）分别等同于美索不达米亚北部、南部平原，世界上最早的城市即诞生于两河流域中下游地区。

② 时至今日，在两河流域平原地带如果看到大型土丘，通常说明那里是古代城市或定居点的遗址，现代阿拉伯地名中的 "tell"、土耳其地名中的 "höyük" "tepe" 都是 "土丘" 之意，代表那里或许有古代城市遗存。

③ An（Anu）。苏美尔最古老的神祇，其阿卡德语的名称是安努。苏美尔神话中诸神都有一个阿卡德语/神话的名字，正如后世希腊诸神的名字也都有一个相对应的罗马神话中的名字。

④ Enki（Éa），主神安最小的儿子。

⑤ Enlili，风神和力量之神，苏美尔名和阿卡德名相同，一译恩利尔。他是天父之神安和地母之神启的儿子，恩利

勒后又生出月神南纳和日神乌图。

⑥ Nanna（Sîn），或译为纳纳尔、兰纳尔等，恩利勒的儿子。

⑦ Inanna（Ištar），一译埃阿纳，是著名的金星、战争与爱情女神，其父为月神南纳，祖父为恩利勒，曾祖父为安。对她的崇拜延续到希腊和罗马时期，演化成爱与美之女神阿芙洛狄忒（罗马名称即维纳斯）。这一女神的形象也与埃及的伊西斯女神有关。

⑧ 伊辛、辛帕尔（Sippar）、基什等城市带有阶梯金字塔的神庙群和海法吉、乌凯尔（Uqair）等城市无阶梯金字塔的神庙群都位于城市边缘，不过乌尔、乌鲁克等城市未遵循这一规律。

参考文献

［1］Adams, R. M. 1981. Heartland of Cities: Surveys of Ancient Settlement and Land Use on the Central Floodplain of the Euphrates. Chicago: University of Chicago Press.

［2］Algaze, G. 2008. Ancient Mesopotamia at the Dawn of Civilization: The Evolution of an Urban Landscape. Chicago and London: The University of Chicago Press.

［3］Benevolo, L., Trans by Culverwell, G. 1980. The History of the City. London: Scolar Press.

［4］Black, J. 1999. Atlas of World History. London: Dorling Kindersley Limited.

［5］Chew, S. C. 2001. World Ecological Degradation: Accumulation, Urbanization, and Deforestation 3000 B. C. -A. D. 2000. Walnut Creek: Altamira Press.

［6］Delougaz, P. 1940. The Temple Oval at Khafajah. Chicago: The University of Chicago Press.

［7］Emberling, G. 2015. "Mesopotamian cities and urban process, 3500-1600 BCE," in The Cambridge World History Volumn 3: Early Cities in Comparative Perspective, 4000 BCE-1200 CE, ed. Yoffee, N. Cambridge: Cambridge University Press.

［8］Frankfort, H. 1950. "Town planning in Ancient Mesopotamia," Town Planning Review, 21 (2): 99-115.

［9］Giacomo, G. D., Scardozzi, G. 2012. "Multitemporal high-resolution satellite images for the study and monitoring of an ancient mesopotamian city and its surrounding landscape: The case of Ur," International Journal of Geophysics, (4): 1-14.

［10］Hall, P. 2000. "The centenary of modern planning," in Urban Planning in a Changing World: The Twentieth Century Experience, ed. Freestone, R., New York: Routledge.

［11］Hammond, M. 1972. The City in the Ancient World. Cambridge, MA: Harvrd University Press.

［12］Hiorns, F. R. 1956. Town-building in History: An Outline Review of Conditions, Influences, Ideas, and Methods Affecting "Planned" Towns Through Five Thousand Years. London: George G. Harrap & Co. Ltd.

［13］Jordan, J. 1930 "Abhandlungen der preussischen akademie der Wissenschaften," Philosophisch-historische Klasse, (4): 75-90.

［14］Kjærsdam, F. 1995. Urban Planning in History. Aalborg: Aalborg University Press.

［15］Lafont, B. 2012. "Nippur," in The Encyclopedia of Ancient History. http: //onlinelibrary. wiley. com/doi/10. 1002/9781444338386. wbeah24126/full.

［16］Leick, G. 2002. Mesopotamia: The Invention of the City. London: Penguin Books.

［17］Mallowan, M. 1970. "The development of cities from Al-U'baid to the end of Uruk 5," in Cambridge Ancient History Volume 1, Part 1: Prolegomena and Prehistory, eds. Edwards, I. E. S. et al. Cambridge University Press.

［18］Mieroop, M. V. D. 1997xiii. The Ancient Mesopotamian City. Oxford: Clarendon Press.

［19］Modelski, G. 2003. World Cities: -3000 to 2000. Washington DC: Faros 2000.

［20］Pedersén, O., Sinclair, P. J. J. 2010. "Cities and urban landscapes in the ancient near east and Egypt with special focus on the city of Babylon," in The Urban Mind: Cultural and Environmental Dynamics, eds. Sinclair, P. J. J., Nordquist, G. Herschend, F. et al. Uppsala: Uppsala Universitet.

［21］Roberts, T. R. 1997. Ancient Civilizations: Great Empires at Their Heights. New York: Smithmark Publishers.

［22］Shepperson, M. 2009. "Planning for the sun: Urban forms as a Mesopotamian response to the sun," World Archaeology, 41 (3): 363-378.

［23］Smith, M. E. V. 2009. "Gordon childe and the urban revolution: A historical perspective on a revolution in urban studies," Town Planning Review, 80 (1): 329.

［24］Stone, E. C. 1991. "The spatial organization of mesopotamian cities," Aula Orientalis, 9: 235-242.

［25］Woolley, C. L. 1931. " Excavations at Ur," Antiquaries Journal, VI (4): 343-381.

［26］艾哈迈德·哈桑·达尼，让-皮埃尔·莫昂. 新时期的主要趋势［A］. A. H. 达尼，J. -P. 莫昂，编. 人类文明史，第2卷：公元前3千纪至公元前7世纪［C］. 南京：译林出版社，2014.

［27］曹康. 早期世界城市化探源［J］. 城市与区域规划研究，2011，4（3）：86-99.

［28］丹尼斯·舍尔曼. 西方文明史读本（第七版）［M］. 上海：复旦大学出版社，2010.

［29］［英］哈里特·克劳福德著，张文立译. 神秘的苏美尔人［M］. 杭州：浙江人民出版社，2000.

［30］［美］亨利·富兰克弗特. 近东文明的起源［M］. 上海：格致出版社，上海人民出版社，2009.

［31］皮特·N. 斯特恩斯，等. 全球文明史（第三版）［M］. 北京：中华书局，2006.

［32］中国社会科学院院考古研究所，古代文明研究中心. 中国文明起源研究要览［M］. 北京：文物出版社，2003.

《城市与区域规划研究》征稿简则

本刊栏目设置

本刊设有 7 个固定栏目，分别是：

1. 主编导读。介绍本期主题、编辑思路、文章要点、下期主题安排。

2. 特约专稿。发表由知名学者撰写的城市与区域规划理论论文，每期 1～2 篇，字数不限。

3. 学术文章。城市与区域规划理论、方法、案例分析等研究成果。每期 6 篇左右，字数不限。

4. 国际快线（前沿）。国外城市与区域规划最新成果、研究前沿综述。每期 1～2 篇，字数约 20 000 字。

5. 经典集萃。介绍有长期影响、实用价值的古今中外经典城市与区域规划论著。每期 1～2 篇，字数不限，可连载。

6. 研究生论坛。国内重点院校研究生研究成果、前沿综述。每期 3 篇左右，每篇字数 6 000～8 000 字。

7. 书评专栏。国内外城市与区域规划著作书评。每期 3～6 篇，字数不限。

根据主题设置灵活栏目，如：**人物专访、学术随笔、规划争鸣、规划研究方法**等。

用稿制度

本刊收到稿件后，将对每份稿件登记、编号及组织专家匿名评审，刊登与否由编委会最后审定。如无特殊情况，本刊将会在 3 个月内告知录用结果。在此之前，请勿一稿多投。来稿文责自负，凡向本刊投稿者，即视为同意本刊将稿件以纸质图书版本以及包括但不限于光盘版、网络版等数字出版形式出版。稿件发表后，本刊会向作者支付一次性稿酬并赠样书 2 册。

投稿要求

本刊投稿以中文为主（海外学者可用英文投稿），但必须是未发表的稿件。英文稿件如果录用，本刊可以负责翻译，由作者审查定稿。除海外学者外，稿件一般使用中文。作者投稿用电子文件，电子文件 E-mail 至：**urp@tsinghua. edu. cn**。

1. 文章应符合科学论文格式。主体包括：① 科学问题；② 国内外研究综述；③ 研究理论框架；④ 数据与资料采集；⑤ 分析与研究；⑥ 科学发现或发明；⑦结论与讨论。

2. 稿件的第一页应提供以下信息：① 文章标题、作者姓名、单位及通讯地址和电子邮件；② 英文标题、作者姓名的英文和作者单位的英文名称。稿件的第二页应提供以下信息：①200 字以内的中文摘要；②3～5 个中文关键词；③100 个单词以内的英文摘要；④3～5 个英文关键词。

3. 文章正文中的标题、插图、表格、符号、脚注等，必须分别连续编号。一级标题用"1""2""3"……编号；二级标题用"1.1""1.2""1.3"……编号；三级标题用"1.1.1""1.1.2""1.1.3"……编号，标题后不用标点符号。

4. 插图要求：300dpi，16cm×23cm，黑白位图或 EPS 矢量图，由于刊物为黑白印制，最好提供黑白线条图。图表一律通栏排，表格需为三线表（图：标题在下；表：标题在上）。

5. 参考文献格式要求如下：

（1）参考文献首先按文种集中，可分为英文、中文、西文等。然后按著者人名首字母排序，中文文献可按著者汉语拼音顺序排列。参考文献在文中需用括号表示著者和出版年信息，例如（王玲，1983）。

（2）请标注文后参考文献类型标识码和文献载体代码。

- 文献类型/类型标识
  专著/M；论文集/C；报纸文章/N；期刊文章/J；学位论文/D；报告/R
- 电子参考文献类型标识
  数据库/DB；计算机程序/CP；电子公告/EP
- 文献载体/载体代码标识
  磁带/MT；磁盘/DK；光盘/CD；联机网/OL

（3）参考文献写法列举如下：

［1］刘国钧，陈绍业，王凤翥. 图书馆目录［M］. 北京：高等教育出版社，1957. 15-18.

［2］辛希孟. 信息技术与信息服务国际研讨会论文集：A 集［C］. 北京：中国社会科学出版社，1994.

［3］张筑生. 微分半动力系统的不变集［D］. 北京：北京大学数学系数学研究所，1983.

［4］冯西桥. 核反应堆压力管道与压力容器的 LBB 分析［R］. 北京 ：清华大学核能技术设计研究院，1997.

［5］金显贺，王昌长，王忠东，等. 一种用于在线检测局部放电的数字滤波技术［J］. 清华大学学报（自然科学版），1993，33（4）：62-67.

［6］钟文发. 非线性规划在可燃毒物配置中的应用［A］. 赵玮. 运筹学的理论与应用——中国运筹学会第五届大会论文集［C］. 西安：西安电子科技大学出版社，1996. 468-471.

［7］谢希德. 创造学习的新思路［N］. 人民日报，1998-12-25（10）.

［8］王明亮. 关于中国学术期刊标准化数据库系统工程的进展［EB/OL］. http：//www. cajcd. edu. cn/pub/wml. txt/980810-2. html，1998-08-16/1998-10-04.

［9］Manski, C. F. , D. McFadden. 1981. Structural Analysis and Discrete Data with Econometric Applications. Cambridge，Mass. ：MIT Press.

［10］Grossman，M. 1972. "On the concept of health capital and the demand for health," Journal of Political Economy，80（March/April）：223-255.

6. 所有英文人名、地名应有规范译名，并在第一次出现时用括号标注原名。

编辑部联系方式

地址：北京海淀区清河嘉园东区甲 1 号楼东塔 7 层《城市与区域规划研究》编辑部

邮编：100085

电话：010-82819552

《城市与区域规划研究》征订

《城市与区域规划研究》为小 16 开，每期 300 页左右。欢迎订阅。

订阅方式

1. 请填写"征订单"，并电邮或邮寄至以下地址：

    联系人：高洁

    电　话：(010) 82819552

    电　邮：urp@tsinghua.edu.cn

    地　址：北京市海淀区清河中街清河嘉园甲一号楼 A 座 7 层

       《城市与区域规划研究》编辑部

    邮　编：100085

2. 汇款

  ① 邮局汇款：地址同上。

      收款人姓名：北京清大卓筑文化传播有限公司

  ② 银行转账：户　名：北京清大卓筑文化传播有限公司

      开户行：北京银行北京清华园支行

      账　号：0109033460012010546863

《城市与区域规划研究》征订单

每期定价	人民币 42 元（含邮费）				
订户名称				联系人	
详细地址				邮　编	
电子邮箱		电　话		手　机	
订　阅	年　　期至　　年　　期			份　数	
是否需要发票	□是　发票抬头				□否
汇款方式	□银行　　　　　□邮局			汇款日期	
合计金额	人民币（大写）				
注：订刊款汇出后请详细填写以上内容，并把征订单和汇款底单发邮件到 urp@tsinghua.edu.cn。